国家自然科学基金项目资助
陕西省自然科学基金项目资助

电磁超材料理论与应用

张世全　魏兵　曾俊　著

西安电子科技大学出版社

内 容 简 介

本书介绍电磁超材料理论分析、结构设计、数值计算、仿真实验及其应用范例，主要内容包括电磁超材料基本结构及等效介质参数的提取、新型电磁超材料单元结构的模拟仿真、基于电磁超材料的微波频段小型化宽带微带天线、基于电磁超材料的太赫兹频段高方向性天线、电磁超材料的 FDTD 数值分析与验证、电磁超材料的隐身特性分析和应用、电磁超材料在矩形波导中的应用、基于电磁带隙的阻带天线设计和复合左/右手传输线等。

本书适合高等院校电子工程类专业、物理与光电工程类专业等的高年级学生、研究生和教师使用，也可供电磁场与微波技术专业、无线电物理专业、信息与通信工程专业的师生及相关专业的科技人员参考。

图书在版编目(CIP)数据

电磁超材料理论与应用/ 张世全，魏兵，曾俊著. —西安：西安电子科技大学出版社，2019.9
ISBN 978 - 7 - 5606 - 5398 - 3

Ⅰ. ① 电… Ⅱ. ① 张… ② 魏… ③曾… Ⅲ. ① 磁性材料 Ⅳ. ① TM271

中国版本图书馆 CIP 数据核字(2019)第 188823 号

策划编辑 李惠萍
责任编辑 曹 锦 阎 彬
出版发行 西安电子科技大学出版社(西安市太白南路 2 号)
电 话 (029)88242885 88201467 邮 编 710071
网 址 www.xduph.com 电子邮箱 xdupfxb001@163.com
经 销 新华书店
印刷单位 陕西日报社
版 次 2019 年 9 月第 1 版 2019 年 9 月第 1 次印刷
开 本 787 毫米×1092 毫米 1/16 印张 14.5
字 数 336 千字
印 数 1～2000 册
定 价 35.00 元
ISBN 978 - 7 - 5606 - 5398 - 3/TM
XDUP 5700001 - 1

* * * 如有印装问题可调换 * * *

作者简介

张世全　男，1961 年出生，武警工程大学教授，博士，研究生导师，博士后合作导师，全军优秀教师，武警工程大学第二届和第四届十大教师标兵。1982 年 8 月毕业于兰州大学无线电物理专业，获理学学士学位，1999 年获西安电子科技大学电磁场与微波技术专业工学硕士学位，2005 年获西安电子科技大学无线电物理专业理学博士学位。发表学术论文 90 多篇，其中核心期刊多篇，三大检索论文 30 余篇。主持、参与或完成国家自然科学基金项目 6 项，参与省部级以上科研项目多项。主要研究领域为电磁理论、电磁兼容、无源互调和微放电、电磁超材料和纳米微波吸波材料等。

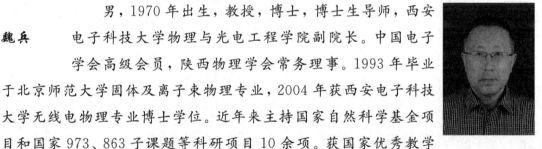

魏兵　男，1970 年出生，教授，博士，博士生导师，西安电子科技大学物理与光电工程学院副院长。中国电子学会高级会员，陕西物理学会常务理事。1993 年毕业于北京师范大学固体及离子束物理专业，2004 年获西安电子科技大学无线电物理专业博士学位。近年来主持国家自然科学基金项目和国家 973、863 子课题等科研项目 10 余项。获国家优秀教学成果二等奖 1 项，陕西省优秀教学成果特等奖 1 项，陕西省科学技术二等奖 1 项，教育部科学技术二等奖 1 项，陕西高等学校科学技术一等奖 1 项。出版专著 2 部，发表学术论文 100 余篇，其中 SCI 检索 30 余篇，EI 检索 50 余篇。主要研究领域为电磁场时域计算方法、电磁场时域超大规模并行计算方法、电磁散射、逆散射、复杂系统中的电磁波等。

曾俊　男，1981 出生，副教授，博士，研究生导师，武警工程大学物理实验中心主任。2009 年 6 月毕业于兰州大学物理学院材料物理与化学专业，获工学博士学位，2010 年 12 月进入西北工业大学材料学院，从事博士后研究工作，并以优异的成绩于 2012 年 9 月提前出站。主持参与省部级以上科研项目 10 余项，获得授权国家专利 4 项，发表 SCI 论文 20 余篇。主要研究领域为纳米功能材料、纳米材料微波吸波特性和电磁超材料等。

前言
QIANYAN

作为新型材料的典型代表，电磁超材料具有多种天然材料不具备的奇异的电磁特性，这些特性为微波、太赫兹波和毫米波器件设计以及复杂目标性能优化提供了新思路，使得电磁超材料的研究具有重大的科学意义和广阔的应用前景。

本书是作者在总结近年来对电磁超材料理论分析及其应用的部分研究成果的基础上编写完成的。电磁超材料研究是电磁场理论、物理学、材料科学、微波技术等交叉学科研究的热点课题，本书对电磁超材料的新型结构设计以及它在微波天线、太赫兹天线、雷达隐身、矩形波导等方面的应用成果进行了集中展现。希望本书的出版可以在一定程度上推动我国在电磁超材料方面的科学研究和应用发展，对我国军地电子和通信事业的发展起到一定的促进作用。

本书共分 13 章。第 1 章为绪论，第 2 章论述电磁超材料基本结构及等效介质参数的提取，第 3 章分析与讨论新型电磁超材料单元结构的模拟仿真，第 4 章研究和论述基于电磁超材料的微波频段小型化宽带微带天线，第 5 章研究基于电磁超材料的太赫兹频段高方向性天线，第 6 章简单介绍时域有限差分（FDTD）法，第 7 章论述电磁超材料的 FDTD 数值分析与验证，第 8 章论述基于 FDTD 法的电磁超材料中的电磁波传播和散射，第 9 章研究电磁超材料的隐身特性和应用，第 10 章介绍电磁超材料吸波体的基本特性和应用，第 11 章研究电磁超材料在矩形波导中的应用，第 12 章研究和讨论基于电磁带隙的阻带天线设计，第 13 章介绍复合左/右手传输线。

本书适合高等院校电子工程类专业、物理与光电工程类专业的高年级学生、研究生和教师使用，也可供电磁场与微波技术专业、无线电物理专业、信息与通信工程专业的师生及微波技术和电磁工程技术领域的技术人员参考。

感谢火箭军工程大学徐军教授，空军工程大学屈绍波教授、王斌科教授，武警工程大学刘建平教授、江克侠副教授、闫红卫副教授和白宏刚副教授的指导与帮助，还要感谢陈宏老师、鄢锐老师的帮助，以及西安电子科技大学葛德彪教授和傅德民教授的真诚指导、支持和帮助。感谢硕士研究生陈聪、苏宏煌、王俪洁、李卉、全祥锦、何杨炯等对本书中部分电磁仿真实验所做的工作，也要感谢研究生吴秦冬、杨扬、吴少周、蒋江湖、张辉、陈勇进、阎文韬对本书出版所做的工作。西安电子科技大学出版社李惠萍老师为本书出版提供了大力支持，在此表示衷心的感谢。

本书内容的研究以及本书的出版获得了国家自然科学基金项目（No. 61571348、No. 61072034、No. 51302318、No. 11547050）、陕西省自然科学基金项目（No. 2011JQ6013、No. 2016JM1027）、武警工程大学科研创新团队建设项目（纳米微波吸收功能材料科研创新团队）和武警工程大学基础研究项目（WJY201404、WJY201406）的资助，以及 2014 年军队级教学成果培育项目（No. 524）的支持，在此一并表示感谢。

由于编写时间仓促，加之作者水平有限，书中疏漏之处在所难免，敬请读者不吝赐教。

编　者

2019 年 6 月

目 录

MULU

第1章 绪 论

1.1 电磁超材料的研究背景及意义

1.1.1 电磁超材料的研究背景

随着科学技术的不断进步,传统材料已经不能满足现代科技的更高需求,这在航天、军事、通信等领域尤为明显。这些领域对材料的电磁性能的特殊要求,引发了国内外专家学者对电磁超材料的不断研究。在短短的十几年间,电磁超材料在军事和民用生活中的应用越来越广泛,其所适用的频段也不断增多,从最初的微波波段逐渐延伸到射频波段、毫米波段、远红外波段直至可见光波段,跨越了七个频率的数量级。如今,越来越多的学科领域包含了对电磁超材料的研究,比如光学、光学工程、物理学、材料科学与工程、电子科学与工程、等离子体物理学、凝聚态物理学、微波科学与工程、电磁学、工程材料学等。欧美国家更是将电磁超材料技术在军事领域中的应用作为具有战略意义的项目进行深入的研究。仅在2003年到2015年这短短的12年之间,美国就发布了700多项与电磁超材料相关的专利,同时发表的论文更是呈逐年递增的态势。仅在2015年一年之中就有7000多篇与电磁超材料相关的论文发表于各大期刊杂志上。我国也正处在电磁超材料研究的蓬勃发展阶段,国家在863、973、自然科学基金等重要科技计划中给予立项,并在浙江大学、中国科学技术大学、中国科学院、同济大学、东南大学、香港科技大学等院校里专门成立了重点实验室让专家团体进行专项研究。经过国家和大量研究人员的不懈努力,我国在电磁超材料研究上取得了丰硕的成果,尤其在理论、特性及制作应用等领域更是硕果累累。在电磁超材料的研究过程中,研究人员发现将电磁超材料加载到天线和波导中,可以改善天线的方向性和小型化性能。将电磁超材料涂覆在目标上,可确保目标在各种复杂环境下正常工作,使信息得到有效的传递,提高目标的隐身性能。本书从电磁超材料的基本概念和结构设计出发,设计新型电磁超材料结构并加载到天线中,对天线性能的提升进行研究。结合电磁超材料的电磁特性,探讨电磁超材料应用于隐身技术的方法。将电磁超材料填充到矩形波导内,形成双负环境,研究电磁超材料对波导特性的影响,为波导小型化提供理论依据和技术支持。

1.1.2 电磁超材料研究的意义

作为新型材料的典型代表,电磁超材料已开始逐步走进人们的视野,它具有多种自然材料不具备的奇异特性,这些特性提供了微波、毫米波器件性能和战场环境目标性能优化的新思路。电磁超材料具有的奇异的电磁特性,使得它的研究具有重大的科学意义和广阔的应用前景。特别是在当今越来越复杂的电磁环境下，为了保障指挥信息系统畅通无阻，电磁超材料的理论和应用研究对部队信息化作战时的遂行任务来说，一定会起到至关重要的作用。

1.1.3 电磁超材料的基本概念

刚接触电磁超材料时，许多专家学者认为只有左手材料这样的双负介质才是真正意义上的电磁超材料，但是随着对电磁超材料研究的深入，人们已经意识到这样的理解是片面的。还有许多的介质也可以纳入电磁超材料"家族"，如图1-1所示。如今，电磁超材料"家族"不仅包括了最初引起人们震惊和引领人们认识到电磁超材料的左手材料(Left Handed Material，LHM)，还包括缺陷地面结构(Defected Ground Structure，DGS)、频率选择表面(Frequency Selective Surface，FSS)、光子带隙(Photonic Band Gap，PBG)、电磁带隙(Electromagnetic Band Gap，EBG)和复合左/右手传输线(Composite Right/Left Handed Transmission Line，CRLHTL)等众多"成员"。

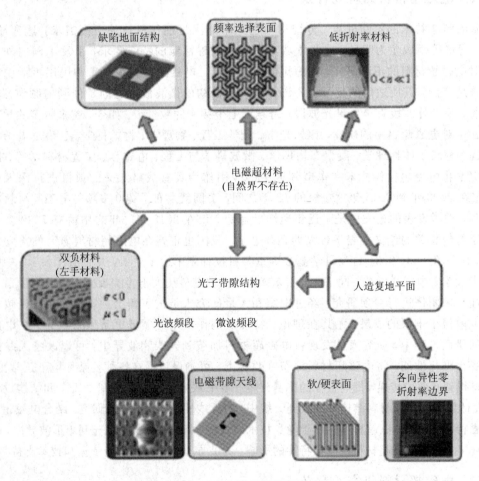

图1-1 电磁超材料家族

如今的电磁超材料包括以下几种特性：

(1) 电磁超材料是人为设计结构使其本构参数发生改变而得到的一种奇异介质。比如图1-2中的电磁超材料就是利用线路板印刷(Printed Circuit Board，PCB)技术，在线路板上印刷电磁超材料单元得到的。

（2）电磁超材料因为其介电常数和磁导率与常规材料不同，因而它具有常规材料所没有的奇异特性。

（3）电磁超材料所具有的特性和功能主要依赖于材料单元的设计结构，而并不依赖于结构所使用的材料。

（4）电磁超材料并不一定要求介质单元呈周期排列，如图1-3所示的不规则结构也具有一些常规材料所没有的物理特性。

图1-2 电磁超材料

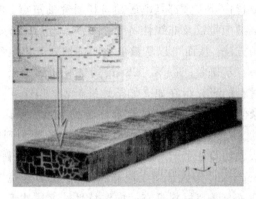

图1-3 "北美地图"结构电磁超材料示意图

1.1.4 电磁超材料研究的发展历程

在电磁超材料发现之前，人们一直认为物质的介电常数和磁导率这两个电磁参数不可能是负值，因为一直没有发现任何一种有负介电常数和负磁导率的物质。当时人们并没有在负介电常数和负磁导率的物质上进行深入研究。然而，电磁超材料终于在1964年被苏联物理学家Veselago发现。他首次提出介电常数和磁导率均为负值的物质存在的设想，由于当时没有电磁超材料这一概念，因此Veselago将他所提出的这种物质称为"双负介质"。之后他在理论层面论证了如果双负介质真的存在，那它一样可以传播电磁波，同时在传播电磁波的过程中会出现一些在常规介质所没有的现象。可惜的是，虽然我们现在知道Veselago的推导完全正确，但在当时他也只是仅仅停留在数学推导的层面，因为没有人发现过有介电常数和磁导率均为负值的介质，所以连他自己在内的众多研究专家都没有在他的理论推导下继续深入研究。但是Veselago已经在电磁超材料的发展史上留下了浓墨重彩的一笔，任何研究电磁超材料的人员都将记得这位苏联专家的名字。

在1996年，英国的Pendry等人首次提出了一种崭新的理念：自然界中存在的常规材料是由原子与分子规则组合构成的，因而自然界中常规材料的本构参数也可以看做由这种规则组合产生的。进而，他们提出了可以通过周期结构来模拟材料的微小单元，以实现传统材料所没有的电磁特性，并通过周期性排列的金属线（Rods）实验，使金属丝产生了负介电常数，从而验证了该理论的正确性。三年后，他们又实现了具有负磁导率的材料，具体方法是将金属开口谐振环（Split Ring Resonators，SRR）周期性地排列，当谐振环工作在谐振频率上时，谐振环的磁导率为负值。至此人们相信有电磁超材料的存在了，并且由于电磁超材料所具有的奇异特性，越来越多的专家学者投入到这种新材料的研究之中。

由于电磁超材料的介电常数和磁导率均为负值，因而它完善了麦克斯韦电磁理论。同时伴随着负介电常数和负磁导率，电磁超材料具有一些奇异的电磁特性，这都使得电磁超材料的研究具有重大的科学意义和应用前景。

1.2　电磁超材料的国内外研究现状

在理论研究与实验验证方面，电磁超材料的表面波抑制、负折射现象、能量聚集和色散特性等一直都是电磁超材料研究的重点。R. Ruppin 等人研究了电磁超材料的表面极化、电磁能量以及非线性特性；D. R. Smith 研究出了计算电磁超材料等效磁导率和介电常数的方法，从而可以从数值上明确地划分出电磁超材料；L. B. Hu 对各向异性的电磁超材料进行了研究；X. X. Cheng 等人一直致力于 S 型结构电磁超材料单元的研究。虽然电磁超材料的研究正在如火如荼地进行着，但是从电磁超材料提出的那一刻起，始终有一部分专家学者对电磁超材料抱着怀疑的态度，所以通过实验验证电磁超材料的存在是十分必要的。R. A. Shelby 等人通过棱镜实验观测到电磁超材料的负折射现象。浙江大学的研究团队成功验证了 C. Caloz 等人关于电磁超材料在 T 型波导中存在负折射现象的猜想。A. N. Lagarkov 等人证明了电磁超材料"完美透镜"的性质。Bogdan - loan Popa 等人通过实验验证了电磁超材料具有后向波特性。正是基于无数研究人员在电磁超材料理论和实验中的不懈研究，才使我们逐步解开了电磁超材料的神秘面纱，为电磁超材料的广泛应用打下了坚实的基础。

电磁超材料的单元设计是广大研究人员的主要研究方向，因为只有设计的电磁超材料单元结构合理，才能确保电磁超材料在实际应用过程中发挥我们所需要的特性。K. Li 等人通过对电磁超材料单元设计不断优化改进，得到了低损耗(-1.2 dB/cm)的电磁超材料；浙江大学的 Hongsheng Chen 等人制作出的双 S 型电磁超材料单元的带宽达 37.5％；Y. Guo 等人制作出的电磁超材料单元尺度仅有 $\lambda/24$。不断报道出的新的令人震撼的电磁超材料消息，激励着研究人员对电磁超材料进行不懈的研究。

在应用方面，电磁超材料将在通信、电磁波隐身、雷达等领域发挥不可忽视的作用。目前，西方国家已经将电磁超材料研究的部分成果投入生产。2013 年 2 月 7 日，英国 BAE 公司宣布利用电磁超材料的特性制造的具有"隐身"效果的无人机已经试飞成功。我国在电磁超材料的应用中也取得了令人瞩目的成绩。刘若鹏博士创立的深圳光启高等理工研究院首先实现了电磁超材料的产业化。2013 年 11 月，田世宏主任和徐冠华院士主导的全国电磁超材料技术及制品标准化技术委员会成立，并且宣布了电磁超材料制作的标准。2015 年 6 月，西安天和防务技术股份有限公司成立了电磁超材料国防研究与发展中心。这一系列举动表明，我国将加快推进电磁超材料的发展，使我国在电磁超材料这一领域位于领先水平。

1.3　电磁超材料的超常物理特性

1.3.1　色散介质的熵

电磁超材料与常规材料的不同之处在于电磁超材料一定是一种色散介质，且电磁超材

料的介电常数 ε 和磁导率 μ 与频率有关。在频率色散介质中，传播常数 β 与频率 f 是非线性关系，群速度 v_g 也与频率 f 有关，同时会导致可调信号的失真现象；ε 和 μ 是与频率相关的函数；电通量密度 D、磁通量密度 B 和电场强度 E、磁场强度 H 之间存在着"动态记忆"关系。由此可写出表达式为

$$\begin{cases} D(\boldsymbol{r},\ t)=\varepsilon(t)\cdot\boldsymbol{E}(\boldsymbol{r},\ t)=\int_{-\infty}^{t}\varepsilon(t-t')\boldsymbol{E}(\boldsymbol{r},\ t')\mathrm{d}t' & (1-1\mathrm{a}) \\ \boldsymbol{B}(\boldsymbol{r},\ t)=\mu(t)\cdot\boldsymbol{H}(\boldsymbol{r},\ t)=\int_{-\infty}^{t}\mu(t-t')\boldsymbol{H}(\boldsymbol{r},\ t')\mathrm{d}t' & (1-1\mathrm{b}) \end{cases}$$

根据傅里叶变换可得

$$\begin{cases} f(t)=\dfrac{1}{2\pi}\int_{-\infty}^{+\infty}\widetilde{f}(\omega)\mathrm{e}^{\mathrm{j}\omega t}\,\mathrm{d}\omega & (1-2\mathrm{a}) \\ \widetilde{f}(\omega)=\int_{-\infty}^{+\infty}f(t)\mathrm{e}^{-\mathrm{j}\omega t}\,\mathrm{d}t & (1-2\mathrm{b}) \end{cases}$$

所以

$$\begin{cases} \widetilde{\boldsymbol{D}}(\boldsymbol{r},\ \omega)=\widetilde{\varepsilon}(\omega)\cdot\widetilde{\boldsymbol{E}}(\boldsymbol{r},\ \omega) & (1-3\mathrm{a}) \\ \widetilde{\boldsymbol{B}}(\boldsymbol{r},\ \omega)=\widetilde{\mu}(\omega)\cdot\widetilde{\boldsymbol{H}}(\boldsymbol{r},\ \omega) & (1-3\mathrm{b}) \end{cases}$$

由式(1-1a)和式(1-1b)可知，因为电场 E 和磁场 H 的色散介质对 t 求导后不等于 $\mathrm{j}\omega$，所以可得坡印廷矢量为

$$\boldsymbol{S}(\boldsymbol{r},\ t)=\boldsymbol{E}(\boldsymbol{r},\ t)\times\boldsymbol{H}(\boldsymbol{r},\ t) \tag{1-4}$$

结合麦克斯韦方程($M=0$，$J=0$)，可得到介质能量在单位体积内的变化率是

$$\nabla\cdot\boldsymbol{S}=-\left[\boldsymbol{E}\cdot\frac{\partial\boldsymbol{D}}{\partial t}+\boldsymbol{H}\cdot\frac{\partial\boldsymbol{B}}{\partial t}\right] \tag{1-5}$$

在平均频率为 ω_0 的时谐场的情况下，定义矢量场(E、H、B、D)，则

$$\boldsymbol{F}=\mathrm{Re}\left[\boldsymbol{F}(t)\mathrm{e}^{\mathrm{j}\omega_0 t}\right]=\mathrm{Re}\left[\boldsymbol{F}\right]=\frac{\boldsymbol{F}+\boldsymbol{F}^*}{2} \tag{1-6}$$

其中，$\boldsymbol{F}=\boldsymbol{F}(t)\mathrm{e}^{\mathrm{j}\omega_0 t}$ 可代表 E、H、B 和 D。再将 E、H、B 和 D 代入式(1-5)，可得

$$\nabla\cdot\boldsymbol{S}=-\frac{1}{4}\left[\boldsymbol{E}\cdot\frac{\partial\boldsymbol{D}^*}{\partial t}+\boldsymbol{E}^*\cdot\frac{\partial\boldsymbol{D}}{\partial t}+\boldsymbol{H}\cdot\frac{\partial\boldsymbol{B}^*}{\partial t}+\boldsymbol{H}^*\cdot\frac{\partial\boldsymbol{B}}{\partial t}\right] \tag{1-7}$$

由 D 与 B 对时间的偏导数

$$\frac{\partial\boldsymbol{D}}{\partial t}=\mathrm{j}\omega\varepsilon(\omega)\boldsymbol{E}+\frac{\mathrm{d}(\omega\varepsilon)}{\mathrm{d}\omega}\frac{\partial\boldsymbol{E}}{\partial t}\mathrm{e}^{\mathrm{j}\omega_0 t} \tag{1-8}$$

$$\frac{\partial\boldsymbol{B}}{\partial t}=\mathrm{j}\omega\mu(\omega)\boldsymbol{H}+\frac{\mathrm{d}(\omega\mu)}{\mathrm{d}\omega}\frac{\partial\boldsymbol{H}}{\partial t}\mathrm{e}^{\mathrm{j}\omega_0 t} \tag{1-9}$$

分别代入式(1-6)，简化后可得

$$\begin{aligned} \nabla\cdot\boldsymbol{S}&=-\frac{1}{4}\left\{\frac{\mathrm{d}(\omega\varepsilon)}{\mathrm{d}\omega}\left[\boldsymbol{E}\cdot\frac{\partial\boldsymbol{E}^*}{\partial t}+\boldsymbol{E}^*\cdot\frac{\partial\boldsymbol{E}}{\partial t}\right]+\frac{\mathrm{d}(\omega\mu)}{\mathrm{d}\omega}\left[\boldsymbol{H}\cdot\frac{\partial\boldsymbol{H}^*}{\partial t}+\boldsymbol{H}^*\cdot\frac{\partial\boldsymbol{H}}{\partial t}\right]\right\} \\ &=-\frac{1}{4}\left\{\frac{\mathrm{d}(\omega\varepsilon)}{\mathrm{d}\omega}\frac{\partial}{\partial t}\left[\boldsymbol{E}\cdot\boldsymbol{E}^*\right]+\frac{\mathrm{d}(\omega\mu)}{\mathrm{d}\omega}\frac{\partial}{\partial t}\left[\boldsymbol{H}\cdot\boldsymbol{H}^*\right]\right\} \end{aligned} \tag{1-10}$$

则单位时间内的电磁能在单位体积内可表示为

$$W=-\nabla\cdot\boldsymbol{S}=\frac{1}{4}\left[\frac{\partial(\omega\varepsilon)}{\partial\omega}|\boldsymbol{E}|^2+\frac{\partial(\omega\mu)}{\partial\omega}|\boldsymbol{H}|^2\right] \tag{1-11}$$

根据经典电动力学理论，对于非色散介质，其时间平均能量密度可以定义为

$$W=\frac{1}{4}(\varepsilon|\boldsymbol{E}^2|+\mu|\boldsymbol{H}^2|) \tag{1-12}$$

最终电磁能将以转化为热能的形式被吸收，根据熵定律可得本构参数的通用熵条件：

$$W>0 \tag{1-13}$$

因为 $E^2>0$ 且 $H^2>0$，所以得到色散关系的通用不等式为

$$\begin{cases} \dfrac{\mathrm{d}(\omega\varepsilon)}{\mathrm{d}\omega}>0 & (1-14a) \\[2mm] \dfrac{\partial(\omega\mu)}{\partial\omega}>0 & (1-14b) \end{cases}$$

假如电磁超材料是非色散介质，电磁超材料的磁导率 μ 和介电常数 ε 都是负值，代入式(1-12)可得 W 也为负值，从物理的角度出发，这明显是不可能的；但是，假如电磁超材料是色散介质，磁导率 μ 和介电常数 ε 都是负值，也可以满足式(1-14a)与式(1-14b)，这在理论推导上是成立的。因此，电磁超材料一定是色散介质。

1.3.2　后向波特性

在电磁超材料中，群速度 v_g 可用来表示能量的传播速度：

$$v_g=\frac{\partial\omega}{\partial\beta} \tag{1-15}$$

$$\frac{\partial\beta^2}{\partial\omega}=2\beta\frac{\partial\beta}{\partial\omega}=2\frac{\omega}{v_p v_g} \tag{1-16}$$

式中，$\beta^2=\omega^2\mu\varepsilon$，$\beta$ 为无耗媒质中的传播常数；$v_p=\omega/\beta$ 为相速度。而对于电磁超材料，有

$$\frac{\partial\beta^2}{\partial\omega}=\omega\varepsilon\frac{\partial(\omega\mu)}{\partial\omega}+\omega\mu\frac{\partial(\omega\varepsilon)}{\partial\omega}<0 \tag{1-17}$$

将上式代入式(1-16)中，可得

$$v_p v_g<0 \tag{1-18}$$

由式(1-18)可以看出，群速度 v_g 与相速度 v_p 的方向相反，这就是电磁超材料的后向波特性。

1.3.3　负折射特性

负折射现象(Negative Refractive Index，NRI)是由电磁超材料的双负电磁参数引起的。当一束平面波束斜入射到由两种无损耗的介质构成的平面交界处时，由于电场和磁场的切线分量是连续的，因此两种介质交界面处的入射波与折射波满足 Snell 定律：

$$n_1\sin\theta_1=n_2\sin\theta_2 \tag{1-19}$$

式中，θ_1 为电磁波入射角；θ_2 为电磁波折射角；n_1 和 n_2 分别为两种不同介质的折射率参数。

当电磁波在两种常规介质中传播时，由于常规介质的折射率为正值，因此折射角的大小与折射率成反比且分布在法线矢量两侧，如图 1-4(a)所示，图中 $\boldsymbol{k}_i$ 和 $\boldsymbol{k}_t$ 分别表示入射波与透射波的波矢量；而当电磁波在常规介质和电磁超材料介质中传播时，可以看出折射角出现在了法线向量的同侧，如图 1-4(b)所示，这就证明了电磁超材料具有负折射特性。

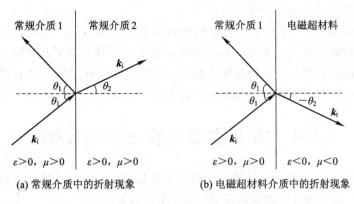

(a) 常规介质中的折射现象　　　　(b) 电磁超材料介质中的折射现象

图 1-4 常规介质和电磁超材料介质中的折射现象

1.3.4 逆多普勒效应

多普勒效应是指，当波源向接收器接近时，接收器接收到的波的频率会变高；而当波源远离接收器时，接收器接收到的波的频率会变低。在电磁超材料中，当接收器向波源靠近时，所测得的频率比波源的频率要低，因此称为逆多普勒效应。假如波源 S 沿着 z 方向运动且以角频率 ω 全向辐射电磁波，如图 1-5 所示，则波源的远场辐射场为

$$E(z, t), \ H(z, t) \propto \frac{e^{j(\omega t - \beta r)}}{r} \tag{1-20}$$

式中，β 为波源辐射的波数；r 是半径变量。假定波源 S 一直以速度 v_S 从原点 o 出发并向着

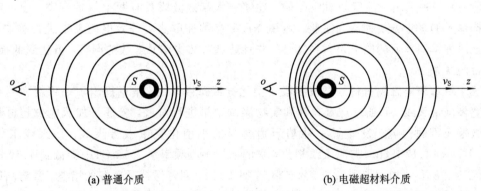

(a) 普通介质　　　　　　　　(b) 电磁超材料介质

图 1-5 多普勒效应

$+z$ 方向运动，则波源 S 走过的距离为 $z = v_S t$，从原点 o 处观察到的相位为

$$\varphi = \omega t - \beta v_S t = \omega\left(1 - \frac{\beta}{\omega} v_S\right)t = \omega\left(\frac{v_S}{v_p}\right)t = \omega\left(1 - s\frac{v_S}{|v_p|}\right)t \tag{1-21}$$

结合 $v_p = \omega/\beta$ 可知，当波源 S 静止（$v_S = 0$）时，多普勒频率 ω_D 为

$$\omega_D = \omega - \Delta\omega = \omega - s\frac{v_S}{|v_p|} \tag{1-22}$$

其中，s 表示一种"手性"符号函数。

对于常规介质而言有 $s = 1$，$\Delta\omega < 0$。由图 1-5(a) 可知，当观察者分别从 o 处的左侧和右侧观测时，可对应观察到波是后向偏移和前向偏移的，这一现象就是多普勒效应。而在电磁超材料中，$s = -1$，$\Delta\omega < 0$。由图 1-5(b) 可知，观察到的现象与在常规材料中观察到

的是相反的，我们称这种现象为逆多普勒效应。

《Science》杂志在2003年报道了电磁超材料的逆多普勒效应特性，瞬间掀起了轩然大波。因为逆多普勒效应的存在为高频脉冲的产生提供了可能，理论上可以通过增加接收器与波源的距离，使接收器接收到的频率不断增加。虽然在实际运用中还有许多的因素需要考虑，但这种能够简易产生高频电磁脉冲的装置具有广阔的应用前景。

1.4 本书主要内容及结构安排

本书通过对电磁超材料实现的理论分析和数值仿真，研究电磁超材料的电磁特性及其应用，如在天线、隐身和波导管中的应用。本书主要内容如下：

第1章绪论。本章阐述了电磁超材料的研究背景和意义，简要介绍了电磁超材料的基本概念、基本理论和基本特性，并介绍电磁超材料的国内外研究现状和发展趋势。

第2章电磁超材料基本结构及等效介质参数的提取。本章介绍电磁超材料等效介质参数的实现方法，利用仿真软件简捷、直观的特点，结合现有文献资料的研究成果，实现电磁超材料基本结构单元以及简单介质的构造，验证其异向特性存在的可行性和产生的机理。

第3章新型电磁超材料单元结构的模拟仿真。本章首先对经典的SRRs结构进行分析，讨论双负电磁参数(等效介电常数和磁导率)产生的原因。其次，对电磁超材料结构单元的研究进展进行了讨论。最后，基于电磁超材料单元的设计原理，设计了两种均匀各向同性的电磁超材料单元，其中一种采用单面印刷，满足在垂直和平行入射条件下均可以达到双负频段；另一种采用正反双面对应印刷，能够在太赫兹波段具有两个双负带宽。通过对两种结构单元的理论分析和仿真实验，运用NRW参数提取法对等效电磁参数进行提取，验证了该两种结构单元的电磁超材料特性。并且通过对结构单元参数的调整，可达到低损耗、宽频带的效果。

第4章基于电磁超材料的微波频段小型化宽带微带天线。本章提出了一种新型的小型化超宽带微带天线，并通过仿真软件和实物测试结果进行对比，验证了加载电磁超材料的新型微带天线的性能。设计了一种基于超材料的小型化宽带微带天线。该天线工作在3.67 GHz~14.17 GHz，与原天线相比，它的谐振中心频率从7.83 GHz降低到4.32 GHz(降低了44.8%)，相对带宽从2.7%扩展到243.1%，同时保持了良好的增益。实物测试结果与仿真结果吻合较好。电磁超材料的左手传输特性影响了微带天线介质基板的等效媒质参数，导致天线的辐射场主要集中在水平方向，而不是传统的微带天线的垂直方向。

第5章基于电磁超材料的太赫兹频段高方向性天线。本章首先对工作在太赫兹频段的电磁超材料单元进行参数优化；其次，通过喇叭天线的尺寸计算方法设计了一种工作在太赫兹波段的喇叭天线，通过实验仿真得到相关参数，为下一步对比实验结果提供数据支撑。最后将电磁超材料单元填充到所设计的喇叭天线口径中，从天线的方向性、增益和半功率波瓣宽度来比较加载电磁超材料单元前后天线的性能变化。

第6章时域有限差分法简介。本章主要介绍时域有限差分法(FDTD)的基本方程、吸收边界条件和激励源等概念与方法。

第7章电磁超材料的FDTD数值分析与验证。本章主要论述了电磁超材料中的电磁分析方法、电磁超材料的波动方程分析及FDTD推导、电磁超材料的电磁特性仿真等。

第 8 章基于 FDTD 法的电磁超材料中的电磁波传播和散射。本章主要论述电磁超材料中电磁波传播的因果律和电磁超材料的完美透镜的实现。

第 9 章电磁超材料的隐身特性分析和应用。本章首先简要介绍了利用电磁超材料的负折射效应实现二维目标完美隐身的作用机理，阐述了电磁超材料在实现外形隐身所具备的优势和蕴藏的巨大潜力。基于时域有限差分方法（FDTD），利用有耗 Drude（德鲁）色散介质模型模拟电磁超材料，计算金属圆柱、电磁超材料圆柱、电磁超材料覆盖金属圆柱的电磁散射。结合编写的三维算例，分析电磁超材料覆盖电大目标时的隐身效果。通过选取不同的介质参数，对比分析相对介电常数或相对磁导率分别为单负或双负的三种人造介质的散射特性，分析介质参数的实部不变时虚部对电磁超材料散射特性的影响。结果表明，通过选取适当匹配参数的电磁超材料覆盖目标后能够起到良好的隐身作用。另外还介绍了坐标变换设计隐身衣的基本原理，分析了利用异向介质简化参数处理设计隐身衣的方法，进一步提出了分层背景介质下的异向介质多层结构隐身衣的设计方法。

第 10 章电磁超材料吸波体。本章首先介绍电磁超材料吸波体的研究现状和均匀平面波在理想介质以及多层理想介质中的反射与透射，然后给出单层电磁超材料吸波体的设计与仿真实例，最后介绍电磁超材料吸波体的发展趋势。

第 11 章电磁超材料在矩形波导中的应用。将电磁超材料周期性地填充到截止波导中，发现波导在截止频率以下出现通带，有利于波导小型化；与谐振环填充截止波导相比较，改进谐振环使其负磁导率频段增至波导的截止频率以上，并将其填充到导通的波导中，发现波导在谐振环的负磁导率频段出现禁带。

第 12 章基于电磁带隙的阻带天线设计。本章设计了一种电磁带隙结构，并根据实际应用要求，在设计的一种超宽带微带天线的基础上，通过电磁带隙单元的加载，设计出一款阻带天线。对该天线的多个参数进行讨论并优化设计，再根据仿真实验制作出天线实物。实验结果表明：使天线工作在 3.11 GHz～5.97 GHz 的频带范围内，驻波系数（VSWR）值大于 2，且在 5.46 GHz 处达到了 9.23 的峰值；阻带范围覆盖 WiMAX（全球互通微波访问）(3.4 GHz～3.7 GHz)、C‐band（3.7 GHz～4.2 GHz）、WLAN（无线局域网络）(5.15 GHz～5.35 GHz/5.725 GHz～5.825 GHz)这三个频段，且天线增益在阻带内明显降低。

第 13 章复合左/右手传输线。本章主要介绍复合左/右手传输线的基本理论和构造机理，给出一维复合左/右手传输线的设计与实现；简要介绍谐振型复合左/右手传输线。

第2章 电磁超材料基本结构及等效介质参数的提取

本章介绍实现电磁超材料等效双负特性的基本结构的理论基础。从电磁波理论出发，根据 NRW(Nicolson-Ross-Weird)等效介质参数的提取方法，推导自由空间电磁超材料等效参数的提取方法，给出相应的反演公式。基于时域有限积分法的 CST 软件(德国 CST 公司是全球最大的纯电磁场仿真软件公司)，对电磁超材料基本结构单元以及由结构单元周期排列组成的电磁超材料进行仿真，根据得出的透射系数曲线和用 NRW 方法反演得出的有效介质参数曲线验证了其异向特性的存在。

2.1 电磁超材料的产生机理与实现

经典电动力学中，媒质(也称介质)的电磁性质通常用介电常数和磁导率两个宏观参数来描述。

介电常数主要反映媒质在电场中发生的极化对原电场产生的影响。常规介质发生极化的机理很复杂，主要有如下三种极化方式：

(1) 电子极化：组成原子的电子云，在电场的作用下相对于原子核发生位移，引起电矩。

(2) 离子极化：分子由正、负离子组成，在电场的作用下，无论是有极分子、无极分子，还是正离子、负离子均从其平衡位置发生位移。

(3) 取向极化：分子具有固定电矩，在电场的作用下，分子的电矩向电场的方向转动，从而产生合成电矩。

磁导率是反映介质在磁场中发生的磁化对原磁场的影响。物质磁化后，磁介质的分子或原子可视为一磁偶极子，即将磁介质看做一种由许多非常小的磁偶极子组成的介质。磁偶极子的磁矩主要有三个来源：① 电子的自旋运动；② 电子绕原子核的轨道运动；③ 原子核的自旋。因此，介电常数和磁导率都是微观粒子在电场和磁场作用下运动效果的宏观反映。当构成媒质的结构尺寸比电磁波的波长小得多时，媒质与电磁波的相互作用的效果也可以用等效介电常数和等效磁导率来描述。

固体物理中，均匀材料的等效介电常数或等效磁导率服从 Clausius - Mossotti 方程，这也是目前许多研究成果的理论基础。球状颗粒等效介电常数或等效磁导率的计算最早是由 L. Lewin 在 1947 年提出的，并被 C. L. Holloway 等用于电磁超材料的研究中。最早开展周期结构人造媒质理论研究的学者可能是 1850 年的 O. F. Mossoti 等人，而最早的实验研究可能是 1894 年由 G. Lippmann 在感光乳剂上通过干涉法产生的驻波结构，以上这些研究成果为电磁超材料的深入研究奠定了基础。

通常，自然媒质的介电常数和磁导率均与电磁波的频率有关，并且在绝大多数情况下均为正值。在一些特殊情况下，某些媒质的介电常数或磁导率为负值，如等离子体，当电磁波的入射频率低于等离子体频率时，等离子体的等效介电常数为负值，等效磁导率为正值；还有像MnF_2和FeF等反铁磁性物质的磁导率在某些频率范围内为负值。1996 年至 1999 年，J. B. Pendry 等人相继提出并构造出了在微波频段等效介电常数和等效磁导率均为负数的模型，为"左手材料"的构造奠定了重要基础。

2.1.1 等效负介电常数的产生机理

等离子体频率的概念最早是由 L. Tonks 等人于 1929 年提出，并在实验中首先发现等离子体谐振现象。J. D. Jackson 将 Drude 模型与介电常数联系在一起发现，当频率在等离子频率之下时，等效介电常数为负值。等离子体的等效介电常数服从 Drude 模型，即

$$\varepsilon_p(\omega) = \varepsilon_0 \left(1 - \frac{\omega_p^2}{\omega^2} \right) \tag{2-1}$$

式中

$$\omega_p = \sqrt{\frac{ne^2}{m\varepsilon_0}} \tag{2-2}$$

为等离子体频率，等效介电常数随频率变化。在式(2-2)中，e 和 m 分别为电子的电量和质量；n 为电子数密度。显然，当工作频率小于 ω_p 时，$\varepsilon_p(\omega)$ 将小于 0。在这种情况下，磁导率大于 0，波矢量为虚数，电磁波为倏逝波状态，电磁波在等离子体中不能传播。大气中的电离层即为等离子体，对于频率较低的无线通信信号，由于等离子体效应而产生全反射；金属在光频段和近紫外频段可以看做等离子体，但在较低的频段其损耗比较大，导致等离子效应非常微弱，难以观察到。但是，如果能够通过人工方法构造出等离子体，使等离子频率较低，则比较容易地实现负介电常数特性。

细金属棒(Rod)阵列是最早发现具有负介电常数的人造结构，早在 1953 年 Rod 阵列就被嵌入到媒质中用于微波人造介质的构造。1996 年，J. B. Pendry 等人通过周期性的细金属棒阵列(参见图 2-1)，实现了负等效介电常数特性。假定细金属棒在 y 方向上为无限长、半径为 $d/2$，在 x 和 z 方向上的周期为 $a(a \gg d/2)$。由于电子被限制在细金属棒里运动，因此辐射时仅仅能"发现"平均电荷密度，不能"看见"周期性排列的细金属棒，细金属棒阵列就构成一个整体，并能减少等效电子密度。等效电子密度为

$$n_{eff} = \frac{\pi d^2 n}{4a^2} \tag{2-3}$$

式中，n 为细金属棒内实际的电子数密度。

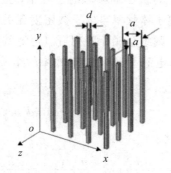

图 2-1 周期细金属棒(Rod)阵列结构

　　由于细金属棒的电感比较大，故细金属棒里的电流值不易受到影响。为了进一步说明这一点，下面考虑距离细金属棒中心为 ρ 的磁场的情况。由于细金属棒在 z 方向上无限长，因此每个周期单元的电通量 D 可视为均匀分布。但是电流的分布却很不均匀，在细金属棒区域里存在电流，而在其他部分却不存在电流，导致磁场的分布很不均匀，越靠近细金属棒的区域磁场就越大。根据麦克斯韦方程和边界条件可知：相邻两个细金属棒之间的中心位置磁场为零，即

$$H\left(\frac{a}{2}\right)=0$$

其磁场分布为

$$H(\rho)=\frac{\hat{\boldsymbol{e}}_\varphi I}{2\pi}\left(\frac{1}{\rho}-\frac{1}{a-\rho}\right)$$

式中，电流 $I=(1/4)\pi d^2 n e v_e$，v_e 为电子运动的平均速度。由 $\nabla\times\boldsymbol{A}=\mu_0\boldsymbol{H}$ 得矢量位分布

$$\boldsymbol{A}(\rho)=\begin{cases}\dfrac{\mu_0 I}{2\pi}\ln\left[\dfrac{a^2}{4\rho(a-\rho)}\right]\hat{\boldsymbol{e}}_\varphi, & 0<\rho<\dfrac{a}{2}\\ 0, & \rho>\dfrac{a}{2}\end{cases}$$

式中，$\hat{\boldsymbol{e}}_\varphi$ 表示柱坐标系中 φ 增加方向的单位矢量。由于 $a\gg d/2$，并且良导体中电子基本上在导体表面流动，因此单位长度细金属棒内的电偶极矩为

$$\boldsymbol{P}=\pi r^2 n e\boldsymbol{A}(r)=\frac{v_0\pi^2 r^4 n^2 e^2 v_e}{2\pi}\ln\left(\frac{2a}{d}\right)=\frac{1}{4}m_{\text{eff}}\pi d^2 n v_e \tag{2-4}$$

式中，m_{eff} 为电子的等效质量，有

$$m_{\text{eff}}=\frac{\mu_0 d^2 n e^2}{8}\ln\left(\frac{2a}{d}\right)$$

则周期细金属棒阵列结构的等离子频率为

$$\omega_p=\sqrt{\frac{n_{\text{eff}}q^2}{m_{\text{eff}}\varepsilon_0}}=\sqrt{\frac{2\pi c^2}{a^2\ln(2a/d)}} \tag{2-5}$$

式中，c 为真空中光速。对于 $d=2\ \mu\text{m}$，$a=5\ \text{mm}$，$n=1.806\times10^{29}\ \text{m}^{-3}$ 的铝丝，其等效质量为

$$m_{\text{eff}}=2.4808\times10^{-26}\ \text{kg}$$

由式(2-2)得其等离子体频率为

$$\omega_p=\sqrt{\frac{n q^2}{m\varepsilon_0}}=8.2\ \text{GHz}$$

　　在推导细金属棒阵列结构的等离子体频率的过程中，虽然使用了细金属棒的电子数密度，但是实际上细金属棒的等离子体频率与电子数密度无关（参见式2-5），仅与细金属棒的尺寸和结构的周期长度有关，则细金属棒阵列可以用等效电容和等效电感来分析。

　　设单位长度细金属棒的总电感为 L，细金属棒的电流 I 由沿细金属棒的外电场激发，有

$$E_z=-\text{j}\omega L I=-\text{j}\frac{1}{4}\omega L\pi d^2 n e v_e$$

　　单位体积内的电偶极矩为

$$P=-\frac{d}{2}n_{\text{eff}}ed=\frac{n_{\text{eff}}e v_e}{\text{j}\omega}=-\frac{E_z}{\omega^2 a^2 L}$$

则细金属棒单位长度电感值可由细金属棒和与其相连细金属棒的中心对称面(磁场为零)所围成的区域内的磁通量求得，具体过程为

$$\Phi = \mu_0 \int_{d/2}^{a/2} H(\rho) d\rho = \frac{\mu_0 I}{2\pi} \ln \frac{a^2}{d(2a-d)}$$

由 $\Phi = LI$ 和 $P = (\varepsilon_r - 1)\varepsilon_0 E_z$，当 $a \gg r$ 时，有

$$L = \frac{\Phi}{I} = \frac{\mu_0}{2\pi} \ln \frac{a^2}{d(2a-d)} \cong \frac{\mu_0}{2\pi} \ln\left(\frac{2a}{d}\right)$$

其等效相对介电常数(简称等效介电常数)为

$$\varepsilon_r(\omega) = 1 - \frac{2\pi c^2}{\omega^2 a^2 \ln\left(\frac{2a}{d}\right)}$$

如果 z 方向细金属棒不是无限长，或由含有很多段不相接的有限细金属棒组成，则在金属切口之间将引入一个等效电容值 C。在同时存在损耗 σ 的情况下，细金属棒上的电磁与电流的关系为

$$E_z = -j\omega LI + \frac{1}{4}\sigma\pi d^2 I + \frac{I}{-j\omega C}$$

故其等效介电常数为

$$\varepsilon_r(\omega) = 1 - \frac{\omega_p^2}{\omega^2 - \omega_0^2 + j\frac{4\omega\varepsilon_0 a^2 \omega_p^2}{\pi d^2 \sigma}} \tag{2-6}$$

式中，$\omega_0 = \sqrt{LC}$ 为谐振频率。由此可见，通过调整细金属棒周期性尺寸及其粗细，就可在所需的频段获得负介电常数特性。由于细金属棒的周期性尺寸远小于工作波长，因而由该结构构成的媒质可以看做均匀人造媒质。另外，细金属棒的磁场影响很小，基本上可以忽略不计，具有这种结构媒质的磁导率可近似为常数。

综上所述，电磁场在周期性细金属棒阵列结构中产生感应电流，使细金属棒上的正、负电荷分别向细金属棒两端聚集，从而产生了与外来电场方向相反的电动势，引发等离子体效应，是产生负介电常数的物理根源。

2.1.2　等效负磁导率的产生机理

负磁导率现象最早是由 G. H. B. Thompson 在金属波导管中发现的，R. Marques 等人也在实验中得到了类似的结果。由前面介绍我们知道，电等离子体在其谐振频率以下具有能够获得负介电常数的特性，类似地，如果能够构造出具有相似频率响应曲线的磁等离子体，就可以产生负磁导率的特性。如果磁荷像电荷一样存在，则等效负磁导率的产生变得非常简单，但是到目前为止还未有磁荷存在的有力证据。虽然如此，由法拉第电磁感应定律可知，环状电流产生一个类似磁偶极子的场分布，故由电流环来代替磁荷产生等效负磁导率。

早在 1950 年，一些研究人员发现不同形状的环或类似环形的结构在某个频段呈现负磁导率的现象，并将其用于构造微波频段的手性材料。1999 年，J. B. Pendry 等人提出了开路电流环谐振器(Split Ring Resonator ，SRR)，发现该结构在某些频段能够产生磁等离子体效应，并能实现负磁导率特性。实际上，早在 L. B. Pendry 之前，就有一些学者如 W. W. Hansen、W. N. Hardy、L. W. Froncisz 等对 SRR 进行了深入的研究。下面对 SRR 原

理进行分析，其结构中磁场感应电流示意图如图 2-2 所示。

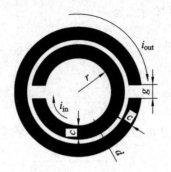

图 2-2 SRR 结构中磁场感应电流示意图

设圆环半径为 r，内环与外环间距为 d，环宽度为 c，假设 $r \gg c$，且 $r \gg d$，周期排列 SRR 阵列结构示意图如图 2-3 所示。

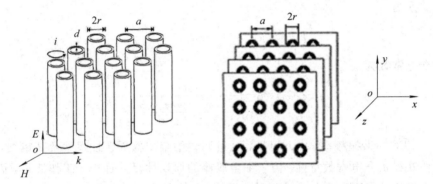

图 2-3 周期排列 SRR 阵列结构示意图

假设 SRR 结构为纵向尺度无限长的柱体，在横向两个方向上周期性排列，周期为 a。对于简单的金属环构成的柱体，假设环上感应面电流密度 i 在环外磁场强度为 H_{out}，环内磁场强度为 H_{in}，垂直穿过环的均匀外部磁场为 H_0，穿过环内外的磁通量相等，则

$$\mu H_{in} \pi r^2 = \mu H_{out}(a^2 - \pi r^2)$$

环上面电流密度 i 为内、外磁场之和，表达式为

$$i = H_{in} + H_{out} = \frac{a^2}{a^2 - \pi r^2} H_{in}$$

则

$$H_{in} = i - \frac{\pi r^2}{a^2} i$$

所以

$$H = H_0 + H_{in} = H_0 + i - \frac{\pi r^2}{a^2} i$$

根据法拉第电磁感应定律，金属环上的总电动势为外部磁场变化产生的电动势和导体电阻上的电压降之和，表达式为

$$\mathscr{E} = -\frac{\partial}{\partial t}(BS) - IR = -\mu_0 \pi r^2 \frac{\partial}{\partial t} H - 2\pi r \sigma i = -j\omega \mu_0 \pi r^2 H - 2\pi r \sigma i$$

$$= -\mathrm{j}\omega\mu_0\pi r^2\left(H_0+i-\frac{\pi r^2}{a^2}i\right)-2\pi r\sigma i$$

式中，S 为圆柱体的横截面积的大小；σ 为沿圆周单位面积上的电阻率，也就是假设金属环高度为单位长度。因为金属环上的电压降之和为零，所以由上式推导得

$$i=\frac{-\mathrm{j}\omega\mu_0\pi r^2 H_0}{\mathrm{j}\omega\mu_0\pi r^2\left(1-\frac{\pi r^2}{a^2}\right)-2\pi r\sigma}=\frac{-H_0}{\left(1-\frac{\pi r^2}{a^2}\right)+\mathrm{j}\frac{2\sigma}{\omega\mu_0 r}}$$

金属环内平均磁通量为 $B_{\mathrm{ave}}=\mu_0 H_0$，而金属环外的平均磁场强度为

$$H_{\mathrm{ave}}=H_0-\frac{\pi r^2}{a^2}i=H_0-\frac{\pi r^2}{a^2}\frac{-H_0}{\left(1-\frac{\pi r^2}{a^2}\right)+\mathrm{j}\frac{2\sigma}{\omega\mu_0 r}}=\frac{1+\mathrm{j}\frac{2\sigma}{\omega\mu_0 r}}{\left(1-\frac{\pi r^2}{a^2}\right)+\mathrm{j}\frac{2\sigma}{\omega\mu_0 r}}H_0$$

在磁场的作用下，金属环构成的周期结构产生的效应是由环外区域的磁场所决定的，其等效相对磁导率（简称等效磁导率）为

$$\mu_{\mathrm{eff}}=\frac{B_{\mathrm{ave}}}{\mu_0 H_{\mathrm{ave}}}=\frac{\mu_0 H_0}{\mu_0 H_{\mathrm{ave}}}=\frac{H_0}{H_{\mathrm{ave}}}=\frac{\left(1-\frac{\pi r^2}{a^2}\right)+\mathrm{j}\frac{2\sigma}{\omega\mu_0 r}}{1+\mathrm{j}\frac{2\sigma}{\omega\mu_0 r}}=1-\frac{\pi r^2}{a^2}\frac{1}{1+\mathrm{j}\frac{2\sigma}{\omega\mu_0 r}}$$

因此感应电动势为

$$\mathscr{E}=\oint E\cdot\mathrm{d}l=2\pi rE_1+2\pi rE_2=-\frac{\mathrm{d}}{\mathrm{d}t}\iint\mathrm{d}S\cdot\mu_0 H$$

$$=\mathrm{j}\omega\mu_0\pi r^2 H=\mathrm{j}\omega\mu_0\pi r^2\left(H_0+i-\frac{\pi r^2}{a^2}i\right) \tag{2-7}$$

式中，$E_1=i\sigma$ 为 SRR 结构上的电流产生的电压降。令内环和外环的电压分别为

$$U_{\mathrm{out}}(S)=E_2(S-\pi r),\quad 0<S<2\pi r$$

$$U_{\mathrm{in}}(S)=E_2 S,\quad 0<S<\pi r$$

$$U_{\mathrm{in}}(S)=E_2(S-2\pi r),\quad \pi r<S<2\pi r$$

由安培环路定律可得感应电流为

$$\frac{\partial}{\partial S}i_{\mathrm{out}}(S)=-C\frac{\partial}{\partial t}(U_{\mathrm{out}}(S)-U_{\mathrm{in}}(S))$$

$$=\begin{cases}\mathrm{j}\omega CE_2(-\pi r),& o<S<\pi r\\\mathrm{j}\omega CE_2(+\pi r),& \pi r<S<2\pi r\end{cases} \tag{2-8}$$

$$\frac{\partial}{\partial x}i_{\mathrm{in}}(S)=-C\frac{\partial}{\partial t}(U_{\mathrm{in}}(S)-U_{\mathrm{out}}(S))=\begin{cases}\mathrm{j}\omega CE_2(+\pi r),& 0<S<\pi r\\\mathrm{j}\omega CE_2(-\pi r),& \pi r<S<2\pi r\end{cases} \tag{2-9}$$

式中，C 为沿 SRR 圆周单位长度上的电容，$C=\varepsilon_0/d$。对式（2-8）和式（2-9）分别求积分得

$$i_{\mathrm{out}}(S)=\begin{cases}\mathrm{j}\omega CE_2(-\pi rS),& 0<S<\pi r\\\mathrm{j}\omega CE_2(\pi rS-2\pi^2 r^2),& \pi r<S<2\pi r\end{cases} \tag{2-10}$$

和

$$i_{\mathrm{in}}(S)=\begin{cases}\mathrm{j}\omega CE_2(\pi rS-\pi^2 r^2),& 0<S<\pi r\\\mathrm{j}\omega CE_2(-\pi rS+\pi^2 r^2),& \pi r<S<2\pi r\end{cases} \tag{2-11}$$

在 $S=0$ 和 $S=2\pi r$ 处，$i_{\mathrm{out}}(S)=0$；在 $S=\pi r$ 处，$i_{\mathrm{in}}(S)=0$，则 SRR 结构上的总电流为

$$i = i_{out} + i_{in} = -j\omega C E_2 \pi^2 r^2$$

则由式(2-7)得

$$j\omega\mu_0 \pi r^2 \left(H_0 - \frac{\pi r^2}{a^2}i\right) = \left(2\sigma + j\frac{2}{\omega_0 \pi^2 r^2 C}\right)i$$

$$\mu_{eff} = \frac{H_0}{H_{ave}} = \frac{H_0}{H_0 - \frac{\pi r^2}{a^2}i} = 1 - \frac{\pi r^2}{a^2} \cdot \frac{1}{1 + j\frac{2\sigma}{\omega\mu_0 r} - \frac{2}{\omega^2 \mu_0 \pi^2 r^3 C}}$$

对于金属柱状 SRR 纵向为无限长的情况,沿圆周方向单位面积电容为

$$C = \frac{\varepsilon_0}{d} = \frac{1}{d\mu_0 c^2}$$

式中,c 为真空中的光速。经推导得

$$\mu_{eff} = 1 - \frac{\pi r^2}{a^2} \cdot \frac{1}{1 - \frac{2dc^2}{\omega^2 \pi^2 r^3} + j\frac{2\sigma}{\omega\mu_0 r}} \tag{2-12}$$

与等效介电常数类似。等效磁导率也有一个类似于等离子体的谐振表达式,其曲线如图 2-4 所示。

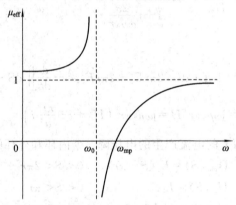

图 2-4 磁导率曲线

从图 2-4 可以看出,SRR 结构人造媒质的等效磁导率与等效介电常数的表达式完全类似,表现出德鲁(Drude)模型的特点,其中 SRR 谐振频率点为

$$\omega_0 = \sqrt{\frac{2dc^2}{\pi^2 r^3}}$$

磁等离子体频率为

$$\omega_{mp} = \sqrt{\frac{2dc^2}{\pi^2 r^3}\left(1 - \frac{\pi r^2}{a^2}\right)^{-1}}$$

等效磁导率德鲁模型为

$$\omega_{eff} = 1 - \frac{\omega_{mp}^2 - \omega_0^2}{\omega_{mp}^2 - \omega_0^2 + j\Gamma}$$

式中,Γ 为损耗特性。当 $\omega_0 < \omega < \omega_{mp}$ 时,等效磁导率为负值。当外磁场穿过 SRR 圆环内部时,对应的电场平行于 SRR 的圆截面,金属结构的不连续性使感应电流的作用非常微弱,因而这种结构的等效介电常数可近似为常数。

综上所述,电磁场在周期性 SRR 结构中产生感应电流,使细金属棒上的正、负电荷分

别向该细金属棒的内、外环聚集，引发等离子体效应，是产生负磁导率的物理根源。

2.1.3　电磁超材料的实现

根据负介电常数和负磁导率产生方法，将图 2-1 和多个图 2-2 所示的 SRR（表示为 SRRs）与介质板周期排列结合，使外部电场和磁场在金属结构上的感应电流同时起作用，可以得到电磁超材料（参见图 2-5）。电磁超材料的介电常数和磁导率可以表示为

$$\begin{cases} \mu_{\text{eff}}(\omega) = 1 - \dfrac{\omega_{\text{m}}' - \omega_{\text{m}}^2}{\omega^2 - \omega_{\text{m}}^2 + j\omega\gamma} \\ \varepsilon_{\text{eff}}(\omega) = 1 - \dfrac{\omega_{\text{p}}^2 - \omega_0^2}{\omega^2 - \omega_0^2 + j\omega\gamma} \end{cases} \qquad (2-13)$$

式中，ω_{m}' 为磁等离子体频率；ω_{m} 为磁谐振频率；γ 为磁等离子体电子碰撞频率（表示其损耗特性）；ω_0 为电谐振频率。

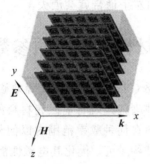

图 2-5　电磁超材料示意图

图 2-6 给出了与电磁超材料相关的三种周期结构电磁响应示意图，从左到右各列分别代表各种结构的透射系数、介电常数和磁导率。

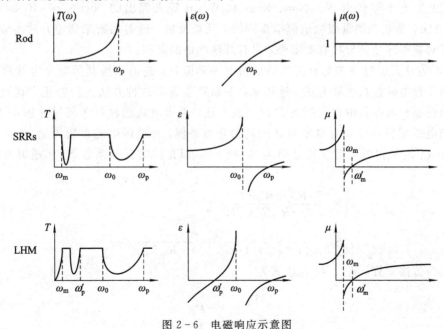

图 2-6　电磁响应示意图

第一行是细金属棒阵列（Rod）结构，其介电常数可用式（2-6）表示，由于磁场作用在细

金属棒上的等效感应很微弱，基本可以忽略不计，因此其磁导率近似为常数。

第二行是开路环谐振器(SRRs)，透射系数中分别有一个磁谐振点 ω_m、电谐振点 ω_0，其介电常数和磁导率分别可以用式(2-13)来表示，其介电常数并不能近似看做常数。

第三行代表电磁超材料，其介电常数和细金属棒阵列的不一样，其电响应由开路环谐振器和细金属棒阵列的电响应合成(两种电响应的相互耦合导致 ω_p' 的生成)，但其磁导率和SRRs的一样，即磁响应由 SRRs 的磁响应提供。当 $\omega_m < \omega < \omega_p'$ 时，电磁超材料的介电常数和磁导率均为负值，透射系数在此频段有一个左手透射峰。当 $\omega_p' < \omega < \omega_0$ 和 $\omega > \omega_p$ 时，介电常数和磁导率均为正值，存在着右手透射峰。

根据电磁理论，当介质的 ε 和 μ 同为正或负值时，电磁波能够在其中传播；当 ε 和 μ 分别为一正值与一负值时，电磁波表现为倏逝波，不能在物质中传播。SRRs 或 Rod 在负折射率频段附近均存在着传输禁带，而由两者组成的电磁超材料在此频段附近却存在着左手通带。若将 SRRs 的开口 g 闭合，则左手通带就会消失。

2.2 电磁超材料等效介质参数的提取方法

媒质的电磁特性由其本构参数(等效介电常数和等效磁导率)来描述，因此准确获取电磁超材料的本构参数，不仅能够清晰描述现有电磁超材料的电磁特性和评估电磁超材料性能的优劣，也能计算出电磁超材料在何种频率范围内以何种方式表现出电磁超材料的奇异特性，这对于改进电磁超材料的结构单元、优化其电磁性能有很重要的作用。

通常的等效本构参数提取方法有很多，如 Maxwell-Garnett 法、耦合偶/多极子法、T-矩阵法、谐振腔或介质谐振器法、自由空间测量法、开路终端同轴线法、开口波导法等。由于这些提取测量方法各有优缺点，因此找到一种适合研究电磁超材料的实验方法很重要。二十世纪七十年代由 Nicolson、Ross 和 Weird 等人提出的 Nicolson-Ross-Weird (NRW)方法，是利用测量或数值模拟得到的介质板反射、透射系数来确定介质参数，这种方法除了对被测样品的形状有要求外，没有其他严格的限制。

NRW 方法是通过 S 参数计算媒质的折射率和阻抗，进而获得其等效介电常数和等效磁导率的一种电磁参数提取方法。近年来，不断有学者对这种方法进行修正和优化，这里只推导电磁超材料在自由空间的 S 参数反演方法。因为电磁超材料单元尺寸远小于波长，故可以把电磁超材料等效为厚度为 d 的均匀介质平板，介质的电磁参数为 ε_1、μ_1，介质两端均为空气，测量得到散射参数分别为 S_{11} 和 S_{21}，即介质的反射系数 S_{11} 和透射系数 S_{21}，表达式为

$$\begin{cases} S_{11} = \dfrac{R_{01} + R_{12}\,\mathrm{e}^{\mathrm{j}2k_{1z}d}}{1 + R_{01}R_{12}\,\mathrm{e}^{\mathrm{j}2k_{1z}d}} & (2-14\mathrm{a}) \\[4mm] S_{21} = \dfrac{4\mathrm{e}^{\mathrm{j}2k_{1z}d}}{(1+P_{01})(1+P_{12})(1+R_{01}R_{12}\,\mathrm{e}^{\mathrm{j}2k_{1z}d})} & (2-14\mathrm{b}) \end{cases}$$

式中，k_{1z} 为传播常数；R_{01}、R_{12} 表达式为

$$\begin{cases} R_{01} = \dfrac{1-P_{01}}{1+P_{01}} & (2-15\mathrm{a}) \\[4mm] R_{12} = \dfrac{1-P_{12}}{1+P_{12}} & (2-15\mathrm{b}) \end{cases}$$

式中，P_{01}、P_{12} 为相对波阻抗，表达式为

$$\begin{cases} P_{01} = \dfrac{\mu_0 k_{1z}}{\mu_1 k_{0z}} & (2-16a) \\[3mm] P_{12} = \dfrac{\mu_1 k_{2z}}{\mu_2 k_{1z}} & (2-16b) \end{cases}$$

由于介质平板两侧均为空气，则 $\mu_0 = \mu_2$，$k_{0z} = k_{2z}$，因此

$$P_{12} = \frac{\mu_1 k_{2z}}{\mu_2 k_{1z}} = \frac{\mu_1 k_{0z}}{\mu_0 k_{1z}} = \frac{1}{P_{01}} \qquad (2-17)$$

$$R_{12} = \frac{1 - P_{12}}{1 + P_{12}} = \frac{1 - \dfrac{1}{P_{01}}}{1 + \dfrac{1}{P_{01}}} = -\frac{1 - P_{01}}{1 + P_{01}} = -R_{01} \qquad (2-18)$$

将式(2-17)、式(2-18)代入式(2-14a)，得

$$S_{11} = \frac{R_{01} + R_{12} e^{j2k_{1z}d}}{1 + R_{01} R_{12} e^{j2k_{1z}d}} = \frac{R_{01}(1 - e^{j2k_{1z}d})}{1 - R_{01}^2 e^{j2k_{1z}d}} \qquad (2-19)$$

将式(2-15)~式(2-18)代入式(2-14b)，得

$$S_{21} = \frac{4 e^{jk_{1z}d}}{(1 + P_{01})(1 + P_{12})(1 + R_{01} R_{12} e^{j2k_{1z}d})} = \frac{(1 - R_{01})^2 e^{j2k_{1z}d}}{1 - R_{01}^2 e^{j2k_{1z}d}} \qquad (2-20)$$

半空间情况界面反射系数 Γ 为

$$\Gamma = R_{01} = \frac{1 - P_{01}}{1 + P_{01}} \qquad (2-21)$$

介质中的传播系数 Z 为

$$Z = e^{jk_{1z}d} \qquad (2-22)$$

于是，式(2-19)和式(2-20)可以改写为

$$S_{11} = \frac{R_{01} + R_{12} e^{j2k_{1z}d}}{1 + R_{01} R_{12} e^{j2k_{1z}d}} = \frac{R_{01}(1 - e^{j2k_{1z}d})}{1 - R_{01}^2 e^{j2k_{1z}d}} = \frac{\Gamma(1 - Z^2)}{1 - \Gamma^2 Z^2} \qquad (2-23)$$

$$S_{21} = \frac{4 e^{jk_{1z}d}}{(1 + P_{01})(1 + P_{12})(1 + R_{01} R_{12} e^{j2k_{1z}d})} = \frac{(1 - R_{01})^2 e^{j2k_{1z}d}}{1 - R_{01}^2 e^{j2k_{1z}d}} = \frac{Z(1 - \Gamma^2)}{1 - \Gamma^2 Z^2} \qquad (2-24)$$

至此，介质的反射系数 S_{11} 和透射系数 S_{21} 改写完成，接下来引入中间变量 V_1 和 V_2，将其定义为

$$\begin{cases} V_1 = S_{21} + S_{11} & (2-25a) \\ V_2 = S_{21} - S_{11} & (2-25b) \end{cases}$$

如果令

$$\begin{cases} X = \dfrac{1 + V_1 V_2}{V_1 + V_2} = \dfrac{1 + Z^2}{2Z} & (2-26a) \\[3mm] Y = \dfrac{1 - V_1 V_2}{V_1 - V_2} = \dfrac{1 + \Gamma^2}{2\Gamma} & (2-26b) \end{cases}$$

从式(2-26)中可以解得

$$Z = X \pm \sqrt{X^2 - 1} \qquad (2-27)$$

$$\Gamma = Y \pm \sqrt{Y^2 - 1} \qquad (2-28)$$

电磁超材料的 S 参量是随频率变化的，而且是复数。在介电常数和磁导率的谐振频率

附近，Z 和反射系数 Γ 的正、负值变化迅速，式（2－27）和式（2－28）中的正、负号不易确定。

因此，由式（2－23）、式（2－25）可以推导 Z 和反射系数 Γ 的另一种表达式，即

$$Z=\frac{V_1-\Gamma}{1-\Gamma V_1} \tag{2-29}$$

$$\Gamma=\frac{Z-V_2}{1-ZV_2} \tag{2-30}$$

从式（2－29）、式（2－30）可以得到

$$1-Z=\frac{(1-V_1)(1+\Gamma)}{1-\Gamma V_1} \tag{2-31}$$

$$\eta=\frac{1+\Gamma}{1-\Gamma}=\frac{1+Z}{1-Z}\frac{1-V_2}{1+V_2} \tag{2-32}$$

其中，η 为相对波阻抗。

假设电磁超材料平板的厚度较小，即 $k_{real}d\leqslant1$，波矢量的大小 $k_{1z}=\omega\sqrt{\varepsilon_{1r}\mu_{1r}}/c=k_0\sqrt{\varepsilon_r\mu_r}$，$Z\sim1-\mathrm{j}k_{1z}d$，其中 $k_0=\omega/c$，d 表示电磁超材料在传播方向上的厚度。可以得到波矢量和相对磁导率的近似解为

$$k_{1z}\sim\frac{1}{\mathrm{j}d}\frac{(1-V_1)(1+\Gamma)}{1-\Gamma V_1} \tag{2-33}$$

$$\mu_{1r}\sim\frac{2}{\mathrm{j}k_0d}\frac{1-V_2}{1+V_2} \tag{2-34}$$

相对介电常数和折射率就可以写为

$$\varepsilon_{1r}=\left(\frac{k_{1z}}{k_0}\right)^2\frac{1}{\mu_{1r}} \tag{2-35}$$

$$n=\sqrt{\varepsilon_{1r}\mu_{1r}}=\frac{k_{1z}}{k_0} \tag{2-36}$$

波阻抗的平方可以写为

$$\eta^2=\frac{\mu_{1r}}{\varepsilon_{1r}}=\frac{Y+1}{Y-1}=\frac{1+V_1}{1-V_1}\frac{1-V_2}{1+V_2}=\frac{(S_{11}+1)^2-S_{21}^2}{(S_{11}-1)^2-S_{21}^2} \tag{2-37}$$

合并式（2－32）～式（2－37），并考虑 $k_{real}d\leqslant1$ 可以得到

$$S_{11}\sim\frac{2\mathrm{j}k_{1z}d(\eta^2-1)}{(\eta+1)^2-(\eta-1)^2}=2\mathrm{j}k_{1z}d\frac{\eta^2-1}{4\eta} \tag{2-38}$$

$$\mu_{1r}\approx\varepsilon_{1r}-\mathrm{j}\frac{2S_{11}}{k_0d} \tag{2-39}$$

可见，在介质电磁参数的反演中，先由 V_2 通过式（2－34）计算 ε_{1r}，再由式（2－38）和式（2－39）计算 μ_{1r}。特别地，当反射系数 S_{11} 趋近于零时，电磁超材料的 $\varepsilon_{1r}\approx\mu_{1r}$。以上就是 Ziolkowski 提出的自由空间电磁超材料反演修正的参数提取方法。在以后的章节中，该参数提取方法将会应用于对介质电磁参数的反演。

2.3　电磁超材料基本结构的构造

近年来电磁超材料的构造成为国内外学者研究的热点，科研人员从理论上提出了构造

电磁超材料的可能性,并通过等效介质理论预测所研究介质是否是电磁超材料。可是,迄今为止还没有发现介电常数和磁导率同时为负值的自然媒质,使得金属谐振结构为目前获得人工电磁超材料的主要方法。电磁超材料的构造、设计和加工是对其研究的主要内容,制备具有低损耗、宽频带、固态和均匀各向同性等良好性能的电磁超材料结构是世界各国研究工作者的目标。

2.3.1 电磁超材料基本结构单元

人工电磁超材料是由周期排列的电磁超材料单元构成的,其中大多数由谐振环和细金属导线组合而成。早期,具有代表性的电磁超材料结构是由 D. R. Smith 等人提出的将圆形 SRRs 结构和 Rod 结构相结合,首次构造出了一维电磁超材料,我们称其为 Smith 结构电磁超材料,这里的一维表示仅有一个方向的电场和磁场起作用,即波矢量只能朝向一个方向。为了设计和实验方便,将 SRRs 的圆环结构改为方环结构,通过大量的实验仿真发现该结构同样在某个频率范围内等效介电常数和等效磁导率同时为负值。本节着重从这一最简单的方形 SRRs 结构单元出发,通过 CST 软件进行数值模拟仿真,研究电磁超材料基本结构单元所表现出来的异向特性。

基本的电磁超材料结构单元模型如图 2-7 所示,方形结构开口谐振环 SRRs 在 PCB 板的一侧,Rod 在 PCB 板的另一侧。其环宽度 $w=0.25$ mm,环间距 $s=0.5$ mm,环开口 $g=0.5$ mm,外环边长 $h=3$ mm,环厚度为 0.25 mm。在 PCB 板的背面,Rod 和 SRRs 中心位置平行,宽度为 0.5 mm,高度为 4 mm。PCB 电路基板的尺寸为 5 mm×4 mm,厚度为 0.25 mm,介电常数为 3.4。将电磁超材料结构单元放在真空单元盒子中,其计算区域为 7 mm×5 mm×4.75 mm。在 x、y、z 方向上分别设置开放边界、PEC(理想导电体)边界和 PMC(理想导磁体)边界,即波矢量 k 沿着 x 方向,电场 E 沿着 y 方向,磁场 H 沿着 z 方向,在这种设置下,磁场垂直于 xy 平面,对所设计结构单元的作用最强。

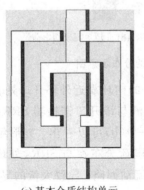 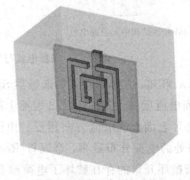

(a) 基本介质结构单元   (b) 放入真空盒子中的介质单元

图 2-7 电磁超材料结构单元模型

经仿真得到 S 参数曲线如图 2-8(a)所示,我们可以看出,反射系数 S_{11} 在频率为 13.65 GHz 处有一个骤降,而在该频率附近透射系数 S_{21} 出现了透射峰。通过 2.2 节中介绍的 NRW 等效介质参数的提取方法,由 S 参数反演得出的电磁参数如图 2-8(b)所示,我们可以看到,在频率为 13.51 GHz~13.83 GHz 的范围内 ε_r、μ_r 同时为负值,电磁超材料在这段频带范围内同时发生了电谐振和磁谐振,因此电磁超材料就表现出了"双负效应"。

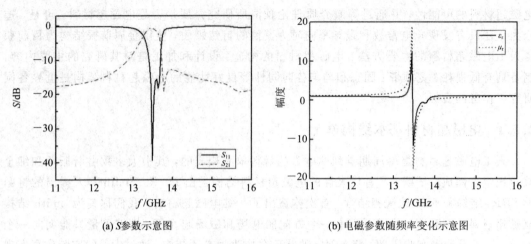

(a) S 参数示意图　　　　　　　　　(b) 电磁参数随频率变化示意图

图 2-8　电磁超材料结构单元 S 参数及反演电磁参数示意图

为了能更直观表述介质单元的电磁特性，我们对其谐振频率处表面电流进行监控，并用谐振环和金属杆表面附近的法向电场代表电荷，得到的表面电荷分布如图 2-9 所示。

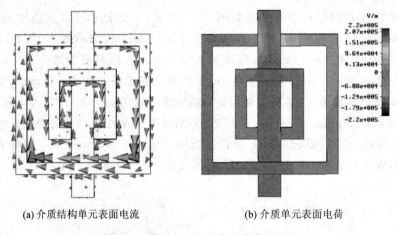

(a) 介质结构单元表面电流　　　　　　(b) 介质单元表面电荷

图 2-9　谐振电流与电荷的分布示意图

由图 2-9(a)可知，方形结构开口谐振器 SRRs 的内环靠近外环开口处表面上的电流与外环开口边表面电流反向，金属杆 Rod 表面上的电流与该开口谐振器 SRRs 内环表面上的电流同向、与外环表面上的电流方向相反。由图 2-9(b)可以看出，方形结构开口谐振器 SRRs 外环开口处的电荷分布最多，金属杆 Rod 的电荷分布在与 SRRs 外环开口相邻的区域。这是因为谐振环开口的存在破坏了电荷原有的流动回路，导致大量的异号电荷在 SRRs 开口的两边聚集，在形成开口电容的同时，也在内环和外环开口边之间形成了附加电容。这两个电容并联在电路中，电路中的总电容变为两电容之和。总电容的增大导致谐振频率降低，这就是为什么由两个开口谐振环组成的介质单元要比单一外环的介质单元的谐振频率低的原因之一。

如果将多个基本电磁超材料结构单元周期排列，将呈现更强烈的磁响应，使超材料可能有更好的透射峰。因为单环分别有与 $\mu < 0$、$\varepsilon < 0$ 相关的磁谐振和电谐振，所以在理论上用一系列 SRRs(无需用金属阵列来获得负介电常数)，通过将磁谐振 ω_m 调整进入与 ω_0 相关

的负介电常数区来获得左手传输区域是可行的。但是，双环的磁谐振频率较之单环的磁谐振频率会出现在相对低的频率区域，这就增加了磁响应位于复合 SRRs 和金属阵列的 ε＜0 区域的可能性。

2.3.2 结构单元周期排列的电磁超材料

如果将上一节介绍的电磁超材料结构单元(参见图 2-7)进行周期排列，就能构造出最简单的电磁超材料，其基本模型如图 2-10 所示。

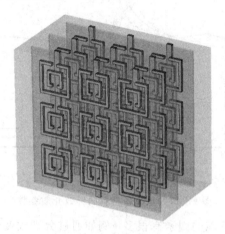

图 2-10 电磁超材料示意图

首先，将图 2-7(a)中所示的结构单元进行拓展，在 y 方向上放置 3 个基本单元，3 个 SRRs 间缝隙以及上下边缘距离均为 1 mm；在 PCB 板背面的 Rod 宽度和厚度不变，整体高度变为 13 mm。然后，将其组成 3×3 的电磁超材料，并放入体积为 17 mm×13 mm× 12.75 mm 的真空盒子中；其他设置条件不改变。经仿真后,电磁超材料透射系数和等效介质参数分别如图 2-11 和图 2-12 所示。

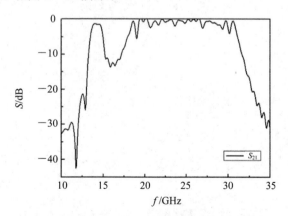

图 2-11 电磁超材料透射系数示意图

定义谐振峰峰值点所对应的频率为谐振峰谐振频率；谐振强度用谐振峰高度值表征，取谐振峰基线为 −14.1 dB；定义谐振峰 1/2 峰高处所对应的谐振峰宽度为通频带宽。从图 2-11 可以看出，在频率为 13.86 GHz 附近出现左手透射峰，峰值为 −1.33 dB，通频带宽为 1.89 GHz。由此可见，由开路环谐振器和金属杆所组成的电磁超材料中，确实有左手透射峰的存在,这一结果与参考文献[131]所提出的经过局部尺寸修改实现的异向特性的结论基本一致。图 2-12 给出了利用 2.2 节介绍的 NRW 方法提取的电磁超材料的等效介电常数、磁导率和折射率的实部,这就证明了电磁超材料的介电常数和磁导率均为负值时确实存在折射率为负值的情况。

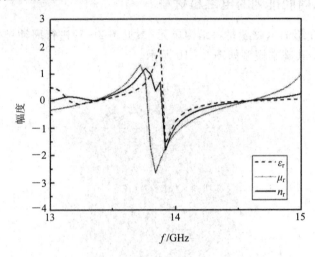

图 2-12 电磁超材料的等效介质参数

影响电磁超材料传输特性的因素有很多,例如通过分别改变开路环谐振器(SRRs)的形状(方形、圆形)、数量(单环、双环)、大小(环宽度、环间距、环开口、环厚度),SRRs 相对于电磁场的方向,真空盒子和介质平板的相对介电常数,金属阵列相对于 SRRs 的位置,基本介质结构单元和电磁超材料的厚度等,都会对电磁超材料的传输特性产生强烈的影响,这些影响因素将在下一章讨论。总而言之,电磁超材料基本结构的构造研究对电磁超材料的特性研究有着极其重要的作用。

第 3 章　新型电磁超材料单元结构的模拟仿真

介电常数和磁导率是描述物质基本电磁性质的物理量,在人们以往认识的自然界所存在的媒质中,它们大都是大于零的。在一些特定的情况下也存在介电常数和磁导率小于零的媒质,例如等离子体。苏联物理学家 Veselago 详细研究了电磁波在介电常数和磁导率同时为负值的假想媒质中的传播特性,并根据麦克斯韦方程发现电磁波相位传播方向与能量的传播方向相反。在常规介质(右手介质,Right - Handed,缩写为 RH)中的电场强度 E、磁场强度 H、波矢量 k 服从右手规则;而当介电常数和磁导率同时为负值时,波矢量方向与能量传播方向相反,在这种情况下,电场强度 E、磁场强度 H、波矢量 k 形成左手关系(Left - Handed,缩写为 LH),因而将其称为"左手材料"。经过了近 40 年的发展,除了多数由开路谐振环和细金属导线组合而成的电磁超材料,也有人提出了许多不同结构设计出的电磁超材料结构单元,比如回字形、嵌套结构、Ω 型、S 型、螺旋型、CSSRR 结构、对称环(即吕字型)等谐振环结构,但这些结构仍需同时在一块介质基板的两侧分别刻蚀对称的结构单元或其他结构单元,这样的设计不但加大了实际介质在实现上的复杂程度,而且没有真正地实现电谐振和磁谐振的一体化。

本章初步探讨新型双开口谐振环电磁超材料结构单元模型,利用基于时域有限积分法的 CST 软件分别对新型的结构单元和由其组成的电磁超材料的传输性能进行研究,并讨论影响新型双开口谐振环结构单元和电磁超材料传输特性的一些因素。新型模型的提出对制备结构紧密、性能良好的滤波器具有一定的实际参考价值。

3.1　新型双开口谐振环

3.1.1　结构模型

图 3 - 1 所示的是一种结构简单、体积小巧的新型双开口谐振环结构单元模型,它由上下两个开口谐振环和中间一个连接两个谐振环的竖杆组成。两开口间距(也称环开口间距)都为 $g = 1.8$ mm,中间两横杆长 $l = 4$ mm,两横杆离开口边的距离 $a = b = 1.5$ mm,线宽度 $w = 0.3$ mm,环总高度 $h = 9$ mm,环厚度为 0.15 mm,金属环的电导率为 5.76×10^7 S/m。将双开口谐振环附在厚度为 0.3 mm、面积为 5 mm×10 mm、介电常数为 4.65 的 PCB 介质板中心,组成一个结构单元。

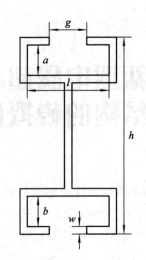

图 3-1　电磁超材料结构单元模型

3.1.2　模拟仿真

　　将图 3-1 给出的电磁超材料结构单元放入真空单元盒子中，其计算区域是 7 mm×10 mm×4.5 mm，在 x、y、z 方向上分别设置开放边界、PEC 边界和 PMC 边界，即波矢量 k 沿着 x 方向，电场 E 沿着 y 方向，磁场 H 沿着 z 方向。通过模拟仿真后得到的反射系数和透射系数曲线如图 3-2 所示。

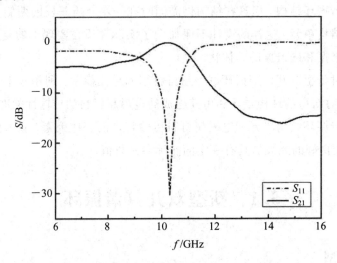

图 3-2　电磁超材料结构单元的反射系数和透射系数曲线

　　由图 3-2 中可知，在 $f=10.3$ GHz 附近时出现一个透射峰，S_{21} 出现最大值，而 S_{11} 出现最小值，这可以解释为在频率为 $f=10.3$ GHz 附近的电磁波几乎被透射过去，而其他波段的波则被反射回来。通过图 3-3 中的 S 参数相位变化曲线可以看出，S 参数的相位也发生了突变，S_{11} 在 $f=10.3$ GHz 附近相位发生突变，相位角度由 $-140°$ 变为 $150°$；S_{21} 则略向低频方向偏移，在 $f=10$ GHz 附近相位角度由 $-177°$ 突变为 $176°$。

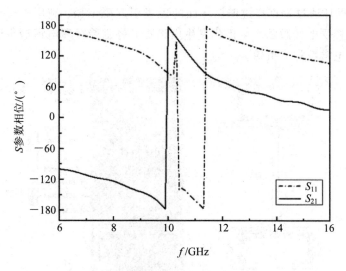

图 3 - 3　电磁超材料结构单元 S 参数的相位

利用数值仿真得到的 S 参数，采用修正后的 NRW 方法提取真空盒子中电磁超材料结构单元的宏观有效介质参数，所得的介电常数和磁导率的实部如图 3 - 4 所示。电磁超材料结构单元在 $f = 10.3$ GHz 附近的介电常数和磁导率均为负值，从而验证了在该频率附近出现的透射峰为左手透射峰，同时也证明了该结构单元确实可以实现异向特性。

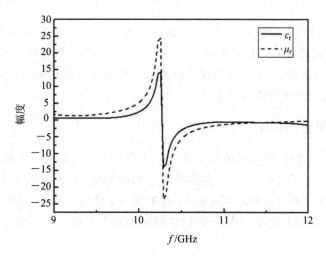

图 3 - 4　电磁超材料有效介质参数

3.1.3　结果分析

图 3 - 5 给出了 CST 软件模拟过程中双开口谐振环的表面电流和表面电荷分布。图 3 - 5 (a)所示为双开口谐振环的表面电流分布，由图可见，上下两个开口谐振环的棱边上存在方向相反的环形电流。由于双开口谐振环受电场的激励产生极化的同时也受磁场的磁化影响，而上下两个谐振环的环形电流反向，表明双开口谐振环的电谐振强于磁谐振。图 3 - 5 (b)记录了谐振频率处的谐振环的表面电荷分布，从图中可以看出，谐振电荷主要分布在上下两个谐振环的开口处，且电场相位相差 180°左右，这表明同一开口处两边的电荷异号。

因此，双开口谐振环通过垂直穿过谐振环面的磁场引起磁谐振，利用平行于电场的双开口谐振环中间的竖杆受电场激励产生极化发生电谐振，将磁谐振和电谐振集于一体的同时实现了磁导率和介电常数均为负值。

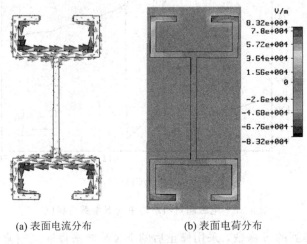

(a) 表面电流分布　　　　　　(b) 表面电荷分布

图 3-5　模拟的表面电流和电荷分布图

3.2　参数改变对电磁超材料结构单元传输特性的影响

本节利用基于时域有限积分法的 CST 软件仿真并讨论一些影响双开口谐振环传输特性的因素。通过分别改变双开口谐振环的形状（开口、闭合）、数量（单侧、双侧）、大小（环宽度、环间距、开口间距、环厚度）和双开口谐振环相对于电磁场的方位，研究双开口谐振环电磁超材料结构单元的传输特性。

3.2.1　开口和闭合的影响

分别将图 3-1 中所示单元模型的一端开口闭合和上下两端开口全部闭合，得到新的结构单元如图 3-6 所示。图 3-6(a) 中的模型开口间距为 $g=1.8$ mm，而两个单元模型中间两横杆长 l、两横杆离开口边的距离 a 和 b、线宽度 w、环总高度 h、环厚度、金属环的电导率、PCB 介质板参数均不改变；图 3-6(b) 中的模型除上下两端全部闭合外，其余参数均不改变。

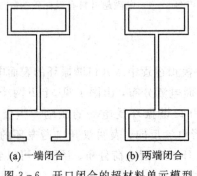

(a) 一端闭合　　　　(b) 两端闭合

图 3-6　开口闭合的超材料单元模型

将图 3-6 给出的电磁超材料结构单元放入真空单元盒子中，其计算区域是 7 mm×10 mm×4.5 mm，在 x、y、z 方向上分别设置开放边界、PEC 边界、PMC 边界，通过模拟仿真后得到的传输系数曲线如图 3-7 所示。

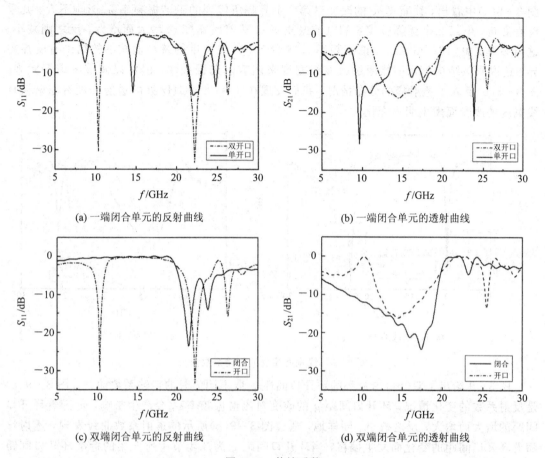

(a) 一端闭合单元的反射曲线　　　　　　　(b) 一端闭合单元的透射曲线

(c) 双端闭合单元的反射曲线　　　　　　　(d) 双端闭合单元的透射曲线

图 3-7　传输系数

一端闭合的单元模型的传输系数曲线如图 3-7(a)、(b)所示，图中分别将一端闭合的谐振环单元和双开口谐振环单元的反射系数 S_{11} 和透射系数 S_{21} 进行对比。从 3-7(a) 可以看出，一端闭合谐振环单元的磁谐振频率并没有消失，只是向低频方向有较多移动，且幅度衰减较大，但曲线总体趋势和双开口谐振环单元的类似。通过对比图 3-7(b)中的两条曲线发现，一端闭合谐振环单元在 5 GHz 至 20 GHz 的频段内虽然出现多个谐振峰，但是谐振频率向低频方向移动，谐振强度明显下降，通频带宽变窄，曲线也很不规则，个别地方甚至出现剧烈下降现象。综上所述，我们发现一端闭合的谐振环结构单元也存在一定的异向特性，但是一端闭合破坏了单元的对称性，也正是因为这种非对称性改变了谐振条件，从而导致电磁超材料结构单元的谐振峰发生变化。

双端闭合的单元模型的传输系数曲线如图 3-7(c)、(d)所示，可以明显地看出，双端闭合谐振环单元的磁谐振频率($f=10.3$ GHz)和透射峰均消失。因为开口闭合了，导致电磁超材料结构单元的磁响应消失，所以可以将组成介质的结构单元开口闭合，通过透射峰是否消失来判断介质是左手介质还是右手介质。

3.2.2 线宽度、环开口和环厚度的影响

图 3-8 给出了图 3-1 所示双开口谐振环的线宽度 w 取不同值时的传输系数曲线。从图 3-8(a)中看出，线宽度 w 的改变对第一个骤降所代表的磁谐振频率 ω_m 影响不大，几乎没有变化；但第二个骤降所代表的电谐振频率 ω_0 随着线宽度 w 增大而增大，反之则减小。这与参考文献[132]得到的磁谐振频率 ω_m 随着 SRRs 线宽度的减小而减小的结论有明显差异，这说明该结构单元不能通过改变线宽度来调节磁谐振频率，但可以调节电谐振频率。图 3-8(b)反映了透射峰的分布情况，我们发现在 $f=10.3$ GHz 处的透射峰没有随谐振环线宽度的改变而发生明显变化。

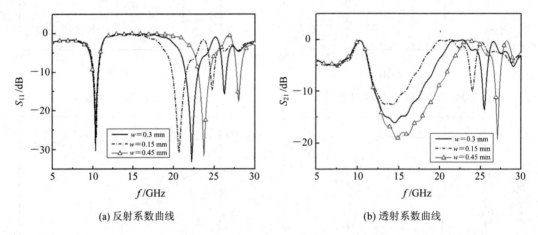

(a) 反射系数曲线   (b) 透射系数曲线

图 3-8 线宽度改变的传输系数曲线

图 3-9 给出了双开口谐振环的环开口间距 g 取不同值时的传输系数曲线。图 3-9(a)是反射系数的变化情况，环开口间距 g 的改变对磁谐振频率 ω_m 会产生影响，ω_m 随着环开口间距的增大而增大，反之减小。同样地，通过图 3-9(b)所示的透射系数曲线发现，透射峰随着环开口间距的变化而发生偏移，当环开口间距 g 为 3.1 节中所介绍的标准环开口间距的一半时，透射峰的谐振频率由原先的 10.3 GHz 红移至 9.1 GHz，透射峰高度也略有下降；而当 g 增大为原先的 1.5 倍时，透射峰的谐振频率蓝移至 11.4 GHz，透射峰高度升高。数值仿真结果与参考文献[133]中提到的普通双开路谐振环 SRRs 的实验结论一致，说

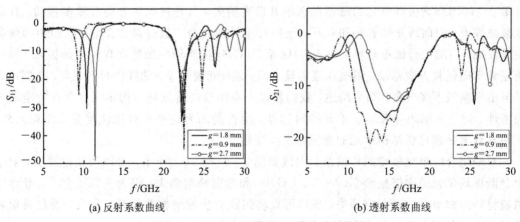

(a) 反射系数曲线   (b) 透射系数曲线

图 3-9 环开口间距改变的传输系数曲线

明谐振环的环开口间距对结构的磁响应和透射峰有明显的影响作用，我们可以通过调节谐振环的开口间距来实现对电磁超材料的磁谐振频率的控制，从而达到调节透射峰的目的。

双开口谐振环的传输系数与环厚度之间的关系曲线如图 3-10 所示。由于谐振环的环厚度改变对磁谐振频率和电谐振频率的影响很小，因此在所关注的频段内，如果环厚度比金属的透入深度大几倍，则环厚度对磁谐振频率 ω_m 的影响是不重要的。

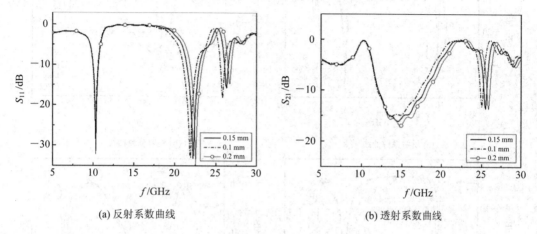

(a) 反射系数曲线　　　　　　　　　　　(b) 透射系数曲线

图 3-10　环厚度改变的传输系数曲线

3.2.3　横杆位置的影响

我们通过改变图 3-1 中所示单元模型中间两个横杆与上下开口边的距离，分析双开口谐振环的大小对介质的异向特性所产生的影响，以及结构的非对称性对传输特性的影响。

首先从传输特性曲线入手进行分析。图 3-11(a)和图 3-11(b)给出的传输系数曲线是中间两个横杆与上下开口边的距离取相同值时的情形，即 $a=b$。我们分别取 $a=b$ 为 1 mm、1.5 mm、2 mm，通过观察发现电磁超材料单元的磁谐振频率随着中间横杆与开口边距离的增加而发生蓝移，透射峰的谐振频率也同样发生蓝移，向着高频方向移动。图 3-11(c)和图 3-11(d)给出的传输系数曲线是两个横杆与上下开口边的距离分别取不同值时的情形，即 $a\neq b$。这里分别取① $a=1.5$ mm、$b=1$ mm；② $a=1.5$ mm、$b=2$ mm 两种情形。与 $a=b=1.5$ mm 时的情形进行对比，情形①的磁谐振频率和透射峰向低频方向移动，电谐振频率改变较小；情形②的磁谐振频率和透射峰均向高频方向移动，同样，电谐振频率无明显变化。

通过对图 3-11 的观察可以看出，该电磁超材料结构单元的磁响应与谐振环的大小有关，磁谐振频率随着谐振环的增大而减小，而谐振环的大小对电响应影响不大。

对双开口谐振环在谐振频率处的表面电流进行监控，可以直观反映出上下两个谐振环由磁化效应产生的表面环形电流分布情况。通过对比图 3-12(a)、(b)、(c)发现，在非对称的双开口谐振环单元中，谐振环表面电流分布不均匀，且面积较小的开口谐振环比面积较大的开口谐振环表面环形电流强度大。由于双开口谐振环结构的非对称性，在相同的电磁场、计算区域等设置条件下，尽管三个电磁超材料结构单元上部的谐振环大小相同，但是其环形电流分布情况却不同，这主要是因为双开口谐振环不仅要受到电场的激励产生极化，同时也受到磁场激励而产生磁化的影响。对图 3-11 所示曲线数值结果的分析可得，双开口谐振环的非对称性会对其传输特性造成一定的影响，对电磁超材料单元的谐振频率具有调节作用，能够影响谐振频率处的通频带宽。

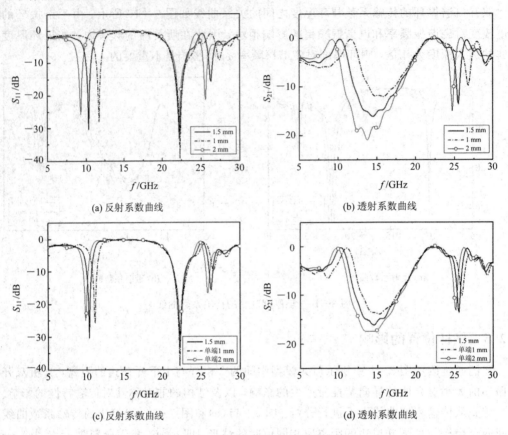

(a) 反射系数曲线　　　　　　　　　　　　(b) 透射系数曲线

(c) 反射系数曲线　　　　　　　　　　　　(d) 透射系数曲线

图 3-11　横杆改变的传输系数曲线

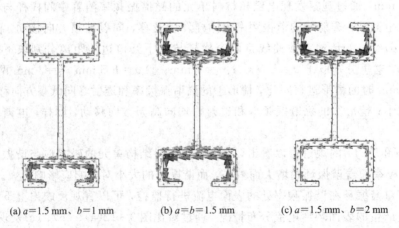

(a) $a=1.5$ mm、$b=1$ mm　　　(b) $a=b=1.5$ mm　　　(c) $a=1.5$ mm、$b=2$ mm

图 3-12　横杆改变的谐振环表面电流

3.2.4　电磁场方位的影响

因为含有双开口谐振环的电磁超材料对于入射场的电磁响应除了电耦合和磁耦合之外，还存在相应的磁电耦合，所以双开口谐振环的位置摆向不同将对其电磁响应产生复杂的影响。下面从金属谐振环结构谐振响应的统一理论出发，分析电磁超材料结构单元在电磁场传播方向不同位置上电磁波的传输情况，通过数值仿真观察每个位置上传输系数的变化，并比较理论推导与实验仿真之间的差异。

图 3－13 给出了六种由双开口谐振环组成的电磁超材料单元在电磁场中不同的位置摆向。

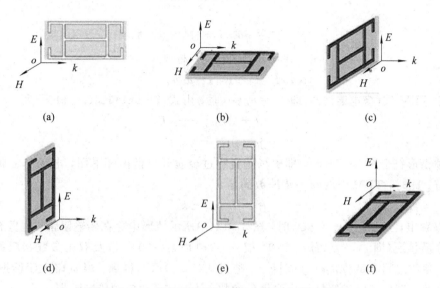

(a)　　　　　　　　　(b)　　　　　　　　　(c)

(d)　　　　　　　　　(e)　　　　　　　　　(f)

图 3－13　六种双开口谐振环在电磁场中不同的摆向

根据磁电耦合效应的理论，含有金属开口谐振环的各向异性介质的电磁场量之间的关系可以描述为

$$
\begin{cases}
\boldsymbol{D}=\varepsilon_0(\varepsilon\cdot\boldsymbol{E}+Z_0 k\cdot\boldsymbol{H}) & (3-1\text{a}) \\
\boldsymbol{B}=\mu_0\left(-\dfrac{1}{Z_0}k^{\mathrm{T}}\cdot\boldsymbol{E}+\mu\cdot\boldsymbol{H}\right) & (3-1\text{b})
\end{cases}
$$

式中，自由空间波阻抗 $Z_0=\sqrt{\mu_0/\varepsilon_0}$ 及 ε、μ、k 均为张量。由于对应不同摆向的金属开口谐振环，ε、μ、k 要进行相应坐标变换，因此这里分别用电场 $\boldsymbol{E}$ 方向、磁场 $\boldsymbol{H}$ 方向、波矢量 $\boldsymbol{k}$ 方向直接表示坐标（轴）方向。分析图 3－13(a)所示的摆向，可以得到如下表达式：

$$
\begin{cases}
\varepsilon_{HH}=1,\ \varepsilon_{EE}=a+\dfrac{b\omega^2}{\omega_0^2-\omega^2},\ \varepsilon_{kk}=a & (3-2\text{a}) \\[2mm]
\mu_{HH}=1+\dfrac{c\omega^2}{\omega_0^2-\omega^2},\ \mu_{EE}=1,\ \mu_{kk}=1 & (3-2\text{b}) \\[2mm]
k_{EH}=-\mathrm{j}k=-\dfrac{\mathrm{j}d\omega_0\omega}{\omega_0^2-\omega^2} & (3-2\text{c})
\end{cases}
$$

式中，ω_0 为谐振频率；a、b、c、d 与金属开口谐振环结构单元的几何参数有关。引入归一化的磁场 $\boldsymbol{h}=Z_0\boldsymbol{H}$，对于无源场，结合式(3－1)、式(3－2)从麦克斯韦旋度方程可以得到

$$
\begin{cases}
-\mathrm{j}\ \nabla'\times\boldsymbol{h}=\varepsilon\cdot\boldsymbol{E}+k\cdot\boldsymbol{h} & (3-3\text{a}) \\
\mathrm{j}\ \nabla'\times\boldsymbol{E}=-k^{\mathrm{T}}\cdot\boldsymbol{E}+\mu\cdot\boldsymbol{h} & (3-3\text{b})
\end{cases}
$$

式中，$\nabla'=\nabla/k_0$。假设入射波为 $\mathrm{e}^{-\mathrm{j}\beta k}$ 形式，且沿正 k 轴方向（即波矢量的方向）传播，其中 $\beta=k/k_0$ 为 k 轴方向的归一化波数，则

$$\nabla' = \partial_{H'}H + \partial_{E'}E - \mathrm{j}\beta k \qquad (3-4)$$

其中，$\partial_{H'}$ 表示 $\partial/\partial_{H'}$，$\partial_{E'}$ 表示 $\partial/\partial_{E'}$，$H' = k_0 H$，$E' = k_0 E$。将式(3-2)代入式(3-4)，得到

$$\begin{cases} -\mathrm{j}(\partial_{E'}h_k + \mathrm{j}\beta h_E) = \varepsilon_{HH}E_H & (3-5\mathrm{a}) \\ \mathrm{j}(\partial_{H'}h_k + \mathrm{j}\beta h_H) = \varepsilon_{EE}E_E - \mathrm{j}k h_H & (3-5\mathrm{b}) \\ -\mathrm{j}(\partial_{H'}h_E - \partial_{E'}h_H) = \varepsilon_{kk}E_k & (3-5\mathrm{c}) \end{cases}$$

以及

$$\begin{cases} \mathrm{j}(\partial_{E'}E_k + \mathrm{j}\beta E_E) = \mathrm{j}k E_E + \mu_{HH}h_H & (3-6\mathrm{a}) \\ -\mathrm{j}(\partial_{H'}E_k + \mathrm{j}\beta E_H) = \mu_{EE}h_E & (3-6\mathrm{b}) \\ \mathrm{j}(\partial_{H'}E_E - \partial_{E'}E_H) = \mu_{kk}h_k & (3-6\mathrm{c}) \end{cases}$$

对于 TEM 波(横电磁波)，即 $E_k = h_k = 0$ 时，由式(3-5a)和式(3-6b)可得

$$\begin{cases} (-\mathrm{j}k + \beta)h_H = -\varepsilon_{EE}E_E & (3-7\mathrm{a}) \\ (-\mathrm{j}k - \beta)E_E = \mu_{HH}E_H & (3-7\mathrm{b}) \end{cases}$$

这种情形符合图 3-13(a)，即磁场垂直穿过金属开口谐振环平面，电场与金属开口谐振环平行。此时，TEM 波的归一化波数满足

$$\beta^2 = \mu_{HH}\varepsilon_{EE} - k^2 \qquad (3-8)$$

可以看出，当 $\mu_{HH}\varepsilon_{EE} - k^2 < 0$ 时，图 3-13(a)所示情形中存在传输阻带，这里面包括单负参数介质情况(即 $\mu_{HH} < 0$ 而 $\varepsilon_{EE} > 0$，或 $\mu_{HH} > 0$ 而 $\varepsilon_{EE} < 0$)，以及双正参数和双负参数介质情况，参数之间满足 $|\mu_{HH}\varepsilon_{EE}| < |k^2|$。通过式(3-2)可以得到，当 ω 略大于谐振频率 ω_0 时，金属开口谐振环电磁超材料将取得负参数，从而出现相应的传输阻带。

结合式(3-5a)和式(3-6b)，可以得到

$$\begin{cases} \beta h_E = \varepsilon_{HH}E_H & (3-9\mathrm{a}) \\ \beta E_H = \mu_{EE}h_E & (3-9\mathrm{b}) \end{cases}$$

这种情形符合图 3-13(b)，即电场垂直穿过双开口谐振环平面，磁场与双开口谐振环开口平行。此时，TEM 波的归一化波数为

$$\beta^2 = \varepsilon_{HH}\mu_{EE} = 1 \qquad (3-10)$$

这表明该情形中没有传输阻带。

同理，根据麦克斯韦方程，用相同的方法进行推导，在图 3-13(c)所示情形下可以得到 $\beta^2 = \varepsilon_{EE}\mu_{HH}$，其中 $\varepsilon_{EE} = a + b\omega^2/(\omega_0^2 - \omega^2)$、$\mu_{HH} = 1$，当 $\varepsilon_{EE} < 0$ 时，该情形中出现传输阻带；对于图 3-13(d)所示情形，$\beta^2 = \varepsilon_{HH}\mu_{EE}$，其中 $\varepsilon_{HH} = a$、$\mu_{EE} = 1$，该情形中不会出现传输阻带；对于图 3-13(e)所示情形，$\beta^2 = \varepsilon_{EE}\mu_{HH}$，其中 $\varepsilon_{EE} = a$、$\mu_{HH} = 1 + c\omega_0^2/(\omega_0^2 - \omega^2)$，当 $\mu_{HH} < 0$ 时，该情形中出现传输阻带；而对于图 3-13(f)所示情形，$\beta^2 = \varepsilon_{HH}\mu_{EE}$，其中 $\varepsilon_{HH} = 1$、$\mu_{EE} = 1$，该情形中不会出现传输阻带。

通过对六种双开口谐振环的不同摆向进行数值仿真，得到各种情形下的透射系数曲线如图 3-14 所示。图 3-14(a)中的曲线分别代表了图 3-13 中所示(a)、(c)、(e)三种摆向的情形(即(a)、(c)、(e)情形)，曲线的骤降分别表示每种情形下的磁响应频率，由此可以证明在这三种情形下确实存在传输阻带。图 3-14(b)中的曲线反映了图 3-13 中所示(b)、(d)、(f)三种摆向的情形(即(b)、(d)、(f)情形)，根据前面的理论推导已知，这三种情形下不会出现传输阻带，从图中可以看出(b)、(f)两种情形的透射系数曲线近似为一条直线，这说明在这两种情况下不存在传输阻带。

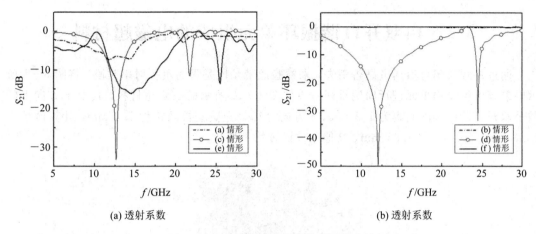

(a) 透射系数　　　　　　　　　　　　　(b) 透射系数

图 3-14　不同摆向情形下传输系数曲线

特别地，根据理论推导，在情形(d)下本不存在代表阻带的骤降曲线，而且磁场平行于双开口谐振环的平面，其磁场的影响比较微弱，在双开口谐振环内不能激励起相应的环形电流。但是，通过数值仿真显示这一"骤降"确实存在，在对普通方形谐振环的实验中也曾得到了相同的结论，这是因为当双开口谐振环相对于外加电场位置的对称性被打破时，导致在两侧生成不对称的电荷形成了环形电流，从而激励了双开口谐振环的磁谐振。这说明入射波的电场也能耦合到谐振的双开口谐振环的环形电流中。

3.2.5　介质基板两侧刻蚀的影响

本节对金属双开口谐振环分别刻蚀在介质基板的一侧和两侧的情形进行对比。在其他设置条件均不改变的情况下，仅仅将图 3-1 所示结构单元介质基板的另一侧中心位置刻蚀一个参数相同的金属双开口谐振环。

通过 CST 软件数值仿真得到的 S 参数曲线，如图 3-15 所示。从图中可以看出，介质板两侧刻蚀时与单侧刻蚀情形相比，谐振频率只向低频方向红移了 0.1 GHz 左右，谐振峰也只有略微升高。这一结果说明，图 3-1 所示的双侧双开口谐振环电磁超材料结构单元和单侧双开口谐振环电磁超材料结构单元的传输性能差异不大，这就更加体现出了单侧刻蚀金属双开口谐振环电磁超材料单元的结构紧密、易于实现的优点。

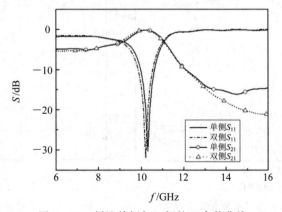

图 3-15　刻蚀单侧与双侧的 S 参数曲线

3.3　由双开口谐振环单元组成的电磁超材料

通过将开口闭合后通带是否消失，来检验通带频段是否为负折射率频段。将图 3-1 所示电磁超材料结构单元进行周期排列组成如图 3-16 所示的电磁超材料，其中 x 方向上的两个双开口谐振环的间距为 1.5 mm，z 方向上每个介质基板间距为 5.1 mm，计算区域为 14.7 mm×10 mm×24.95 mm，其他条件设置均不变化。

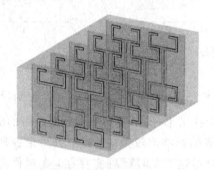

图 3-16　电磁超材料

采用基于时域有限积分法的 CST MICROWAVE STUDIO 三维仿真软件，并使用自适应网格加密技术，前后两次计算 S 参数的最大误差设为 0.02，最少和最多计算次数分别设为 2 次和 5 次，对电磁超材料模型进行模拟。从图 3-17 所示的透射系数曲线可以发现，由金属双开口谐振环组成的电磁超材料，在频率为 9.1 GHz～10.4 GHz 的范围内出现了一个谐振峰；当把金属谐振环的上下开口闭合后，该谐振峰消失。

定义谐振峰峰值点所对应的频率为谐振峰谐振频率；谐振强度用谐振峰高度值表征，取谐振峰基线为 −16.9 dB；定义谐振峰 1/2 峰高处所对应的谐振峰宽度为通频带宽。从图 3-17 可以看出，在频率为 9.75 GHz 附近出现左手透射峰，峰值为 −2.26 dB，通频带宽为 1.12 GHz。根据参数反演方法得出折射率的实部如图 3-18 所示，从图中可以看出，由金属双开口谐振环周期排列所组成的电磁超材料在频率为 9.3 GHz～10.3 GHz 范围内确实存在负折射频段。

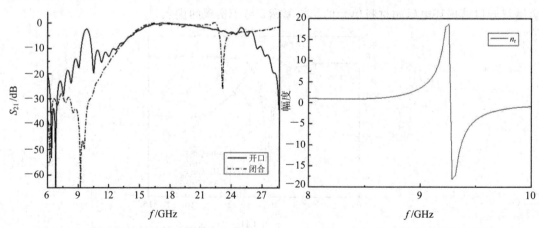

图 3-17　电磁超材料透射系数曲线示意图　　　图 3-18　电磁超材料等效折射率

第 4 章　基于电磁超材料的微波频段小型化宽带微带天线

　　天线作为无线通信终端的关键组成部分，对保持通信畅通无阻有着十分重要的意义。伴随着科技的日益发展，对天线也提出了越来越高的要求。微带天线具有体积小、结构简单、加工合成方便，利于系统布局和更好的电磁兼容性等特点，这让小型化的微带天线拥有十分广阔的应用前景。本章在一种普通的窄带侧馈矩形辐射贴片微带天线的基础上，分别将新型的"四方形"电磁超材料单元阵列和周期条形缝隙蚀刻在天线的辐射贴片和接地板上，使该新型天线的谐振中心频率降低了 44.8%，相对带宽从 2.7% 扩展到 243.1%，不仅实现了天线的小型化，还极大地扩展了天线的带宽，同时保持了良好的增益。

4.1　微带天线常用的小型化技术

4.1.1　分形技术

　　"分形"的概念最早由数学家 B. Mandelbrot 提出，其理论根据是分形技术的整体与局部因其本身的自相似性而具有同样的特征，分形的分数维使得分形能充分而有效地利用已有空间，使得天线在有限空间内的周长等效为无限长，从而可明显压缩天线尺寸，降低天线谐振频率；或者在不改变天线工作频段的前提下，实现天线的小型化。

　　如图 4-1 所示的 Hilbert 分形天线，Hilbert 曲线可等效为利用多个点分布于空间之中，相比其他曲线它对空间的利用更加充分，从而缩小了天线的尺寸，实现天线的小型化。

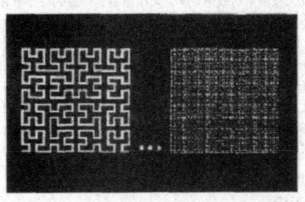

图 4-1　Hilbert 分形天线

4.1.2　开槽技术

　　天线开槽技术指的是在天线上挖出形状各异的缝隙或沟槽，使天线表面的电流经挖出的缝隙或沟槽中而曲折流过，即等效于放大天线的尺寸，从而使谐振频率降低，如图 4 - 2 所示。

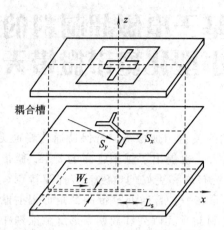

图 4 - 2　小口径耦合圆极化微带天线

天线开槽技术的优势在于加工简单，制作方便。但是采用天线开槽技术实现天线小型化，同样是以牺牲天线的其他性能（如带宽、增益等）为代价的。

4.1.3　天线加载技术

天线加载技术是指将无源集总元件（如电抗、导体或电阻等）加载于天线上，以达到天线小型化的目的。这也是工程上实现天线小型化的常用做法。无源集总元件加载于天线后，可以有效改善天线表面电流分布，在不改变天线工作频率的基础上缩小天线的尺寸；或者在保持天线尺寸的前提下降低天线的谐振频率，以实现天线小型化的要求。对于不同工作频率的天线，其加载方式也有所不同：高频天线一般采用分布加载，而低频天线则选择集中加载。

另外，通过加载有源元件或者加载高介电常数基板也是实现天线小型化的途径。但是，加载有源元件会恶化天线辐射的效率，降低天线增益；而加载高介电常数基板则会增加天线的损耗，从而缩小天线带宽，降低天线辐射效率。

利用镜像原理，通过添加接地板也是实现天线小型化的一种方法，如对于尺寸为半波长的谐振状态偶极子，可根据镜像原理将金属平面尺寸调整至适当位置后，再将尺寸为半偶极子长度的单极子添加于其上方，便可得到同样效果，即等效于实现了天线的小型化。

综上所述，天线加载技术在工程上实现天线的小型化应用较广且比较有效。但是，上述的几种方法都在不同程度上使天线的加工复杂化，不符合加工简便化的发展趋势，而且，加载技术片面追求天线尺寸的减小，却是以牺牲天线的其他性能（如增益、带宽等）为代价的。

4.1.4　特殊形状天线

在天线上设计特殊的形状图案也是实现天线小型化的一种方法，如 E 型、L 型、Y 型、PIFA 型和蝶形（Bow - tie）等。通过对特殊形状图案的设计，延长了天线的周长，等效于增大天线尺寸，以达到制作小型化天线的目的。如图 4 - 3 所示的蝶形天线，相对于普通矩形辐射贴片天线，它不仅可以实现可观的尺寸缩小，而且可以工作在多个频段。

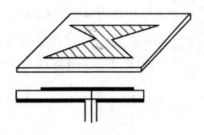

图 4-3　双频蝶形微带天线

4.2　电磁超材料实现天线小型化的原理

通过前面的讨论已经知道，在电磁超材料中，群速度 v_g 与相速度 v_p 方向相反，波包的传播方向与相位的传播方向相反，即电磁超材料具有后向波效应。可以依据这个原理进行天线的设计，实现天线的小型化。

图 4-4 所示的是根据 Engheta 理论推导得到的部分加载了电磁超材料的一维谐振腔。设区域 1 为普通的介质材料 $0 < z < d_1$，区域 2 为电磁超材料 $d_1 < z < d_2$。下面分别对区域 1 和区域 2 中的电场与磁场进行分析研究。这里暂时不考虑时间因子 $e^{\omega t}$。

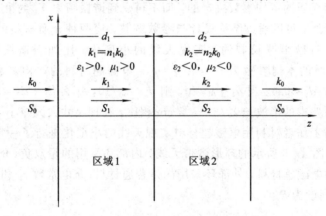

图 4-4　加载电磁超材料的一维谐振腔

对于区域 1，有

$$\begin{cases} E_{x1} = E_{01} \sin(n_1 k_0 z) \end{cases} \tag{4-1a}$$
$$\begin{cases} H_{y1} = \dfrac{n_1 k_0}{\mathrm{j}\omega\mu_1} E_{01} \cos(n_1 k_0 z) \end{cases} \tag{4-1b}$$

对于区域 2，有

$$\begin{cases} E_{x2} = E_{02} \sin[n_2 k_0 (d_1 + d_2 - z)] \end{cases} \tag{4-2a}$$
$$\begin{cases} H_{y2} = \dfrac{n_2 k_0}{\mathrm{j}\omega\mu_2} E_{02} \cos[n_2 k_0 (d_1 + d_2 - z)] \end{cases} \tag{4-2b}$$

由上面所假定的分界面边界条件得

$$\begin{cases} E_{x1}\big|_{z=d_1} = E_{x2}\big|_{z=d_1} \end{cases} \tag{4-3a}$$
$$\begin{cases} H_{x1}\big|_{z=d_1} = H_{x2}\big|_{z=d_1} \end{cases} \tag{4-3b}$$

则有

$$\begin{cases} E_{01}\sin(n_1 k_0 d_1) = E_{02}\sin(n_2 k_0 d_2) & (4-4a) \\ \dfrac{n_1}{\mu_1}E_{01}\cos(n_1 k_0 d_1) = -\dfrac{n_2}{\mu_2}E_{02}\cos n_2 k_0 d_2 & (4-4b) \end{cases}$$

联立式(4-4a)与式(4-4b),得

$$\frac{n_2}{\mu_2}\sin(n_1 k_0 d_1)\cos(n_2 k_0 d_2) + \frac{n_1}{\mu_1}\sin(n_2 k_0 d_2)\cos(n_1 k_0 d_1) = 0 \qquad (4-5)$$

简化上式得

$$\frac{n_2}{\mu_2}\tan(n_1 k_0 d_1) + \frac{n_1}{\mu_1}\tan(n_2 k_0 d_2) = 0 \qquad (4-6)$$

由式(4-6)可得

$$\frac{\tan(n_1 k_0 d_1)}{\tan(n_2 k_0 d_2)} = \frac{n_1}{n_2}\frac{|\mu_2|}{|\mu_1|} \qquad (4-7)$$

对于式(4-7),利用小参数逼近,则可进一步简化为

$$\frac{d_1}{d_2} \simeq \frac{|\mu_2|}{|\mu_1|} \qquad (4-8)$$

由式(4-8)可以看出,加载电磁超材料的谐振腔只要求 d_1/d_2 的值与两种介质的磁导率的比值相当,就能在某个频率产生谐振,形成谐振腔,从而顺利工作,即谐振腔尺寸是由电磁超材料与普通介质的本构参数决定的,而不再受到谐振频率 f_0 约束。因此,对于加载了电磁超材料的天线,可以通过结构设计与参数调整,使两种介质材料的磁导率比值符合一定要求,就可以打破半波长制约,实现天线的小型化。比如当谐振腔的谐振频率为 2 GHz,设普通介质的本构参数为 $\varepsilon = \varepsilon_0$、$\mu = \mu_0$,电磁超材料的本构参数为 $\varepsilon = -0.5\varepsilon_0$、$\mu = -0.5\mu_0$,则 $d_1/d_2 \approx 0.5$。当 $d_1 = \lambda_0/20$,则 $d_2 = \lambda_0/10$,那么 $d_1 + d_2 = 3\lambda_0/20 = 2.25$ cm,与一般的谐振腔所要求的半波长 $\lambda_0/2 = 7.5$ cm 相比,物理尺寸大大减小了。

已有一些科研工作者对利用电磁超材料实现天线的小型化进行了一定的研究,并且有了很多的成果。如图4-5所示的环形微带天线,内部环采用的是双负(介电常数 ε_1 和磁导率 μ_1 都小于零)的电磁超材料,外部环采用的是普通材料(介电常数 ε_2 和磁导率 μ_2 都大于零),介质基板的厚度为 h。

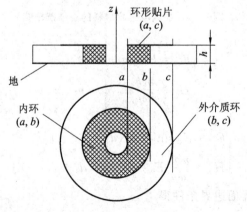

图 4-5 环形微带天线

根据电磁场理论和设定的边界条件可知:

$$\left(\frac{a}{b}\right)^2 = \frac{\left(\frac{c}{b}\right)^2 p + 1}{\left(\frac{c}{b}\right)^2 + p} \tag{4-9}$$

式中

$$p = \frac{\mu_2 - |\mu_1|}{\mu_2 + |\mu_1|} \tag{4-10}$$

由式(4-10)可以直观地发现，这种环形微带天线的尺寸由电磁超材料和普通材料的磁导率决定。图4-6所示的是利用数学方法对归一化谐振频率与 a/b 及 c/b 的函数关系仿真的结果。根据图4-6所示，在保持天线的辐射贴片尺寸不变的前提下，可以通过改变电磁超材料厚度 h 以降低天线谐振频率。而对于设计工作于某个频段的天线，也只要通过对合适的 a/b 及 c/b 比值进行选择和调试，从而可以把辐射贴片的大小缩小到需要的尺寸，甚至可调整到任意程度，这为实现天线的小型化打开了一种新的思路，意义十分重大。

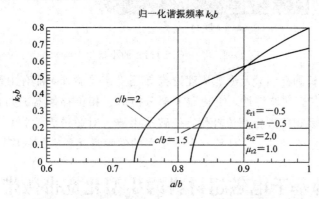

图4-6　归一化谐振频率与 a/b 及 c/b 的函数关系数学仿真图

图4-7所示的是 Cheng-Jung Lee 等人对复合左/右手传输线中色散关系伴随并联电感 L_L 与串联电容 C_L 变化的函数关系。由图可知，利用 CRLHTL(复合左/右手传输线)，可以在保持 CRLHTL 单元很小的前提下，通过改变所并联的电感 L_L 和串联的电容 C_L 的数量，使天线的谐振频率明显降低，制作小型化天线。例如，当 CRLHTL 中的单元数 $N=4$，且有 $n=-1$、$\beta p/\pi = 0.25$，则增加了并联电感 L_L 和串联电容 C_L 的数量后，可以使天线的工作频率降低到 1.2 GHz，比原来的 3 GHz 降低了 60%。

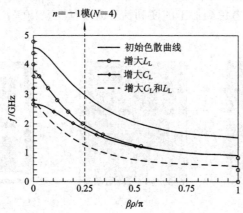

图4-7　CRLHTL 中色散关系与并联电感 L_L 及串联电容 C_L 的变化函数关系图

在上述的理论的基础上,Cheng-Jung Lee 等人设计了一款如图 4-8 所示的小型化天线。该天线尺寸的大小仅仅为 $(1/19\lambda_0)\times(1/23\lambda_0)\times(1/88\lambda_0)$,比传统的微带天线物理尺寸缩小了高达 98%,小型化效果非常明显。

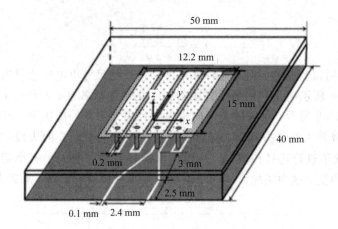

图 4-8　基于 CRLHTL 的小型化天线

经过上面的分析和介绍,无论是从理论推导还是实验验证,都有力地证明了通过加载电磁超材料,利用其后向波特性,使其左手部分扮演了相位补偿器的角色,对电磁波在普通介质中产生的滞后相位进行相位补偿,打破了半波长对微带天线物理尺寸的制约,对实现天线小型化是行之有效的,并且具有十分重大的学术意义和广阔的应用前景。

4.3　一种基于电磁超材料的小型化宽带微带天线设计

4.3.1　天线的设计

图 4-9 给出的是新型微带天线和电磁超材料单元的结构,其具体尺寸详见表 4-1。在传统的微带天线的接地板上,周期性蚀刻横竖各七条的条形缝隙,辐射贴片上以 3×4 周期蚀刻新型的"四方"型电磁超材料单元。为了使新型天线和原型天线在馈电输入能量上保持一致,在馈电微带线下方和四周没有蚀刻电磁超材料单元。天线基板选择介电常数 $\varepsilon_r=2.2$ 的 Duroid 5880,考虑到加工的便利性,选择厚度 $h=0.78$ mm。微带天线的负载阻抗为 50 Ω。

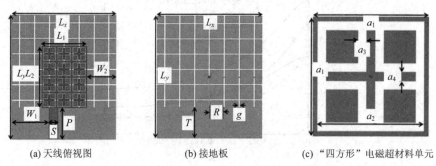

(a) 天线俯视图　　　　　(b) 接地板　　　　　(c) "四方形"电磁超材料单元

图 4-9　微带天线和电磁超材料单元结构

表 4－1　新型天线的尺寸 　　　　　　　　　　（单位：mm）

尺寸名称	数值	尺寸名称	数值	尺寸名称	数值
L_x	28	W_2	8	a_1	4
L_y	32	S	2.46	a_2	3.7
L_1	12	P	8	a_3	0.4
L_2	16	T	8	a_4	0.3
W_1	10	g	0.4		

由前面分析可知，电磁超材料在传播电磁波的相速度（v_p）和群速度（v_g）的方向相反，波矢量 k、电场 E 和磁场 H 满足左手定则，而不是常规介质中的右手定则，则坡印廷矢量 S 与波矢量 k 的方向相反，具有左手传输特性和后向波特性，因此在不改变天线原有尺寸的前提下，能够有效降低天线的谐振中心频率，等效于设计小型化天线。

分析新型天线设计的结构可以看到，天线辐射贴片和接地板分别蚀刻的"四方形"电磁超材料单元图案与周期条形缝隙图案起了关键性的作用。也正因为这些图案和缝隙的加入，根据 Babinet 原理在电磁超材料设计中的应用，天线辐射贴片和接地板耦合，即在辐射贴片的蚀刻空白处与接地板的条形缝隙可等效为电感，而辐射贴片中的金属与接地板中的金属重合部分可等效为电容，从而形成一个电容电感（C-L）等效电路加载于原型天线，如图 4－10 所示。天线串联了 N 个线元等效电路 P，新型电磁超材料单元对介质基底的等效媒质参数产生了强烈的影响，有效地增加了天线带宽，并且诱导后向波沿辐射贴片所在的平面传播，因此，沿辐射贴片方向的辐射能量显著增强。根据上一小节中讨论过的天线小型化理论可知，天线将突破半波长的限制，谐振中心频率将向低频段偏移，同时也会对天线的辐射性能和参数产生一定的影响。

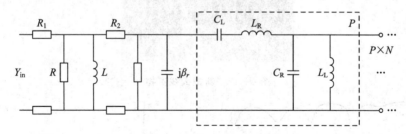

图 4－10　线元等效电路图

利用 HFSS 软件进行仿真分析，得到天线的阻抗特性曲线，如图 4－11 所示。图中，实线表示天线输入阻抗的实部（Re），虚线表示输入阻抗的虚部（Im）。由图可知，天线在 4 GHz～14 GHz 的频带内，阻抗实部曲线变化比较平缓，平均值约为 50 Ω；在同样的频率范围内，虚部曲线的走向与实部相似，变化也比较平缓，平均值约为 5 Ω，稍大于 0。实部最接近 50 Ω 且虚部最接近 0 的频点，预示着新型天线的谐振频率点的所在。由分析可知，新型天线的输入阻抗值在很大的频率范围内比较接近 50 Ω，能与 50 Ω 的特性阻抗同轴线良好匹配，使天线的带宽拓展成为可能。

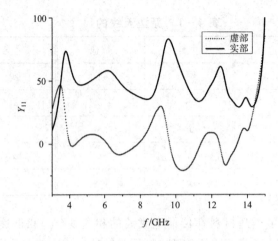

图 4-11　新型天线的阻抗特性曲线

4.3.2　天线的性能分析

新型天线的实物图片如图 4-12 所示，其回波损耗和驻波比仿真与实物测试对比图分别如图 4-13 和图 4-14 所示。从图 4-13 可以看出，新型天线低于 -10 dB 的带宽范围为 3.67 GHz～14.17 GHz，共有 10.5 GHz 的带宽，是原天线（带宽范围为 7.73 GHz～ 7.94 GHz）带宽的 50.0 倍；新型天线的谐振中心频率从原天线的 7.83 GHz 降到 4.32 GHz，降低了 44.8%。而且新型天线回波损耗的最低点达 -49.36 dB。实物测试结果与仿真结果吻合较好。从图 4-14 中给出的驻波比 VSWR 曲线可以看出，新型天线驻波比 VSWR 值在 3.64 GHz～14.2 GHz 的带宽中，约有一半都在 1.5 以下。低的驻波比 VSWR 值表明，新型天线的辐射效率较高，且辐射损耗比较低。

图 4-12　新型天线实物

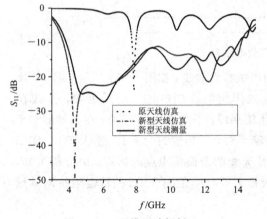

图 4-13　天线回波损耗 S_{11}

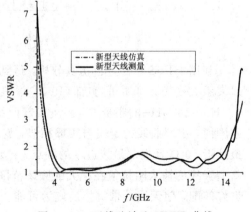

图 4-14　天线驻波比 VSWR 曲线

下面讨论一些参数对新型天线的影响。

从图 4-15 可以看出，接地板周期排列缝隙 g 的值越小，天线的带宽越窄，但是谐振中心频率也能明显降低，均分布在 4.3 GHz 附近，并没有对天线的小型化造成太大的影响。

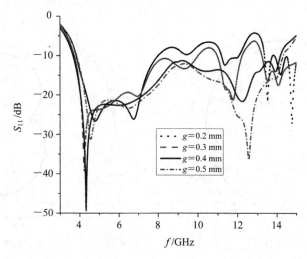

图 4-15　缝隙 g 的大小对天线 S_{11} 值的影响

从图 4-16 可以看出，a_3 值的大小同样不会对天线的小型化产生大的影响，但是对天线带宽的影响并非线性关系，这是因为电磁超材料的特性随着 a_3 值的改变而改变。

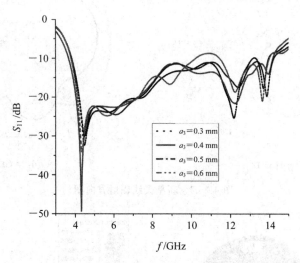

图 4-16　电磁超材料单元缝隙 a_3 的大小对天线 S_{11} 值的影响

由于电磁超材料的左手传输特性，加载电磁超材料的天线在辐射方向会有一些奇异的特点，最大辐射方向是在水平方向而不是传统微带天线那样的垂直方向。这种现象可做这样的解释：天线的辐射特性由电磁超材料基板的本构参数决定，即随着频率 f、介电常数 ε 和磁导率 μ 的变化而变化。因此，通过对参数调整出适当的 ε 值和 μ 值进行组合，可以对电磁超材料天线的辐射方向图进行调整，使天线出现低仰角和窄主瓣等特性。由于电磁超材料的左手传输特性，因此 μ 值越接近 0，天线的主瓣会越窄；而天线低仰角特性是因为天线的 E 面和 H 面分别受到 TM 波和 TE 波的影响而造成的。

为进一步研究新型天线的这一特性，在天线的工作带宽（即 3.67 GHz～14.17 GHz）内随机选取较好地跨越新型天线整个工作带宽的四个频点，分别为 4 GHz、7 GHz、11 GHz 和 14 GHz，给出了其二维以及三维辐射方向图，分别如图 4-17 和图 4-18 所示。

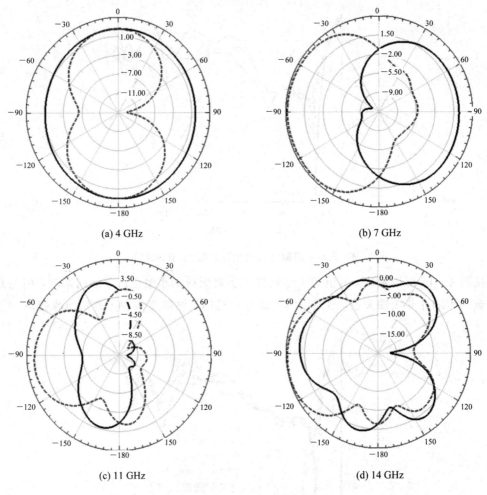

图 4-17　新型天线辐射方向图

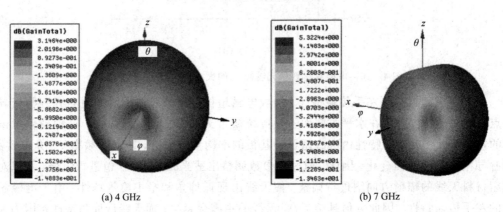

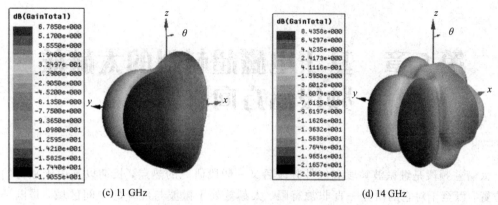

(c) 11 GHz　　　　　　　　　　　(d) 14 GHz

图 4 - 18　天线增益三维辐射方向图

　　在图 4 - 17 中，虚线为 E 面，实线为 H 面，图(b)、(c)和(d)清楚显示出，在 7 GHz、11 GHz 和 14 GHz 频点，天线辐射能量主要集中在约 −90° 方向；而频率为 4 GHz 时，从图(a)中可以看出，天线并没有这样的特性，E 面为近"8"字形，H 面为近圆形(即全向)，这是因为在 4 GHz 频率时，电磁超材料并没有表现出左手特性。当频率为 4 GHz 时，天线增益为 3.15 dB；当频率为 7 GHz 时，天线增益为 5.32 dB；当频率为 11 GHz 时，天线增益为 6.79 dB；而当频率为 14 GHz 时，天线增益则高达 8.44 dB。

　　图 4 - 19 给出了接地板缝隙宽度 $g = 0.4$ mm，电磁超材料单元缝隙宽度为 $a_3 = 0.4$ mm 时，天线在 3 GHz～15 GHz 频带内的仿真增益峰值。可以看到，由于天线受到电磁超材料左手传输特性的影响，天线同一频点的增益峰值并没有像一般的天线那样全部出现在 E 面或 H 面，这是正常的现象。另外，天线在工作频段内的增益大致随着频率的增加而增加，其中的原因：一是天线原尺寸是为用于工作在谐振中心频率为 7.83 GHz 而设计的，现尺寸对于新型天线的低频段太小，无法承载高增益；二是由图 4 - 17(a)和图 4 - 18(a)可知，天线在低频的辐射特性为全向，分散了能量，因此增益峰值较低。在高频段由于天线的端射特性，能量较集中，因此能保持高增益，在 8 GHz～14 GHz 频段，其增益保持在 6 dB 以上；在频率为 14 GHz 时，其增益高达 8.44 dB。

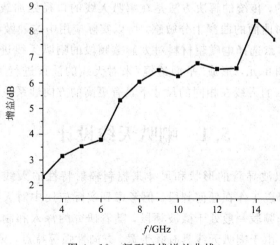

图 4 - 19　新型天线增益曲线

第5章 基于电磁超材料的太赫兹频段高方向性天线

太赫兹频段是继微波频段和红外频段后又一频段研究的热点,长期以来由于独特的频段位置,以至于对它的研究一直非常有限。太赫兹处于微波与红外的中间区域,是电子学从宏观向微观的过渡,对于太赫兹的分析与研究来说,光学理论和微波理论都不完全适用。近年来,随着对通信带宽、天文探测、电子对抗、检测成像等方面要求的不断提高,太赫兹频段逐步进入人们的视野。通信中,太赫兹技术的无线传输速度可以达到 10 GB/s,不仅是超宽带技术的上百倍,而且为卫星的高保密通信创造了可能。同时太赫兹波束很窄,其方向性和抗干扰能力是其他波束的几十倍甚至上百倍,面对大风、云雾、沙尘等恶劣的自然阻力或人为的伪装物依然可以保持高定向、高保密的通信。在雷达检测中,太赫兹技术凭借波长短、频段宽的优势不仅可以穿透多种非极性物质(电介质材料、脂肪、塑料等)检测到炸药、毒品等违禁物品,更可以使多种"隐身"武器无处遁形,其特有的"穿墙术"在城市反恐作战中显示出了不可代替的优势。

相对于微波频段和红外频段的研究来说,对太赫兹频段的研究还比较薄弱,大多停留在理论阶段,而对其实际应用的研究却比较少,特别是在天线方面,要想发挥太赫兹频段的优势,无论是通信系统的建立还是雷达探测的实现都离不开天线的使用。虽然太赫兹的波长较小,但在无线传输过程中的电磁损耗却很大,如何克服其缺陷制造太赫兹频段的高方向性天线具有十分重要的意义。想要获得更高的方向性就要选择天线尺寸与波长比值大的天线。喇叭天线的比值可以达到1000,是一种典型的适用于太赫兹波段的天线。在卫星、雷达等应用领域中,为了克服搭载设备等原因的制约,喇叭天线需要进一步解决增益和方向性与尺寸之间的制约,传统的解决方法是在喇叭天线的口径处加载曲面透镜,但因为太赫兹频段的聚焦性能对曲面的曲率十分敏感,所以实际应用中这种做法可行性不高。

针对以上问题,本章选择电磁超材料对太赫兹频段的喇叭天线进行优化,通过在天线口径处添加电磁超材料单元,形成"平面透镜"来对天线的波束进行汇聚。仿真结果表明,加载电磁超材料单元后的天线在相同的尺寸下具有更高的方向性系数和增益。

5.1 喇叭天线设计

喇叭天线是一种以波导管的形状和尺寸来控制辐射特性的天线,通过对其尺寸的调整,理论上喇叭天线可以工作在任何频段。但考虑到实际应用中对天线尺寸的限制和工艺加工的难度,它的工作频段一般处于微波频段,随着研究的深入和制作工艺的提高现在已经向太赫兹频段延伸。由于喇叭天线具有频带宽、方向性强等特点,多用于对保密性、抗干扰性要求较高的卫星通信和雷达设施等方面,但喇叭天线的尺寸大约是其工作波长的6

倍，属于电大尺寸器件，对设备的加载和小型化产生了严重的制约。因此，如何在更小的尺寸下提高喇叭天线的增益和方向性一直是研究的重点。

5.1.1 喇叭天线参数设计

与微带天线相比，喇叭天线的尺寸计算比较繁琐，但加工简单，下面采用矩形（口径）喇叭天线进行研究。矩形喇叭天线由矩形波导 E 面和 H 面的两壁张开形成，张开的角度取决于矩形波导与喇叭口径的大小。在喇叭天线的设计中口径的尺寸是一个重要的参数，它直接决定了天线的增益和辐射情况。

图 5-1 中是矩形喇叭天线的尺寸示意图。图中，分别用 a 和 b 表示矩形波导的长和宽，这两个参数取决于波导选择的类型，在设计过程中，当波导类型选择确定后，这两个参数属于已知参数；A 和 B 表示对应 E 面和 H 面喇叭口径的边长；L_E 和 L_H 表示 E 面和 H 面的斜径；R_E 和 R_H 表示上、下口径的距离；R_1 表示天线的高度。通过图中显示可知，在实际设计中 R_E 和 R_H 一定要相等。由直角三角形各边之间的关系可知，在设计中重点要计算出三个参数：口径边长 A、B 和高度 R_1。

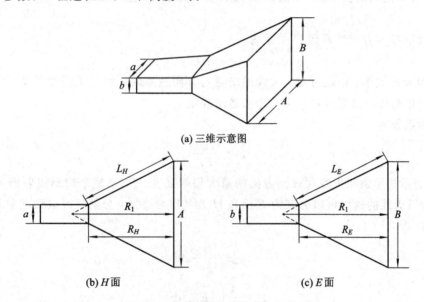

(a) 三维示意图

(b) H 面   (c) E 面

图 5-1 矩形喇叭天线尺寸示意图

矩形喇叭天线的尺寸计算公式如下，根据三角形边长关系可知

$$\begin{cases} L_H^2 = R_1^2 + \left(\dfrac{A}{2}\right)^2 \\ L_E^2 = R_1^2 + \left(\dfrac{B}{2}\right)^2 \end{cases} \quad (5-1)$$

考虑 $R_H = R_E = R_1$，有

$$\begin{cases} R_H = (A-a)\sqrt{\left(\dfrac{L_H}{A}\right)^2 - \dfrac{1}{4}} \\ R_E = (B-b)\sqrt{\left(\dfrac{L_E}{B}\right)^2 - \dfrac{1}{4}} \end{cases} \quad (5-2)$$

在仿真过程中采用理想的分析条件，即将矩形喇叭天线的所有表面设置为理想电场表面，也就是软件中边界条件"Perfect E"的选项。这种分析条件与实际应用中的矩形喇叭天线有一定的误差，但不影响对天线性能好坏的具体分析趋势。根据最佳匹配关系可知

$$A \approx \sqrt{3\lambda R_1} \tag{5-3}$$

$$B \approx \sqrt{2\lambda R_1} \tag{5-4}$$

式(5-3)和式(5-4)是天线口径的最佳尺寸，矩形喇叭天线的辐射类似于球面波辐射，其辐射效率与喇叭尺寸造成的波程差有关，而波程差与波长的比值决定了天线的相位偏差，相位偏差的存在降低了天线的主瓣强度，影响天线增益和方向性系数。波程差与波长之比可表示为

$$S = \frac{\Delta}{\lambda} = \frac{L_H}{R_1} \approx \frac{A^2}{8\lambda R_1} \tag{5-5}$$

式中，Δ 为波程差；λ 为波长。由式(5-5)还可知，S 与 A^2 成正比，当高度 R_1 的值一定时，S 随 A^2 的变化而变化。A^2 的取值为一个开口向上的抛物线，最小值出现在抛物线的最低点，因此，在未达到最佳值前，S 随 A 取值的增大而增大，达到最佳值后随 A 取值的增大而减小。

天线增益 G 与方向性系数 D 关系为

$$G = \eta_A D$$

式中，η_A 为天线效率。由此可见，天线的增益与方向性系数之间是正线性关系，讨论这两个参数的变化趋势可以通过对其中一个参数来确定。

方向性系数为

$$D = \frac{4\pi U_m}{P_r} \tag{5-6}$$

式中，U_m 表示矩形喇叭天线在观测方向的最大辐射强度；P_r 是整个球形辐射面内的总功率。矩形喇叭天线的辐射可以分解为 E 面和 H 面的组合叠加，分解后可以看做平面波的辐射，因此有

$$U_m = \frac{k^2}{8\pi^2\eta} \left| \iint_{S_a} E_\alpha ds \right|^2 \tag{5-7}$$

$$P_r = \frac{1}{2\eta} \iint_{S_a} |E_\alpha|^2 ds \tag{5-8}$$

式中，k 为波矢量的大小；η 为波阻抗；E_α 为辐射场强的大小；积分沿喇叭口平面 S_a 进行。将式(5-7)和式(5-8)代入式(5-6)得

$$D = \frac{4\pi}{\lambda^2} \frac{\left| \iint_{S_a} E_\alpha ds \right|^2}{\iint_{S_a} |E_\alpha|^2 ds} \tag{5-9}$$

在仿真中，矩形喇叭天线的相位均匀，则

$$D = \frac{4\pi}{\lambda^2} A_\sigma \tag{5-10}$$

式中，A_σ 表示矩形喇叭天线实际计算中的有效口径。

在建模设计的过程中，天线的材料一般选用金属材料，金属材料的损耗比较小，增益与方向性系数基本相等，即 $G \approx D$。

当匹配达到最佳时，矩形喇叭天线的口径面积效率约为 50%。

$$A_\sigma = \varepsilon_{op} A_p, \qquad 0 \leqslant \varepsilon_{0p} \leqslant 1 \tag{5-11}$$

式中，$\varepsilon_{0p} = 50\%$。

对于式(5-11)和(5-10)并注意 $G \simeq D$ 可得

$$G = \frac{4\pi}{\lambda^2} \varepsilon_{0p} A_p$$

$$G = \frac{4\pi}{\lambda^2} \frac{1}{2} (AB) \tag{5-12}$$

通过式(5-5)可知，天线的高度越大，相位偏差的值越小，天线的辐射越向主波瓣靠拢。因此，假设天线的高度足够长，则 $R_E \approx L_E$，$R_H \approx L_H$，口径尺寸公式为

$$A \approx \sqrt{3\lambda R_1} \approx \sqrt{3\lambda L_H} \tag{5-13}$$

$$B \approx \sqrt{2\lambda R_1} \approx \sqrt{2\lambda L_E} \tag{5-14}$$

由式(5-12)推导可得

$$\left(\sqrt{2\sigma} - \frac{b}{\lambda} \right)(2\sigma - 1) = \left(\frac{1}{2\sqrt{2\sigma}\pi} - \frac{a}{\lambda} \right)^2 \left(\frac{G^2}{18\pi^2 \sigma} - 1 \right) \tag{5-15}$$

其中，$\sigma = L_E/\lambda$ 为喇叭天线侧壁的电长度。

由于式(5-15)的计算比较复杂，因此，在这里将利用估算方法计算 σ，得出

$$\sigma = \frac{G}{2\pi\sqrt{6}} \tag{5-16}$$

在设计矩形喇叭天线前，首先确定使用波导的类型，本次实验选择使用型号为 WR-3 的矩形波导，该型号波导的工作频率范围是 217 GHz~370 GHz，尺寸为 0.8636 mm × 0.4318 mm，波导壁厚 0.76 mm。由于实验的电脑性能有限，这里实验要求设计后的天线增益不小于 20 dB，带宽不小于标准带宽的 20%。中心工作频率为 0.34 THz(对应波长为 $\lambda = c/f = 0.88$ mm)。采用已介绍的矩形喇叭天线尺寸，通过计算对天线的各个参数进行确定。

(1) 将增益转换成无量纲，利用估算法计算 σ：

$$G = 20 \text{ dB} = 10^{20/10} = 100$$

$$\sigma = \frac{G}{2\pi\sqrt{6}} = 6.5$$

(2) 求解 L_E：

$$L_E = \lambda \times \sigma = 0.88 \times 6.5 = 5.72 \text{ mm}$$

(3) 求解口径尺寸 A、B：

$$B = \sqrt{2\lambda R_1} = \sqrt{2 \times 0.88 \times L_E} = 3.17 \text{ mm}$$

$$A = \frac{2\lambda^2}{4\pi B} G = 3.89 \text{ mm}$$

(4) 求解 L_H：

$$L_H = \frac{A^2}{3\lambda} = 5.73 \text{ mm}$$

（5）计算天线高度 R_1：

$$R_1 = \frac{A-a}{3\lambda} A = 5 \text{ mm}$$

设计中采用同轴馈电的方式，馈电位置位于波导边的中心，与波导底面的距离为 1/4 波长；同轴线的外导体与波导壁侧壁相连，内导体从波导电场辐射边的中心处延伸到波导内部场强的最大位置，以达到电场激励的效果。同轴线外导体的半径设定为 0.012 mm，长度为 0.06 mm；内导体半径设定为 0.005 mm，长度取波导窄边长度的一半。具体尺寸如表 5-1 所示。

表 5-1　矩形喇叭天线尺寸和变量定义

参数类型	结构名称	变量名	变量值（单位：mm）
参数类型	1/4 波长	length	0.22
喇叭结构参数	波导宽度	a	0.8636
喇叭结构参数	波导高度	b	0.4318
喇叭结构参数	波导长度	wlength	1.1
喇叭结构参数	喇叭口径宽度	A	3.89
喇叭结构参数	喇叭口径长度	B	3.17
喇叭结构参数	喇叭长度	plength	5
同轴线结构参数	外导体半径	—	0.012
同轴线结构参数	内导体半径	—	0.005
同轴线结构参数	外波导长度	—	0.06
同轴线结构参数	内波导长度	—	$0.06 + b/2$

5.1.2　HFSS 软件仿真分析

通过 HFSS 软件对设计的矩形喇叭天线进行实验仿真，根据设计参数建立的三维模型如图 5-2 所示。

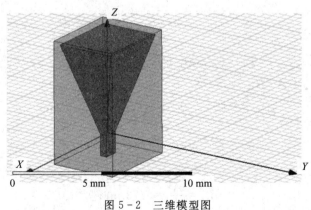

图 5-2　三维模型图

HFSS 软件仿真的实验结果讨论如下：

1. 回波损耗 S_{11}

图 5-3 显示矩形喇叭天线的回波损耗 S_{11}。通过图上信息可知，天线在 0.34 THz 处达到最低点，与设计的中心工作频率相符；天线的带宽为 282.5 GHz~372.5 GHz（相对带宽26.47%），符合设计要求。

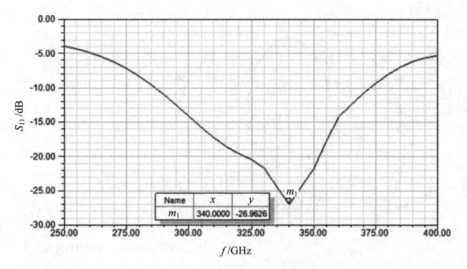

图 5-3　矩形喇叭天线回波损耗

2. 天线的增益

图 5-4 表示天线在 E 面和 H 面的增益，实线为 $\varphi=0°$ 的方向增益图，即 E 面（yoz 面）的增益；虚线为 $\varphi=90°$ 的方向增益图，即 H 面（xoz 面）的增益。通过图中信息可知，天线的主瓣在 0 相位处的增益最大，最大值达到 19.9773 dB，与天线增益达到 20 dB 的设计要求相吻合，进一步验证上一节中设计的参数达到了良好的匹配。

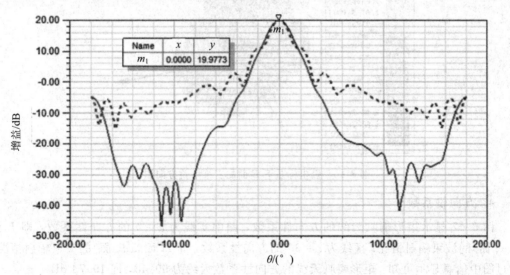

图 5-4　E 面和 H 面的增益

3. 极坐标系下方向图

图 5-5 与图 5-6 分别显示了天线在中心工作频率 0.34 THz 时，极坐标条件下二维和三维的 E 面和 H 面的增益方向图。图 5-5 中实线为 $\varphi=0°$ 的方向增益图，即 E 面(yoz 面)的增益；虚线为 $\varphi=90°$ 的方向增益图，即 H 面(xoz 面)的增益。通过图中信息显示可知，天线 E 面和 H 面的半波束宽度分别为 $17.9°$ 和 $15.42°$，具有比较尖锐的主瓣宽度。

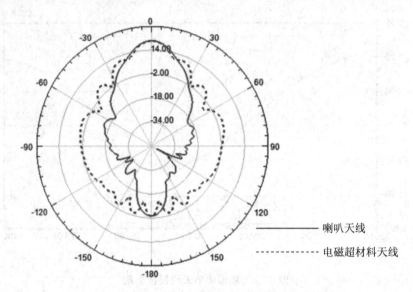

———————— 喇叭天线

------------ 电磁超材料天线

图 5-5   极坐标系下 E 面和 H 面的二维增益方向图

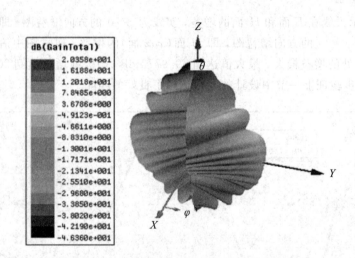

图 5-6   极坐标系下 E 面的三维增益方向图

4. 方向性系数

图 5-7 显示矩形喇叭天线的方向性系数，图中实线为 $\varphi=0°$ 的方向性系数，即 E 面(yoz 面)的波束辐射情况；虚线为 $\varphi=90°$ 的方向性系数，即 H 面(xoz 面)的波束辐射情况。通过图中信息显示可知，矩形喇叭天线的方向性系数大约为 99.48，即 19.73 dB。

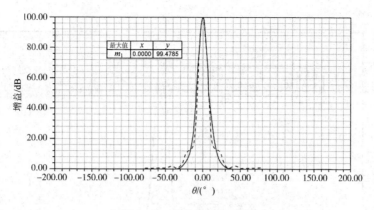

图 5-7　天线方向性系数

5.1.3　参数优化设计

通过上述参数设计可知，影响矩形喇叭天线增益与方向性系数的参数主要有两个，一个是喇叭口径的高度，另一个是喇叭口径的面积。现对这两个参数分别进行讨论。

1. 喇叭口径高度

通过以上推导可知，喇叭口径高度（R_1）越高则相位偏差越小，分析中喇叭口径高度值选择 5 mm～7 mm，间隔为 0.5 mm。仿真后，天线的增益和方向性系数分别如图 5-8 和图 5-9 所示。

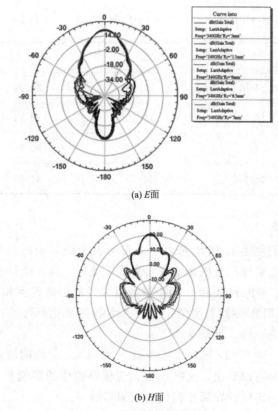

(a) E 面

(b) H 面

图 5-8　增益随口径高度变化

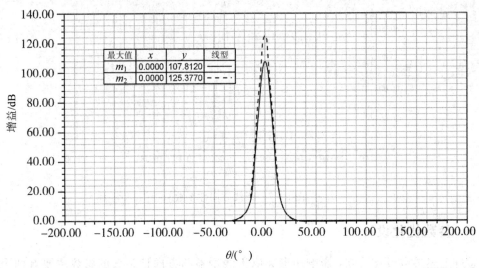

图 5 - 9　方向性系数随口径高度变化

通过表 5 - 2 可知，随着天线口径高度的不断增加，天线的增益和方向性系数都有所提高。当天线高度无限长时，矩形喇叭天线的口径就会与波导之间形成等面积的长方形辐射通道，但实际应用中这是无法实现的。

表 5 - 2　矩形喇叭天线随口径高度参数变化

参数　　　R_1	E 面（HPBW）	H 面（HPBW）	增益	方向性系数
5 mm	17.9°	15.42°	19.977	99.48
5.5 mm	17.07°	15.16°	20.36	107.81
6 mm	16.71°	15.15°	20.71	116.60
6.5 mm	16.42°	15.02°	20.76	118.16
7 mm	16.20°	14.53°	21.02	125.38

2. 口径尺寸的讨论

在参数设计中，我们使用 A 和 B 来表示矩形喇叭天线口径的尺寸，通过以上推导可知，天线口径的面积存在最佳尺寸的概念，当高度不变时，若天线口径的面积处于最佳尺寸，则天线的性能最好。考虑到 A 和 B 两个参数对天线的影响程度和影响性质相同，这里将 B 参数通过公式关系用 A 参数表示值，仅对 A 参数的变化趋势进行讨论。优化中 A 参数的取值范围为 4 mm～6 mm，间隔为 0.5 mm。

由图 5 - 10 和图 5 - 11 可知，随着天线参数 A 的增大，天线的增益和方向性系数先增大后减小。根据以上推导可以看出，参数 A 在相位偏移值中的影响是平方系数，根据抛物线的理论，在天线高度一定时存在最小值使相位偏移最小。

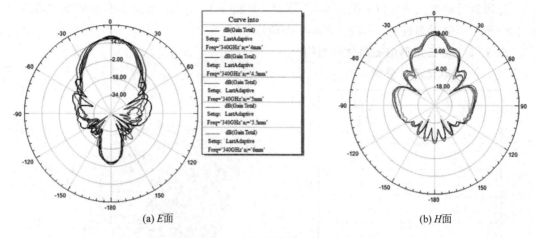

(a) E面　　　　　　　　　　　(b) H面

图 5 - 10　方向性系数随口径高度变化

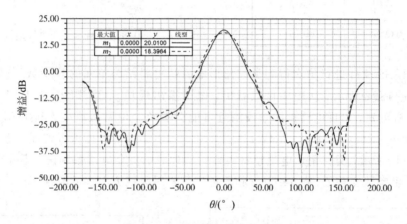

图 5 - 11　增益随口径高度变化

　　喇叭天线是一类方向性系数和增益较高的天线，通常天线的方向性可以达到 10 dB～20 dB。通过上述对天线参数优化的讨论可知，为了满足实际应用的需要，喇叭天线通过调整自身参数来优化天线性能的方法具有局限性，因此，我们致力于研究在不改变喇叭天线自身结构参数的基础上，提高天线性能参数的方法。

5.2　加载电磁超材料单元介质的天线性能改善

5.2.1　电磁超材料单元介质板设计

　　利用电磁超材料单元介质板对喇叭天线的性能进行改善，与微带天线加载覆盖层的原理基本相同，利用电磁超材料的零折射率特性使电磁波的辐射方向向法向量靠拢。在第 3章中我们设计了一种工作在太赫兹频段的电磁超材料结构单元，通过参数的提取得到此电磁超材料单元在 0.3 THz 存在零折射率频点，为了满足上一节中设计喇叭天线中心工作频率的要求，对电磁超材料单元的参数进行调整，使结构单元在 0.34 THz 频段满足零折射率特性。调整后的参数如表 5 - 3 所示。

将调整后的类三角形单元按照 5×5 排列，间隔为 100 μm，双面印刷在介电常数 ε_r 为 4.4 的 FR4 环氧树脂板上，结构如图 5-12 所示。

表 5-3 类三角形电磁超材料结构单元尺寸参数

参数	数值
M	600 μm
T	600 μm
w	20 μm
D	30 μm
P	20 μm
L	280 μm
Q	110 μm

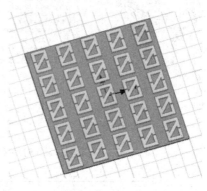

图 5-12 电磁超材料单元介质板结构

通过 HFSS 软件进行仿真得到类三角形电磁超材料结构单元的 S 参数（如 S_{11}），仿真结果如图 5-13(a)所示。从图中可以看出，电谐振出现在 0.27 THz、0.42 THz 和 0.56 THz，由分析可知，出现电谐振的频段附近可能会有负介电常数产生。利用 Matlab 软件，运用 Nicolson-Ross-Weird（NRW）算法对图 5-13(a)中的数据进行处理，处理后的结果如图 5-13(b)所示，类三角形电磁超材料单元具有多个负介电常数频段，零介电常数的频段出现在正负参数交替处，0.34 THz 频段可以用于对天线方向性的改善。

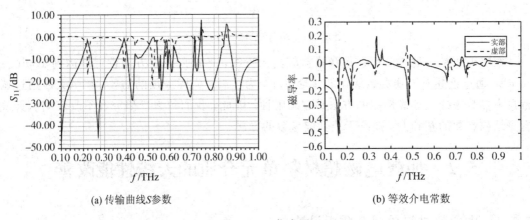

(a) 传输曲线 S 参数　　　　　　　　(b) 等效介电常数

图 5-13 仿真图

5.2.2　填充电磁超材料单元介质板的喇叭天线设计

使用电磁超材料单元介质板填充喇叭天线的目的是对波的辐射进行汇聚，应该填充在喇叭天线的口径处。但在使用 HFSS 软件进行仿真时，该软件对模型的尺寸十分敏感，喇叭天线的喇叭口径为类梯形，所建立的矩形电磁超材料单元介质板无法直接进行填充，因此，我们将电磁超材料单元放置在喇叭口径前端进行仿真。其模型如图 5-14 所示。

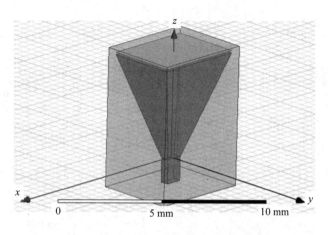

图 5 - 14　填充电磁超材料喇叭天线

通过仿真得到填充电磁超材料单元介质板的喇叭天线的回波损耗，如图 5 - 15 所示。由图可知，填充了电磁超材料单元介质板后天线的回波损耗最大值出现在原喇叭天线的中心工作频率 0.34 THz 处，损耗值为 -30.37 dB，与未填充介质板的喇叭天线相比，损耗值降低了 3.37 dB。可见，填充电磁超材料板不仅没有影响天线的匹配，而且还使匹配情况得到了改善。

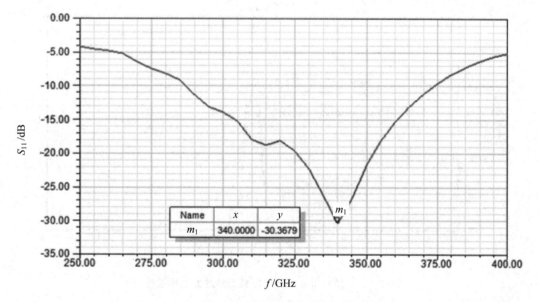

Name	x	y
m_1	340.0000	-30.3679

图 5 - 15　填充电磁超材料喇叭天线的回波损耗

图 5 - 16 为填充了电磁超材料单元介质板喇叭天线的增益方向图，虚线表示填充电磁超材料单元后的天线，实线表示原喇叭天线。图 5 - 16(a) 为 $\varphi = 0°$ 即 E 面的方向图，图 5 - 16(b) 为 $\varphi = 90°$ 即 H 面的方向图。由图可知填充电磁超材料的天线增益为 22.67 dB，与未填充电磁超材料板的喇叭天线相比，增益提高了 2.77 dB，即增加了原天线增益的 13.85%。同时，相比于原喇叭天线，填充电磁超材料板的喇叭天线 E 面和 H 面的半功率波束宽度(-3 dB)分别收缩了 2.5° 和 0.8°。

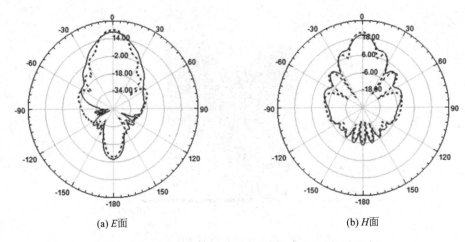

(a) E面   (b) H面

图 5-16 填充电磁超材料单元喇叭天线的增益方向图

填充电磁超材料单元喇叭天线的方向性系数如图 5-17 所示。由图可知，填充电磁超材料单元介质板天线的方向性系数为 145.63，与原喇叭天线相比，方向性系数增加了 46.86，即提高了原天线方向性系数的 47.44%。相同参数下，普通喇叭天线要达到此方向性系数，喇叭口径高度要增加 1.5 倍。

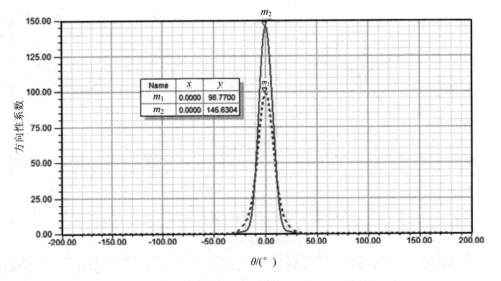

Name	x	y
m_1	0.0000	98.7700
m_2	0.0000	145.6304

图 5-17 填充电磁超材料喇叭天线的方向性系数

5.2.3 填充电磁超材料单元介质板的喇叭天线参数讨论

在设计中，我们采用将电磁超材料单元介质板置于喇叭天线口径前端的方法，来解决口径与介质板形状不同的问题。根据上一章中对微带天线的讨论可知，介质板与天线的距离会影响天线性能改善的程度，下面将对喇叭天线的距离参数进行讨论。选择距离参数的范围为 0.1 mm~0.7 mm，间隔为 0.2 mm。

图 5-18 显示的是天线增益方向图随介质板与天线之间距离变化的情形；图 5-19 显示的是天线增益随介质板与天线之间距离变化的情形。

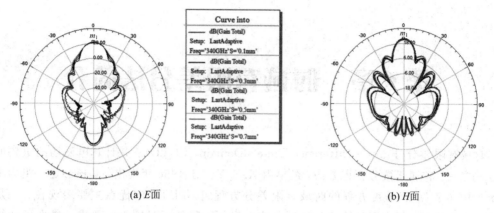

(a) E面　　　　　　　　　　　　　(b) H面

图 5-18　天线增益方向图随填充电磁超材料板与天线之间距离的变化情形

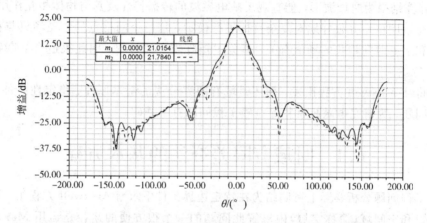

图 5-19　增益随填充电磁超材料板与天线之间距离的变化

通过参数对比可知，随着覆盖层与天线之间距离的增大，填充电磁超材料单元喇叭天线的增益和方向性系数变化不大，但后向辐射出现了先减小后增大的情况。有三个原因造成这种情况的产生：一是太赫兹频段波长较短受距离限制较小；二是由于电磁波遇到介质板时电磁波的反射在天线与填充层之间形成了回路，增加了喇叭天线对电磁波的后辐射；三是填充板置于喇叭天线前与增加天线喇叭高度起到了相似的效果。

第6章　时域有限差分法简介

时域有限差分(Finite - Difference Time - Domain，FDTD)法是计算电磁场的重要的数值方法之一。它属于微分方程方法，最早由 K. S. Yee 于 1966 年提出，其核心是一组为求解 Maxwell(麦克斯韦)旋度方程的时域有限差分方程组。FDTD 的优点主要表现在：一是通过设置吸收边界，规定了计算机计算时的空间范围，降低了对硬件的要求，减少了计算时间；二是计算结果为时域波形，能直观反映电磁波的传播特性及其与物体相互作用的过程；三是可以通过网格划分很好地对复杂目标进行模拟，每一个网格点的电磁场只与相邻网格点的场值和上一时间步长的场值有关，避免了矩阵求逆的过程，因此很适合复杂物体的数值计算。

本章将从 Maxwell 方程出发，阐述时域有限差分法的基本原理、稳定性条件、吸收条件等基本问题，为研究电磁超材料等电磁工程问题打下基础。

6.1　时域有限差分法的基本方程

电磁工程问题分析实际上可归结为在特定边界条件下求解 Maxwell 方程组，在时间域(简称时域)和空间域(简称空域)内求解此问题的一个很方便的途径是运用 Maxwell 方程组，因此，首先从时间域和空间域上的 Maxwell 方程出发，求得所需要的离散差分方程。

在时域中，麦克斯韦旋度方程表示为

$$\nabla \times \boldsymbol{H} = \frac{\partial \boldsymbol{D}}{\partial t} + \boldsymbol{J} \tag{6-1}$$

$$\nabla \times \boldsymbol{E} = -\frac{\partial \boldsymbol{B}}{\partial t} - \boldsymbol{J}_{\mathrm{m}} \tag{6-2}$$

式中，$\boldsymbol{E}$ 是电场强度；$\boldsymbol{H}$ 是磁场强度；$\boldsymbol{J}$ 是电流密度；$\boldsymbol{J}_{\mathrm{m}}$ 是磁流密度；μ 是媒质的磁导率；ε 是媒质的介电常数。

在各向同性线性介质中的本构关系为

$$\boldsymbol{D} = \varepsilon \boldsymbol{E}, \ \boldsymbol{B} = \mu \boldsymbol{H}, \ \boldsymbol{J} = \sigma \boldsymbol{E}, \ \boldsymbol{J}_{\mathrm{m}} = \sigma_{\mathrm{m}} \boldsymbol{H} \tag{6-3}$$

假定我们研究的空间是无源的，并且媒质参数 μ、ε、σ、σ_{m} 不随时间和空间的变化而变化，则在直角坐标系中，式(6-1)和式(6-2)可写成六个标量方程为

$$\begin{cases} \dfrac{\partial H_z}{\partial y} - \dfrac{\partial H_y}{\partial z} = \varepsilon \dfrac{\partial E_x}{\partial t} + \sigma E_x \\[2mm] \dfrac{\partial H_x}{\partial z} - \dfrac{\partial H_z}{\partial x} = \varepsilon \dfrac{\partial E_y}{\partial t} + \sigma E_y \\[2mm] \dfrac{\partial H_y}{\partial x} - \dfrac{\partial H_x}{\partial y} = \varepsilon \dfrac{\partial E_z}{\partial t} + \sigma E_z \end{cases} \tag{6-4a}$$

$$\begin{cases} \dfrac{\partial E_z}{\partial y} - \dfrac{\partial E_y}{\partial z} = -\mu\dfrac{\partial H_x}{\partial t} - \sigma_{\mathrm{m}} H_x \\[2mm] \dfrac{\partial E_x}{\partial z} - \dfrac{\partial E_z}{\partial x} = -\mu\dfrac{\partial H_y}{\partial t} - \sigma_{\mathrm{m}} H_y \\[2mm] \dfrac{\partial E_y}{\partial x} - \dfrac{\partial E_x}{\partial y} = -\mu\dfrac{\partial H_z}{\partial t} - \sigma_{\mathrm{m}} H_z \end{cases} \qquad (6-4\text{b})$$

上述 6 个耦合的偏微分方程形成了 FDTD 求解电磁波与物体相互作用的算法基础。为了将上面 6 个标量方程中的各电磁场分量在空间和时间上离散，K. S. Yee 将有限计算空间在直角坐标系下按立方体分割（分割计算空间所得网格也称为 Yee 网格），并将电磁波的 6 个分量配置在网格的特殊位置上。

基本空间单元上场分量图如图 6-1 所示，电场分量位于网络棱边，每个电场分量围绕有四个磁场分量；磁场分量位于网格表面中心并且垂直于这个面，每个磁场分量围绕有四个电场分量。电场和磁场分量在任何方向上始终相差半个网格步长，电磁场通过电场和磁场的耦合传播。

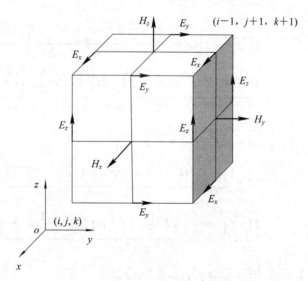

图 6-1　基本空间单元上场分量图

在时间离散上，K. S. Yee 将电场分量与磁场分量相互错开半个时间步长，电场分量在整数时间步时刻取样，而磁场分量在半时间步时刻取样。这种场量配置不仅允许 Maxwell 旋度方程的差分计算，也满足在网格上执行法拉第电磁感应定律和安培环路定律的自然结构，因而能恰当地描述电磁场的传播特性，而且可以自然满足媒质边界面上连续性条件，这种电磁场量的空间与时间配置方法就是实现 FDTD 算法的关键。

假设网格元顶点坐标为 (x, y, z)，设 $F(x, y, z, t)$ 代表 $\boldsymbol{E}$ 或 $\boldsymbol{H}$ 在直角坐标系中某一分量，则在时域和空间域中的离散用以下符号表示：

$$F(x, y, z, t) = F(i\Delta x, j\Delta y, k\Delta z, n\Delta t) = F^n(i, j, k) \qquad (6-5)$$

其中，Δx、Δy、Δz 分别表示在 x、y、z 坐标方向的网格步长；i、j、k 为整数，Δt 为时间步长。于是，可得到电场和磁场的取样值根据时间和空间网格划分的规律，任意一个时间和空间的函数可表示为

$$E_x^n\left(i+\frac{1}{2},\ j,\ k\right),\ E_y^n\left(i,\ j+\frac{1}{2},\ k\right),\ E_z^n\left(i,\ j+\frac{1}{2},\ k\right)$$

$$H_x^{n-\frac{1}{2}}\left(i,\ j+\frac{1}{2},\ k+\frac{1}{2}\right),\ H_y^{n-\frac{1}{2}}\left(i,\ j+\frac{1}{2},\ k+\frac{1}{2}\right),\ H_z^{n-\frac{1}{2}}\left(i,\ j+\frac{1}{2},\ k+\frac{1}{2}\right)$$

考虑到时间上 E 和 H 有半个时间步的变化，Yee 采用了中心差分来代替对时间、空间坐标的微分，具有二阶精度，其表示式为

$$
\begin{cases}
\dfrac{\partial F^n(i,\ j,\ k)}{\partial x}=\dfrac{F^n\left(i+\frac{1}{2},\ j,\ k\right)-F^n\left(i-\frac{1}{2},\ j,\ k\right)}{\Delta x}+O\left((\Delta x)^2\right) & (6-6a)\\[4mm]
\dfrac{\partial F^n(i,\ j,\ k)}{\partial t}=\dfrac{F^{n+\frac{1}{2}}(i,\ j,\ k)-F^{n-\frac{1}{2}}(i,\ j,\ k)}{\Delta t}+O\left((\Delta t)^2\right) & (6-6b)
\end{cases}
$$

将式(6-4)标量方程中的电磁场时间和空间导数利用式(6-6)代替，可得到各个电磁场分量的时域有限差分方程为

$$
\begin{aligned}
E_x^{n+1}\left(i+\frac{1}{2},\ j,\ k\right)=&\frac{\varepsilon/\Delta t-\sigma/2}{\varepsilon/\Delta t+\sigma/2}E_x^n\left(i+\frac{1}{2},\ j,\ k\right)\\
&+\frac{1}{\varepsilon/\Delta t+\sigma/2}\left[\frac{H_z^{n+\frac{1}{2}}\left(i+\frac{1}{2},\ j+\frac{1}{2},\ k\right)-H_z^{n+\frac{1}{2}}\left(i+\frac{1}{2},\ j-\frac{1}{2},\ k\right)}{\Delta y}\right.\\
&\left.-\frac{H_y^{n+\frac{1}{2}}\left(i+\frac{1}{2},\ j,\ k+\frac{1}{2}\right)-H_y^{n+\frac{1}{2}}\left(i+\frac{1}{2},\ j,\ k-\frac{1}{2}\right)}{\Delta z}\right]
\end{aligned}
$$
$$(6-7a)$$

$$
\begin{aligned}
E_y^{n+1}\left(i,\ j+\frac{1}{2},\ k\right)=&\frac{\varepsilon/\Delta t-\sigma/2}{\varepsilon/\Delta t+\sigma/2}E_y^n\left(i,\ j+\frac{1}{2},\ k\right)\\
&+\frac{1}{\varepsilon/\Delta t+\sigma/2}\left[\frac{H_x^{n+\frac{1}{2}}\left(i,\ j+\frac{1}{2},\ k+\frac{1}{2}\right)-H_x^{n+\frac{1}{2}}\left(i,\ j+\frac{1}{2},\ k-\frac{1}{2}\right)}{\Delta z}\right.\\
&\left.-\frac{H_z^{n+\frac{1}{2}}\left(i+\frac{1}{2},\ j+\frac{1}{2},\ k\right)-H_z^{n+\frac{1}{2}}\left(i-\frac{1}{2},\ j+\frac{1}{2},\ k\right)}{\Delta x}\right]
\end{aligned}
$$
$$(6-7b)$$

$$
\begin{aligned}
E_z^{n+1}\left(i,\ j,\ k+\frac{1}{2}\right)=&\frac{\varepsilon/\Delta t-\sigma/2}{\varepsilon/\Delta t+\sigma/2}E_z^n\left(i,\ j+\frac{1}{2},\ k\right)\\
&+\frac{1}{\varepsilon/\Delta t+\sigma/2}\left[\frac{H_y^{n+\frac{1}{2}}\left(i+\frac{1}{2},\ j,\ k+\frac{1}{2}\right)-H_y^{n+\frac{1}{2}}\left(i-\frac{1}{2},\ j,\ k+\frac{1}{2}\right)}{\Delta x}\right.\\
&\left.-\frac{H_x^{n+\frac{1}{2}}\left(i,\ j+\frac{1}{2},\ k+\frac{1}{2}\right)-H_x^{n+\frac{1}{2}}\left(i,\ j-\frac{1}{2},\ k+\frac{1}{2}\right)}{\Delta y}\right]
\end{aligned}
$$
$$(6-7c)$$

$$
\begin{aligned}
H_x^{n+\frac{1}{2}}\left(i,\ j+\frac{1}{2},\ k+\frac{1}{2}\right)=&\frac{\mu/\Delta t-\sigma/2}{\mu/\Delta t+\sigma/2}H_x^{n-\frac{1}{2}}\left(i,\ j+\frac{1}{2},\ k+\frac{1}{2}\right)\\
&-\frac{1}{\mu/\Delta t+\sigma/2}\left[\frac{E_z^n\left(i,\ j+1,\ k+\frac{1}{2}\right)-E_z^n\left(i,\ j,\ k+\frac{1}{2}\right)}{\Delta y}\right.\\
&\left.-\frac{E_y^n\left(i,\ j+\frac{1}{2},\ k+1\right)-E_y^n\left(i,\ j+\frac{1}{2},\ k\right)}{\Delta z}\right]
\end{aligned}
$$
$$(6-7d)$$

$$H_y^{n+\frac{1}{2}}\left(i+\frac{1}{2}, j, k+\frac{1}{2}\right)=\frac{\mu/\Delta t-\sigma/2}{\mu/\Delta t+\sigma/2}H_y^{n-\frac{1}{2}}\left(i+\frac{1}{2}, j, k+\frac{1}{2}\right)$$

$$-\frac{1}{\mu/\Delta t+\sigma/2}\left[\frac{E_x^n\left(i+\frac{1}{2}, j, k+1\right)-E_x^n\left(i+\frac{1}{2}, j, k\right)}{\Delta z}\right.$$

$$\left.-\frac{E_z^n\left(i+1, j, k+\frac{1}{2}\right)-E_z^n\left(i, j, k+\frac{1}{2}\right)}{\Delta x}\right] \tag{6-7e}$$

$$H_z^{n+\frac{1}{2}}\left(i+\frac{1}{2}, j+\frac{1}{2}, k\right)=\frac{\mu/\Delta t-\sigma/2}{\mu/\Delta t+\sigma/2}H_z^{n-\frac{1}{2}}\left(i+\frac{1}{2}, j+\frac{1}{2}, k\right)$$

$$-\frac{1}{\mu/\Delta t+\sigma/2}\left[\frac{E_y^n\left(i+1, j+\frac{1}{2}, k\right)-E_y^n\left(i, j+\frac{1}{2}, k\right)}{\Delta x}\right.$$

$$\left.-\frac{E_x^n\left(i+\frac{1}{2}, j+1, k\right)-E_x^n\left(i+\frac{1}{2}, j, k\right)}{\Delta y}\right] \tag{6-7f}$$

上述时域有限差分方程表明，任何时刻的电磁场取决于上一时间步的电磁场和该电磁场正交面上前半个时间步相邻的电磁场以及媒质参数。由于采用了中心差分近似，时域有限差分方程在空间和时间上具有二阶精度。作为时域方法，FDTD 把所研究的电磁问题作为初值问题，初始时刻模拟区域内的电磁场为零，在源激励下，以蛙跳的方式迭代时域有限差分方程，在时间上逐步向前推进电场和磁场。在有限计算区域内，时间和空间上离散取样电磁场分量，数值模拟电磁波传播以及媒质间的互相作用，近似实际连续的电磁波，可获得整个计算区域内时域电磁信息。然后，利用傅里叶变换将时域转换为频域，得到所需的频域电磁场量。

6.2　吸收边界条件

对于 FDTD 法，最重要的也是研究最多的问题之一就是如何截断开域问题的计算区域。由于计算机存储容量的限制，FDTD 法模拟的问题空间必须是有限的，要求它能将被研究的模型"装入"，并实施 FDTD 法的运算过程。为了让这种有限空间与无限空间等效，需对有限空间的周围边界进行处理，使得向边界面行进的波在边界处保持"外向行进"的特征，以模拟电磁波无反射地通过截断边界，向无限远处传播。因此，FDTD 法中采用的截断开域问题的计算区域，即设置吸收边界条件（Absorbing Boundary Condition，ABC）。理想的ABC 是难以实现的，通常只能采用近似的 ABC。对于近似 ABC，有下列要求：① 能够模拟向外传播的波；② 引入的反射应足够小，对计算结果的影响可忽略；③ 保证算法稳定。

从吸收边界条件的研究历史来看，它大致可分为两个阶段。第一个阶段是 20 世纪 70至 80 年代，共提出了五大类吸收边界条件，这些类吸收边界是由微分方程推导得出的，它们是基于单向波动方程 Engquist_Majda 的吸收边界条件、基于 Sommerfield 辐射条件的Bayliss_Turkel 吸收边界条件、Mur 吸收边界条件、利用插值技术的廖氏吸收边界条件和梅-方超吸收边界条件等。这些吸收边界条件通常在 FDTD 仿真区域的外边界具有 0.5％到5％的反射系数，在许多场合可视为无反射吸收。第二阶段是 20 世纪 90 年代，由Berenger 和 Gedney 提出的完全匹配层（PML）的理论模型以及在 FDTD 中的实现技术，此类吸收边界是由吸收媒质构成的，它可以在 FDTD 仿真区域的外边界提供比上述各种吸收边界条件低 40 dB 的反射系数，使吸收边界条件的研究向前迈进了一大步。

Berenger 提出的理想匹配层(PML)的基本思想是将电磁场分量在吸收边界区域分裂，并对各个分裂的场分量赋以不同的损耗，这样就能在 FDTD 的网格边界得到一种非物理的有耗吸收媒质，在一定条件下，模拟空间与理想匹配层间、理想匹配层内部间完全匹配，模拟区域内的外行电磁波可以无反射地进入有耗媒质，并在有耗媒质内行进中衰减，从而有效吸收模拟区域内出射的外行波。PML 具有不依赖外向波入射角及频率的波阻抗，可以使 FDTD 方法模拟的最大动态范围达到 80 dB。

由 Gedney 等人提出的各向异性介质完全匹配层(UPML)在数学上等价于分裂场量的 PML，然而 UPML 区别于 PML 那样是基于一组修正方程的，它直接基于麦克斯韦方程。在应用到 FDTD 法中时，由于 UPML 保证了与麦克斯韦方程具有良好的形式上的一致性，在计算上它比 PML 方法更有效，主要用于在 FDTD 计算中作为高有耗介质或倏逝波时的吸收边界。下面简单介绍 Gedney 所建立的非分裂方式的各向异性介质完全匹配层吸收边界条件。

6.2.1 UPML 时域微分方程的特点

为了便于分析 UPML 时域微分方程的特点，将其方程汇集如表 6-1 所示。表中只给出了在三维空间和二维平面的 TM 波条件下，矢量公式的一个分量，其他分量公式可通过 x、y、z 循环代替得到。

表 6-1 UPML 时域微分方程汇总

计算问题维数	与 UPML 相邻介质	参数之间的过渡	时间推进计算公式	方程类型
三维情况	绝缘介质——UPML	$H \rightarrow D$	$\dfrac{\partial H_z}{\partial y} - \dfrac{\partial H_y}{\partial z} = \kappa_y \dfrac{\partial D_x}{\partial t} + \dfrac{\sigma_y}{\varepsilon_0} D_x$	①
		$D \rightarrow E$	$\kappa_x \dfrac{\partial D_x}{\partial t} + \dfrac{\sigma_y}{\varepsilon_0} D_x = \varepsilon_1 \kappa_z \dfrac{\partial E_x}{\partial t} + \dfrac{\varepsilon_1}{\varepsilon_0} \sigma_z E_x$	②
		$E \rightarrow B$	$\dfrac{\partial E_z}{\partial y} - \dfrac{\partial E_y}{\partial z} = -\kappa_y \dfrac{\partial B_x}{\partial t} - \dfrac{\sigma_y}{\varepsilon_0} B_x$	①
		$B \rightarrow H$	$\kappa_x \dfrac{\partial B_x}{\partial t} + \dfrac{\sigma_y}{\varepsilon_0} B_x = \mu_1 \kappa_z \dfrac{\partial H_x}{\partial t} + \dfrac{\varepsilon_1}{\varepsilon_0} \mu_z H_x$	②
	导电介质——UPML	$H \rightarrow P'$	$\dfrac{\partial H_z}{\partial y} - \dfrac{\partial H_y}{\partial z} = \varepsilon_1 \dfrac{\partial P'_x}{\partial t} + \sigma_1 P'_x$	①
		$P' \rightarrow P$	$\dfrac{\partial P'_x}{\partial t} = \kappa_y \dfrac{\partial P_x}{\partial t} + \dfrac{\sigma_y}{\varepsilon_0} P_x$	②
		$P \rightarrow E$	$\kappa_y \dfrac{\partial P_x}{\partial t} + \dfrac{\sigma_y}{\varepsilon_0} P_x = \kappa_z \dfrac{\partial E_x}{\partial t} + \dfrac{\sigma_z}{\varepsilon_0} E_x$	②
		$E \rightarrow B$	$\dfrac{\partial E_z}{\partial y} - \dfrac{\partial E_y}{\partial z} = -\kappa_y \dfrac{\partial B_x}{\partial t} - \dfrac{\sigma_y}{\varepsilon_0} B_x$	①
		$B \rightarrow H$	$\kappa_x \dfrac{\partial B_x}{\partial t} + \dfrac{\sigma_y}{\varepsilon_0} B_x = \mu_1 \kappa_z \dfrac{\partial H_x}{\partial t} + \dfrac{\varepsilon_1}{\varepsilon_0} \mu_z H_x$	②

续表

计算问题维数	与 UPML 相邻介质	参数之间的过渡	时间推进计算公式	方程类型
二维 TM 波情形	绝缘介质——UPML	$\left.\begin{array}{c}H_x\\H_y\end{array}\right\}\to D_z$	$\dfrac{\partial H_y}{\partial x}-\dfrac{\partial H_x}{\partial y}=\kappa_x\dfrac{\partial D_z}{\partial t}+\dfrac{\sigma_x}{\varepsilon_0}D_z$	①
		$D_z\to E_z$	$\dfrac{\partial D_z}{\partial t}=\varepsilon_1\kappa_y\dfrac{\partial E_z}{\partial t}+\varepsilon_1\dfrac{\sigma_y}{\varepsilon_0}E_x$	②
		$E_z\to\left\{\begin{array}{c}B_x\\B_y\end{array}\right.$	$\dfrac{\partial E_z}{\partial y}=-\kappa_y\dfrac{\partial B_x}{\partial t}-\dfrac{\sigma_y}{\varepsilon_0}B_x$	①
		$\begin{array}{c}B_x\to H_x\\B_y\to H_y\end{array}$	$\kappa_x\dfrac{\partial B_x}{\partial t}+\dfrac{\sigma_x}{\varepsilon_0}B_x=\mu_1\dfrac{\partial H_x}{\partial t}$	②
	导电介质——UPML	$\left.\begin{array}{c}H_x\\H_y\end{array}\right\}\to P'_x$	$\dfrac{\partial H_y}{\partial x}-\dfrac{\partial H_x}{\partial y}=\varepsilon_1\dfrac{\partial P'_z}{\partial t}+\sigma_1 P'_z$	①
		$P'_z\to P_z$	$\dfrac{\partial P'_z}{\partial t}=\kappa_x\dfrac{\partial P_z}{\partial t}+\dfrac{\sigma_x}{\varepsilon_0}P_z$	②
		$P_z\to E_z$	$\dfrac{\partial P_z}{\partial t}=\kappa_y\dfrac{\partial E_z}{\partial t}+\dfrac{\sigma_y}{\varepsilon_0}E_z$	②
		$E_z\to\left\{\begin{array}{c}B_x\\B_y\end{array}\right.$	$\dfrac{\partial E_z}{\partial y}=-\kappa_y\dfrac{\partial B_x}{\partial t}-\dfrac{\sigma_y}{\varepsilon_0}B_x$	①
		$\begin{array}{c}B_x\to H_x\\B_y\to H_y\end{array}$	$\kappa_x\dfrac{\partial B_x}{\partial t}+\dfrac{\sigma_x}{\varepsilon_0}B_x=\mu_1\dfrac{\partial H_x}{\partial t}$	②

注：(1) E、D、P 和 P' 是电类量，H 和 B 是磁类量。

(2) 表中的时间推进计算公式只给出矢量的一个分量，其他分量公式可通过 x、y、z 循环替代计算得到。

(3) 方程类型①是将电(磁)类量的空间导数与磁(电)分量的时间导数相互联系，方程类型②则是将同一类量中两个量的时间导数彼此相互联系。

6.2.2 UPML 的 FDTD 形式

由于 UMPL 的 FDTD 形式比较繁琐，所以下面以绝缘介质的三维 UPML 情形 FDTD 形式为例加以介绍。当 UPML 的另一层为绝缘介质时，其时间推进为 $\boldsymbol{H}\to\boldsymbol{D}\to\boldsymbol{E}\to\boldsymbol{B}\to\boldsymbol{H}$，相应公式如表 6-1 所示，其中，$\boldsymbol{H}\to\boldsymbol{D}$ 和 $\boldsymbol{E}\to\boldsymbol{B}$ 用方程类型①；$\boldsymbol{D}\to\boldsymbol{E}$ 和 $\boldsymbol{B}\to\boldsymbol{H}$ 用方程类型②。

(1) 为了得到 $\boldsymbol{H}\to\boldsymbol{D}$ 时的 FDTD 公式(参见表 6-1 中第一行时间推进计算公式)，将此式与式(6-4)相比较，两者对应关系如下：

$$E_x\to D_x,\ \varepsilon\to\kappa_y,\ \sigma\to\dfrac{\sigma_y}{\varepsilon_0} \tag{6-8}$$

则 $\dfrac{\partial H_z}{\partial y}-\dfrac{\partial H_y}{\partial z}=\kappa_y\dfrac{\partial D_x}{\partial t}+\dfrac{\sigma_y}{\varepsilon_0}D_x$ 的 FDTD 形式为

$$D_x^{n+1}\left(i+\frac{1}{2},\,j,\,k\right)=C_A(m)D_x^n\left(i+\frac{1}{2},\,j,\,k\right)$$

$$+C_B(m)\left[\frac{H_z^{n+\frac{1}{2}}\left(i+\frac{1}{2},\,j+\frac{1}{2},\,k\right)-H_z^{n+\frac{1}{2}}\left(i+\frac{1}{2},\,j-\frac{1}{2},\,k\right)}{\Delta y}\right.$$

$$\left.-\frac{H_y^{n+\frac{1}{2}}\left(i+\frac{1}{2},\,j,\,k+\frac{1}{2}\right)-H_y^{n+\frac{1}{2}}\left(i+\frac{1}{2},\,j,\,k-\frac{1}{2}\right)}{\Delta z}\right] \qquad (6-9)$$

式中

$$C_A(m)=\frac{\dfrac{\kappa_y(m)}{\Delta t}-\dfrac{\sigma_y(m)}{2\varepsilon_0}}{\dfrac{\kappa_y(m)}{\Delta t}+\dfrac{\sigma_y(m)}{2\varepsilon_0}},\ C_B(m)=\frac{1}{\dfrac{\kappa_y(m)}{\Delta t}+\dfrac{\sigma_y(m)}{2\varepsilon_0}} \qquad (6-10)$$

式中，$m=\left(i+\dfrac{1}{2},\,j,\,k\right)$，$y$、$z$ 分量可以通过循环替代得到。

同理，可得 $\boldsymbol{E}\to\boldsymbol{B}$ 时的 FDTD 公式如下：

$$B_x^{n+1}\left(i+\frac{1}{2},\,j,\,k\right)=C_A(n)B_x^{n-\frac{1}{2}}\left(i,\,j+\frac{1}{2},\,k+\frac{1}{2}\right)$$

$$-C_B(n)\left[\frac{E_z^n\left(i,\,j+1,\,k+\frac{1}{2}\right)-E_z^n\left(i,\,j,\,k+\frac{1}{2}\right)}{\Delta y}\right.$$

$$\left.-\frac{E_y^n\left(i,\,j+\frac{1}{2},\,k+1\right)-E_y^n\left(i,\,j+\frac{1}{2},\,k\right)}{\Delta z}\right] \qquad (6-11)$$

式中

$$C_A(n)=\frac{\dfrac{\kappa_y(n)}{\Delta t}-\dfrac{\sigma_y(n)}{2\varepsilon_0}}{\dfrac{\kappa_y(n)}{\Delta t}+\dfrac{\sigma_y(n)}{2\varepsilon_0}},\ C_B(n)=\frac{1}{\dfrac{\kappa_y(n)}{\Delta t}+\dfrac{\sigma_y(n)}{2\varepsilon_0}} \qquad (6-12)$$

（2）为了得到 $\boldsymbol{D}\to\boldsymbol{E}$ 时，式 $\kappa_x\dfrac{\partial D_x}{\partial t}+\dfrac{\sigma_y}{\varepsilon_0}D_x=\varepsilon_1\kappa_z\dfrac{\partial E_x}{\partial t}+\dfrac{\varepsilon_1}{\varepsilon_0}\sigma_z E_x$ 的 FDTD 形式，将其进行差分离散后，得

$$E_x^{n+1}\left(i+\frac{1}{2},\,j,\,k\right)=C_1(m)E_x^n\left(i+\frac{1}{2},\,j,\,k\right)+C_2(m)D_x^{n+1}\left(i+\frac{1}{2},\,j,\,k\right)$$

$$-C_3(m)D_x^n\left(i+\frac{1}{2},\,j,\,k\right) \qquad (6-13)$$

式中

$$C_1(m)=\frac{\dfrac{\kappa_z(m)}{\Delta t}-\dfrac{\sigma_z(m)}{2\varepsilon_0}}{\dfrac{\kappa_z(m)}{\Delta t}+\dfrac{\sigma_z(m)}{2\varepsilon_0}},\ C_2(m)=\frac{\dfrac{\kappa_x(m)}{\Delta t}+\dfrac{\sigma_x(m)}{2\varepsilon_0}}{\dfrac{\varepsilon_1\kappa_z(m)}{\Delta t}+\dfrac{\varepsilon_1\sigma_z(m)}{2\varepsilon_0}},\ C_3(m)=\frac{\dfrac{\kappa_x(m)}{\Delta t}-\dfrac{\sigma_x(m)}{2\varepsilon_0}}{\dfrac{\varepsilon_1\kappa_z(m)}{\Delta t}+\dfrac{\varepsilon_1\sigma_z(m)}{2\varepsilon_0}}$$

$$(6-14)$$

同理，可得 $\boldsymbol{B}\to\boldsymbol{H}$ 时的 FDTD 公式如下：

$$H_x^{n+\frac{1}{2}}\left(i,\ j+\frac{1}{2},\ k+\frac{1}{2}\right)=C_1(n)H_x^{n-\frac{1}{2}}\left(i,\ j+\frac{1}{2},\ k+\frac{1}{2}\right)$$

$$+C_2(n)B_x^{n+\frac{1}{2}}\left(i,\ j+\frac{1}{2},\ k+\frac{1}{2}\right)-C_3(n)B_x^{n-\frac{1}{2}}\left(i,\ j+\frac{1}{2},\ k+\frac{1}{2}\right)$$

$$(6-15)$$

式中，

$$C_1(n)=\frac{\dfrac{\kappa_z(m)}{\Delta t}-\dfrac{\sigma_z(m)}{2\varepsilon_0}}{\dfrac{\kappa_z(n)}{\Delta t}+\dfrac{\sigma_z(n)}{2\varepsilon_0}},\ C_2(n)=\frac{\dfrac{\kappa_x(n)}{\Delta t}+\dfrac{\sigma_x(n)}{2\varepsilon_0}}{\dfrac{\mu_1\kappa_z(n)}{\Delta t}+\dfrac{\mu_1\sigma_z(n)}{2\varepsilon_0}},\ C_3(n)=\frac{\dfrac{\kappa_x(n)}{\Delta t}-\dfrac{\sigma_x(n)}{2\varepsilon_0}}{\dfrac{\mu_1\kappa_z(n)}{\Delta t}+\dfrac{\mu_1\sigma_z(n)}{2\varepsilon_0}}$$

$$(6-16)$$

归纳以上公式，可得与绝缘介质相邻的 UPML 中 FDTD 的推进步骤如下：

(1) **H→D**，用式(6-9)；　　　(2) **D→E**，用式(6-13)

(3) **E→B**，用式(6-11)；　　　(4) **B→H**，用式(6-15)

6.2.3　UPML 的设置

在 FDTD 计算中，因为 UPML 的设置不可能是半无限空间方式，所以为了避免在 PML 表面引入反射，PML 吸收层中各点的电导率的选取可以依据经验公式

$$\sigma(\rho)=\sigma_{\max}\left(\frac{\rho}{\delta}\right) \tag{6-17}$$

式中，ρ 为进入到 PML 层的深度；δ 为 PML 吸收层的厚度；$\sigma_{\max}$ 为固定参数。

根据 Gedney 的经验，一般取 $m=4$，以及 $\sigma_{\max}$ 的最佳取值为

$$\sigma_{\max}=\frac{m+1}{150\pi\Delta\sqrt{\varepsilon_r}} \tag{6-18}$$

式中，Δ 为 FDTD 元胞尺寸。这样设置的 PML 层有较好的吸收效果。

6.3　激励源模型和激励源的引入——FDTD 法

用 FDTD 法分析电磁问题时的一个重要任务是对激励源的模拟，即选择合适的入射波形式以及用适当方法将入射波加入到 FDTD 迭代中。本节给出几种激励源的类型和将激励源引入到 FDTD 计算中的方法。

6.3.1　激励源模型

用 FDTD 法分析问题时，无论是研究媒质散射还是吸收或是耦合等问题，除了在足够的网格空间中模拟被研究的媒质存在外，还有就是对激励源的模拟。这里，简单介绍一下常用的激励源模型。

从激励源随时间变化来划分，有两类激励源：一类是随时间周期变化的时谐场源；另一类是对时间呈脉冲函数形式的波源。表 6-2 给出了最常用的几种激励源信号的函数形式。

表 6-2 激励源信号的函数形式

名称	波形示意图	函数形式
时谐场源	 正弦函数	$E_i(t) = \begin{cases} 0, & t<0 \\ E_0\sin(\omega t), & t\geqslant 0 \end{cases}$
脉冲激励源 — 基带高斯脉冲	 基带高斯脉冲时域形式	时域： $E_i(t) = E_0\,\mathrm{e}^{-4\pi(t-t_0)^2/\tau^2}$
	 基带高斯脉冲频域形式	频域： $E_i(f) = \mathrm{e}^{-\pi f^2\tau^2/4}$
脉冲激励源 — 升余弦脉冲	 升余弦脉冲时域形式	时域： $E_i(t) = \begin{cases} 0.5\left[1-\cos\left(\dfrac{2\pi t}{\tau}\right)\right], & 0\leqslant t\leqslant\tau \\ 0, & t>\tau,\ t<0 \end{cases}$
	 升余弦脉冲频域形式	频域： $E_i(f) = \dfrac{\tau\cdot\mathrm{e}^{(-\mathrm{j}\pi f\tau)}}{1-f^2\tau^2}\dfrac{\sin(\pi f\tau)}{\pi f\tau}$

在 FDTD 的计算中，基带高斯脉冲是比较常见的一种激励源形式，因为它具有良好的波形和傅里叶变换形式。这里以基带高斯脉冲为例进行简单介绍。

一个基带高斯脉冲时域形式为

$$E_i(t) = E_0 e^{-4\pi(t-t_0)^2/\tau^2} \tag{6-19}$$

式中，τ 是脉冲宽度；t_0 是脉冲中心。该脉冲源的中心在 $t = t_0$ 时刻，当 $t - t_0 = \tau$ 时衰减为 E_0/e（e 为常量，e = 2.718 28）。如果需要基带高斯脉冲的中心在 $t = 0$ 时近似为零，应选取 $t_0 \geqslant 3\tau$，τ 的选择决定了所需脉冲的频谱宽度，其傅里叶变换为

$$E_i(f) = e^{-\pi f^2 \tau^2/4} \tag{6-20}$$

可见其频域函数也是高斯函数。把频谱强度降低到一定程度的频率定义为基带高斯脉冲的最高频率 f_{max}，即基带高斯脉冲的有效频谱范围从直流到 f_{max}。

这时，假设一个脉冲宽度为 τ 的信号，在带宽边隙处其值为峰值的 10%（功率的 1%），则根据表 6-2 中的基带高斯脉冲频域形式，可大致估计出 FDTD 法所用模拟的频带宽度与脉冲宽度的关系。通常，取 $f = 2/\tau$ 为脉冲频宽，这时频谱最大值为峰值 4.3%；取 $f = 1/\tau$ 时，最大值为峰值的 45.6%；取 $f = 1.7/\tau$，最大值为峰值的 10%。

对于脉冲源，在数值上其频域信号可以方便地利用离散傅里叶变换（DFT）或者快速傅里叶变换（FFT）方法得到，但稳态场源的频域信号通常需利用峰值检测法与相位滞后法获得。本节主要采用表 6-2 中介绍的基带高斯脉冲源和升余弦脉冲作为激励源。

6.3.2 激励源的引入技术

实际的电磁场问题总是包含激励源的，恰当地将激励源引入到 FDTD 网格之中，对于正确模拟电磁场问题是至关重要的。在激励源的引入过程中，为了尽量减少由此而来的计算机内存占用和计算时间，提高整个程序的效率，通常要求激励源的实现尽可能的紧凑，即在 FDTD 网格中只用很少的几个电磁场分量就可实现对激励源的恰当模拟。这里，主要介绍一下总场-散射场体系的激励源引用技术。

在 FDTD 中，一种常用的激励源引入方式是采用总场/散射场体系。它将计算区域划分为两个区域，一个是总场区，另一个是散射场区。在总场区，FDTD 计算的场包括入射场和散射场两部分；而在散射场区，FDTD 只计算散射场。在总场区和散射场区的交接处需要连接边界条件，以保证场的正确性。二维情况下需在四条边上引入连接边界条件，三维情况下则需要在六个面上引入连接边界条件。

电磁散射问题中空间场可以写成入射场和散射场之和，即

$$\begin{cases} \boldsymbol{E}_f = \boldsymbol{E}_i + \boldsymbol{E}_s \\ \boldsymbol{H}_f = \boldsymbol{H}_i + \boldsymbol{H}_s \end{cases} \tag{6-21}$$

式中，下标 i 表示不存在任何材料时的入射波场，设在所有时间步、所有 FDTD 网格点上入射波场都是已知的；下标 s 表示散射波场，最初该场是未知的，它是由入射波与目标的相互作用产生的场；下标 f 表示总场，因为 Maxwell 方程的线性特性，无论是入射场、散射场或总场都满足 Maxwell 方程，所以 FDTD 可以独立地应用于入射场、散射场和总场。

用 FDTD 计算散射问题时，通常将计算区域划分为总场区和散射场区，如图 6-2 所示。这样，在截断边界附近只有散射场，是外向行波，符合阶段边界面上设置的吸收边界条件只能吸收外向行波的要求。

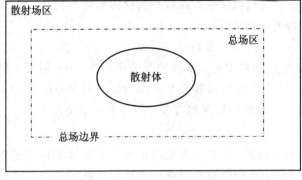

图 6-2　总场区和散射场区的划分

在图 6-2 中，总场区内包含所有的散射体，用 FDTD 法模拟总场，即称为总场区。散射场区为自由空间的一部分，用 FDTD 模拟散射场，这意味着没有入射场，所以称为散射场区。散射场区的外部边界可以采用自由空间辐射条件或吸收边界条件模拟波无反射的进入外部区域。下面讨论如何将入射波只限制在总场区范围内。

设入射电磁波为 E_i 和 H_i，原问题如图 6-3(a)所示。为了将入射波限制在 A 界面内的空间有限区域，根据等效原理，在区域界面 A 上设置等效面电磁流，并设 A 界面外的场为零，如图 6-3(b)所示。因而，A 界面上的等效电磁流为

$$\begin{cases} J = -e_n \times H_i |_A \\ J_m = e_n \times E_i |_A \end{cases} \tag{6-22}$$

式中，e_n 为界面 A 的外法面。所以，在总场-散射场区的分界面上设置入射波电磁场的切向分量，便可将入射波只引入总场区。

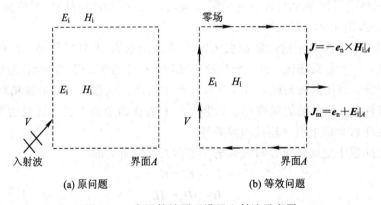

(a) 原问题　　　　　　　　　(b) 等效问题

图 6-3　应用等效原理设置入射波示意图

这里需要注意的是，在计算总场区边界上的场时，必须注意入射场的电磁分量。例如，在二维情况下，计算总场区边界上的 E 值，它的计算需要远离半个空间步长处的 H 值，显然位于总场区向外半格处的总场值无法直接获得，只能得到该处的散射 E 值，必须利用式(6-21)，将入射场添加进入 FDTD 表达式中，从而得到正确的计算结果。同理，计算总场区的散射 H 值时，必须把处于总场区的电场减去入射电场，才能得到该处的散射电场。不过在添加入射场的表达式时，应当注意电场和磁场中间存在阻抗关系的约束，以及因为

时间和位置不同而在入射场表达式相位上所做的修正。

6.4 时域有限差分法的稳定性和数值色散特性

6.4.1 时域有限差分法的稳定性和收敛性

任何一种数值方法,为了使计算结果稳定和可靠,必须满足一定的条件,时域有限差分法 Yee 网格上构成的 Maxwell 方程,随时间推进迭代各个电磁场量,实际上是以一组有限差分方程来代替 Maxwell 方程,即以差分方程组的解来代替原来电磁场偏微分方程组的解,所以离散后差分方程组的解只有收敛和稳定才有意义。FDTD 算法的稳定性条件为

$$c\Delta t \leqslant \frac{1}{\sqrt{\frac{1}{(\Delta x)^2} + \frac{1}{(\Delta y)^2} + \frac{1}{(\Delta z)^2}}} \tag{6-23}$$

式中,$c = 1/\sqrt{\varepsilon\mu}$ 为介质中的光速。式(6-23)表示了空间和时间离散间隔之间应当满足的关系,又被称为 Courant 稳定性条件。当空间步长 $\Delta x = \Delta y = \Delta z = \Delta$ 时,该稳定性条件简化为 $c\Delta t/\Delta \leqslant 1/\sqrt{3}$。

6.4.2 时域有限差分法的数值色散性

平面电磁波在自由空间传播时,电磁波的相速与频率无关。当采用时域有限差分法在数值空间模拟这一电磁问题时,FDTD 算法所模拟的计算网格中的波会发生数值色散。也就是说,FDTD 网格中数值波模式的相速可能不等于光速 c,数值波模的传播不仅与频率有关,而且与空间网格尺寸有关,还与波的传播方向有关。数值色散不同于实际物理色散,它仅由有限网格尺寸和数值效应引起,称为数值色散,它将直接影响计算结果的精度,因此,控制数值色散是十分重要的。

在均匀、无耗、各向同性媒质中,由 Maxwell 方程推导出的电磁场任意直角分量均满足齐次波动方程:

$$\frac{\partial^2 f}{\partial x^2} + \frac{\partial^2 f}{\partial y^2} + \frac{\partial^2 f}{\partial z^2} = \frac{1}{c^2}\frac{\partial^2 f}{\partial t^2} \tag{6-24}$$

该方程平面电磁波的解为

$$f(x, y, z, t) = f_0 e^{-(k_x x + k_y y + k_z z - \omega t)}$$

将该方程平面波的解差分近似后,得到三维时域有限差分数值色散关系为

$$\frac{\sin^2\left(\frac{k_x \Delta x}{2}\right)}{\left(\frac{\Delta x}{2}\right)^2} + \frac{\sin^2\left(\frac{k_y \Delta y}{2}\right)}{\left(\frac{\Delta y}{2}\right)^2} + \frac{\sin^2\left(\frac{k_z \Delta z}{2}\right)}{\left(\frac{\Delta z}{2}\right)^2} = \frac{1}{c^2}\frac{\sin^2\left(\frac{\omega \Delta t}{2}\right)}{\left(\frac{\Delta t}{2}\right)^2} \tag{6-25}$$

为了减少数值色散误差对计算精度的影响,最大空间步长(Δ_{max})和所考虑电磁问题的最小波长(λ_{min})之间必须满足制约关系,一般要求 $\Delta_{max} \leqslant \lambda_{min}/12$。

总而言之,FDTD 法的基本理论可以概括为以下几点:

(1) 从 Maxwell 方程出发,通过将计算空间分割成 Yee 网格,将 Maxwell 方程的标量转化为时域有限差分法所需的差分方程。

（2）介绍了 FDTD 计算一个重要的条件——吸收边界条件，并简单讨论各向异性介质完全匹配层的时域方程以及 FDTD 实现方式，并以三维绝缘介质的 UPML 情形为例，详细推导了其 FDTD 实现方式。

（3）对 FDTD 法中一个重要任务——激励源的模拟进行了分析与研究，主要对激励源模型和激励源引入 FDTD 计算的途径进行了介绍，给出了一些常见的激励源模型，同时对总场-散射场引入技术进行了简单的论述。

（4）时域有限差分法存在稳定性和数值色散性，可用稳定性条件和平面波在三维时的色散关系表示。

第 7 章　电磁超材料的 FDTD 数值分析与验证

本章运用时域有限差分（FDTD）法对 Drude 模型进行数值分析，讨论介电常数与磁导率随频率变化的关系。通过描述电磁超材料中具有代表性的双负介质的波动方程，计算不同维度下的电磁波离散表达式，并得到不同入射波的情况下 FDTD 的递推表达式。最后通过实验仿真，验证电磁超材料的奇异特性。

7.1　电磁超材料中的电磁分析方法

前面章节中曾以电磁场能量表达式为基础验证了电磁超材料的色散特性，因此，在对电磁超材料的电磁特性进行分析时通常使用色散介质的数值分析方法。一般情况下，色散介质在数值上的分析方法有两种分类形式：维数分类法和域分类法。在解决实际问题时，维数分类法通常在空间区分法的基础上进行。

域分类法包括时域分析法和频域分析法，在使用频域分析法（简称频域法）对色散介质的电磁特性问题进行分析时，用快速傅里叶变换（Fast Fourier Transformation，FFT）将电磁波在时域上的抽样（又称取样）点转化为频域分布，转化后的频域图能够清楚地表明电磁波的能量分布，进而分解成频域内的叠加。对分解后的频率散射场分别进行计算，再按照相同的时域点处理、叠加回频域内，最后通过快速傅里叶逆变换（Inverse Fast Fourier Transformation，IFFT）转化回时域。频域法的优点是在处理本构关系时数学模型形式简单，处理难度小；缺点是通过对时域上的点进行抽样后再进行频域离散分析，为了防止抽样失真，要符合奈奎斯特抽样定理（以下简称抽样定理），即带宽越宽，抽样点就越多，计算量就越大。

色散介质的处理方法中，时域有限差分（FDTD）法是近年来使用较多的一种。它以 Maxwell 方程组为基础，对电磁波磁场的时域波形进行有限差分离散，从而得到便于计算的差分方程。近年来，在西安电子科技大学葛德彪教授团队的研究下，FDTD 算法有了长足的进展，已经成为了一种较为成熟的数值算法。时域有限差分法表述简明、容易理解，具有较好的稳定性和收敛性等特点。

电磁超材料介质是一种典型的强色散介质，在使用 FDTD 算法进行电磁波分析时与非色散介质基本相同，但非色散介质中 $D(t)=\varepsilon(r)E(t)$，而色散介质中 $D(\omega)=\varepsilon(\omega)E(\omega)$，通过公式可以看出，色散介质的电磁参数 $\varepsilon(\omega)$ 随着频率改变会有明显的变化，因此，无法直接代入时域的处理方法中进行分析，而需要先对本构关系进行处理后才能代入 FDTD 的处理公式中。在使用 FDTD 法解决实际问题时，重点在于对色散介质本构关系的处理。

FDTD 中常用的处理本构关系的方法有循环卷积（Recursive Convolution，RC）法、Z

变换(Z – Transform)法、辅助差分方程(Auxiliary Differential Equation,ADE)法和用移位算子来处理有理分式。当所分析的电磁波带宽较宽时,为了防止抽样失真,根据抽样定理要求,抽样点数也需要增加,时域分析方法中的抽样点数是成线性增加的;而频域法中每增加一个抽样点都会增加一组频域分析,因此频域法的计算量会远远高于时域法。

1) 循环卷积法

循环卷积法是指直接将频域的乘积关系通过傅里叶逆变换转化为时域卷积的方法。在计算过程中根据具体的 $\varepsilon(\omega)$ 表达式引入极化率函数,通过其时域形式将时域卷积转化为离散循环卷积,并写入标准 FDTD 迭代方程进行计算。这种计算方法不需要用到 E 的全部时间值,而是假设 E 在各分段中为常数,从而降低了实现的难度,对计算机的内存要求也较小。但循环卷积法对不同的 $\varepsilon(\omega)$ 需要推导不同的极化率函数,通用性较差,精确度较其他方法也存在一定的缺陷。对常见的 Debye 模型、Lorentz 模型和等离子体类型的色散介质通常使用这种方法。

在循环卷积法的基础上,为了提高计算的精度,提出了分段线性递归卷积(Piecewise Linear Recursive Convolution,PLRC)法,它在计算过程中假设 E 在各分段中为线性函数,与循环卷积法的计算精度相比有了很大的提高。

2) 辅助差分方程法

辅助差分方程法是指在麦克斯韦时域旋度方程中令 $j\omega = \partial/\partial t$,同时引入极化电流 J_P 的频域表达式,将其表示为差分方程的形式,作为主方程的辅助方程进行求解的方法。从不同介质模型推导出的极化电流 J_P 的时域微分方程和步进公式可以看出,辅助差分方程方法对不同模型之间的分析过程基本相同,适用范围没有特别限定。同时,计算过程中采用微分方程离散的方法,精度比较高;但计算的迭代过程涉及 J_P、E、H 之间的求解,求解过程相对复杂,对计算机的内存和运算速度都有较高的要求。

3) Z 变换法

Z 变换定理本身就是解决线性差分的一种有效方法,在处理 FDTD 的本构关系时,主要是利用 Z 域内延迟因子(z^{-1})使时域内的各抽样点建立联系,从而简化时域内抽样点的计算量。另一种办法是引入移位算子(z_t)的概念,通过将模型中的两个电磁参数的表达式由 ω 作为自变量转化为由 $j\omega$ 作为自变量,根据 $j\omega = \partial/\partial t$,将 $\partial/\partial t$ 用 $2(z_t-1)/\Delta t(z_t+1)$ 代替,建立 $\boldsymbol{D}$ 与 $\boldsymbol{E}$ 在时域范围内的关系。因为引入了移位算子可以简化计算过程,所以该方法也被称为移位算子法(参见附录1)。

7.2 电磁超材料的波动方程分析及 FDTD 推导

7.2.1 电磁超材料介质的波动方程分析

本节选择电磁超材料中具有代表性的双负介质 DNM(Double Negative Material)进行分析。首先描述 DNM 介电常数和磁导率的频域本构关系,根据 DNM 的特点选择 Drude 模型,并且对其进行分析;然后进一步讨论 DNM 中波阻抗 Z_0 和折射率 n 的特点;最后给出描述 DNM 的波动方程。

Drude 模型常用于等离子体、金属等介质的色散特性描述，相较于其他电磁模型，Drude 模型可以在一个较大的范围内实现负等效介电常数，有利于 FDTD 在短时间内获得稳定的结果。

通过能量分析方法已经可以确定 DNM 是色散介质，两个重要的电磁参数（ε 和 μ）随频率的变化而变化。选择 Drude 模型作为 DNM 的电磁参数模型，电磁参数都采用 Drude 模型的形式，即

$$\begin{cases} \varepsilon(\omega) = \varepsilon_0 \left(1 - \dfrac{\omega_{pe}^2}{\omega(\omega + j\varGamma_e)} \right) \\ \mu(\omega) = \mu_0 \left(1 - \dfrac{\omega_{pm}^2}{\omega(\omega + j\varGamma_m)} \right) \end{cases} \tag{7-1}$$

式中，ω_{pe}^2 和 ω_{pm}^2 是等离子体的两种谐振频率，用于代替原模型中的耦合系数，它们是由等离子体的固有振荡频率 f_p 决定的；$\varGamma_e$ 和 $\varGamma_m$ 是原模型中的损耗系数，当损耗 $\varGamma/\omega_p \ll 1$ 时，电磁响应在 f_p 处发生谐振，谐振特性会使式（7-1）中的两个电磁参数（ε 和 μ）得到负值。

例如，当 $\varGamma_e = \varGamma_m = \varGamma = 1.0 \times 10^8$ rad/s，$\omega_{pe} = \omega_{pm} = \omega_p$ 时，DNM 的 ε_r 参数随 ω_p 变化的情况如图 7-1 所示，其中 ω_p 分别取 1.0×10^{11} rad/s、2.665×10^{11} rad/s、5.0×10^{11} rad/s 和 1.0×10^{12} rad/s。图中的横坐标是对中心频率 $f_0 = 30$ GHz（$\omega_0 = 2\pi f_0$）进行归一化后的相对频率。

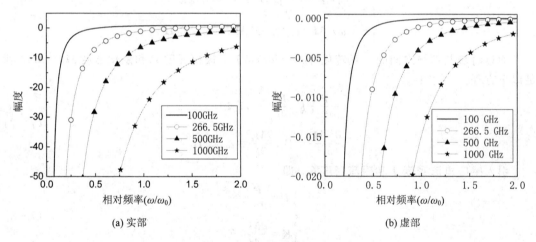

(a) 实部　　　　　　　　　　　　　　(b) 虚部

图 7-1　DNM 的 ε_r 参数随 ω_p 的变化

由图 7-1(a) 可知，当 $\omega/\omega_p < 1$ 时，DNM 的电磁参数 ε_r 的实部小于零，考虑到 DNM 的无源特性，其参数虚部也小于零；图 7-1(b) 也正好表现出这一点。因此，DNM 的负电磁参数是可以通过调整等离子体的本构参数来调节的，这为下一步电磁超材料介质单元的设计打下了理论基础。

本节在计算中选用入射波的中心频率固定为 $f_0 = \omega_0/2\pi = 30$ GHz，空间波长为 $\lambda_0 = 1.0$ cm，则不同的介质在中心频率处的匹配条件为

$$Z(\omega_0) = \sqrt{\frac{\mu(\omega_0)}{\varepsilon(\omega_0)}} = \sqrt{\frac{\mu_0}{\varepsilon_0}} = Z_0 \tag{7-2}$$

通过调节 Drude 模型中的电磁参数来达到匹配的目的，即取 $\omega_{pe} = \omega_{pm} = \omega$ 和 $\varGamma_e = \varGamma_m = \varGamma$。若考虑低损耗，则令 $\varGamma = 10^8 = 5.31 \times 10^{-4} \omega_0$。

当 $\omega_p = 2\pi\sqrt{2}$，$f_0 = 2.665\ 73 \times 10^{11}$ 和 $\Gamma = 3.75 \times 10^{-4}\omega_p$ 时，DNM 的折射率 n 为

$$n(\omega_0) = \sqrt{\frac{\varepsilon(\omega_0)}{\varepsilon_0}}\sqrt{\frac{\mu(\omega_0)}{\mu_0}} = \sqrt{\varepsilon_r(\omega_0)}\sqrt{\mu_r(\omega_0)} = -1 \tag{7-3}$$

下面从 DNM 的本构关系出发，对 DNM 的波方程进行推导。电位移矢量 $\boldsymbol{D}$ 和磁感应强度 $\boldsymbol{B}$ 的定义分别为

$$\begin{cases} \boldsymbol{D} = \varepsilon_0 \boldsymbol{E} + \boldsymbol{P} = \varepsilon(\omega)\boldsymbol{E} = \varepsilon_r \varepsilon_0 \boldsymbol{E} = (1+\chi_e)\varepsilon_0 \boldsymbol{E} \\[2mm] \boldsymbol{B} = \mu_0(\boldsymbol{H}+\boldsymbol{M}) = \mu(\omega)\boldsymbol{H} = \mu_0(1+\chi_m)\boldsymbol{H} \end{cases} \tag{7-4}$$

其中，χ_e 和 χ_m 分别为介质的极化率和磁化率。

结合式(7-1)和式(7-4)得

$$\begin{cases} \boldsymbol{P} = \chi_e \varepsilon_0 \boldsymbol{E} = -\varepsilon_0 \dfrac{\omega_{pe}^2}{\omega(\omega+\mathrm{j}\Gamma_e)}\boldsymbol{E} \\[4mm] \boldsymbol{M} = \chi_m \boldsymbol{H} = -\dfrac{\omega_{pm}^2}{\omega(\omega+\mathrm{j}\Gamma_m)}\boldsymbol{H} \end{cases} \tag{7-5}$$

整理上式得

$$\begin{cases} -(\mathrm{j}\omega)^2 \boldsymbol{P} - (-\mathrm{j}\omega)\Gamma_e \boldsymbol{P} = -\varepsilon_0 \omega_{pe}^2 \boldsymbol{E} \\[2mm] -(\mathrm{j}\omega)^2 \boldsymbol{M} - (-\mathrm{j}\omega)\Gamma_e \boldsymbol{M} = -\omega_{pm}^2 \chi_m \boldsymbol{H} \end{cases} \tag{7-6}$$

通过时域与频域之间的相互转化($\mathrm{j}\omega \to \partial/\partial t$)可知，极化强度 $\boldsymbol{P}$ 和磁化强度 $\boldsymbol{M}_n = \boldsymbol{M}\mu_0$ 满足以下方程：

$$\begin{cases} \dfrac{\partial^2 \boldsymbol{P}}{\partial t^2} + \Gamma_e \dfrac{\partial \boldsymbol{P}}{\partial t} = \varepsilon_0 \omega_{pe}^2 \boldsymbol{E} \\[4mm] \dfrac{\partial^2 \boldsymbol{M}_n}{\partial t^2} + \Gamma_m \dfrac{\partial \boldsymbol{M}_n}{\partial t} = \mu_0 \omega_{pm}^2 \boldsymbol{H} \end{cases} \tag{7-7}$$

引入感应电流密度 $\boldsymbol{J}$ 和磁流密度 $\boldsymbol{K}$，即

$$\begin{cases} \boldsymbol{J} = \dfrac{\partial \boldsymbol{P}}{\partial t} \\[4mm] \boldsymbol{K} = \dfrac{\partial \boldsymbol{M}_n}{\partial t} \end{cases} \tag{7-8}$$

若加入源电流 $\boldsymbol{J}_s$，则 DNM 中电场、磁场、电流、磁流的方程可写为

$$\begin{cases} \nabla \times \boldsymbol{H} = \varepsilon_0 \dfrac{\partial \boldsymbol{E}}{\partial t} + \boldsymbol{J} + \boldsymbol{J}_s \\[4mm] \dfrac{\partial \boldsymbol{J}}{\partial t} + \Gamma_e \boldsymbol{J} = \varepsilon_0 \omega_{pe}^2 \boldsymbol{E} \\[4mm] \nabla \times \boldsymbol{E} = -\mu_0 \dfrac{\partial \boldsymbol{H}}{\partial t} - \boldsymbol{K} \\[4mm] \dfrac{\partial \boldsymbol{K}}{\partial t} + \Gamma_m \boldsymbol{K} = \mu_0 \omega_{pm}^2 \boldsymbol{H} \end{cases} \tag{7-9}$$

7.2.2　三维电磁超材料介质的 FDTD 递推式

将式(7-9)中的各式展开成分量得

$$
\begin{cases}
\dfrac{\partial H_z}{\partial y}-\dfrac{\partial H_y}{\partial z}=\varepsilon_0\,\dfrac{\partial E_x}{\partial t}+J_x+J_{sx} \\[2mm]
\dfrac{\partial J_x}{\partial t}+\Gamma_e J_x=\varepsilon_0\omega_{pe}^2 E_x \\[2mm]
\dfrac{\partial H_x}{\partial z}-\dfrac{\partial H_z}{\partial x}=\varepsilon_0\,\dfrac{\partial E_y}{\partial t}+J_y+J_{sy} \\[2mm]
\dfrac{\partial J_y}{\partial t}+\Gamma_e J_y=\varepsilon_0\omega_{pe}^2 E_y \\[2mm]
\dfrac{\partial H_y}{\partial x}-\dfrac{\partial H_x}{\partial y}=\varepsilon_0\,\dfrac{\partial E_z}{\partial t}+J_z+J_{sz} \\[2mm]
\dfrac{\partial J_z}{\partial t}+\Gamma_e J_z=\varepsilon_0\omega_{pe}^2 E_z
\end{cases}
\tag{7-10}
$$

$$
\begin{cases}
\dfrac{\partial E_z}{\partial y}-\dfrac{\partial E_y}{\partial z}=-\mu_0\,\dfrac{\partial H_x}{\partial t}-K_x \\[2mm]
\dfrac{\partial K_{nx}}{\partial t}+\Gamma_m K_{nx}=\mu_0\omega_{pm}^2 H_x \\[2mm]
\dfrac{\partial E_x}{\partial z}-\dfrac{\partial E_z}{\partial x}=-\mu_0\,\dfrac{\partial H_y}{\partial t}-K_y \\[2mm]
\dfrac{\partial K_{ny}}{\partial t}+\Gamma_m K_{ny}=\mu_0\omega_{pm}^2 H_y \\[2mm]
\dfrac{\partial E_y}{\partial x}-\dfrac{\partial E_x}{\partial y}=-\mu_0\,\dfrac{\partial H_z}{\partial t}-K_z \\[2mm]
\dfrac{\partial K_{nz}}{\partial t}+\Gamma_m K_{nz}=\mu_0\omega_{pm}^2 H_z
\end{cases}
\tag{7-11}
$$

对式(7-10)和式(7-11)进行离散分析，仅考虑 $J_s=0$ 的情况。对于式(7-10)，若整数时间步对 E 和 J 进行取值，半整数时间步对 H 和 K 进行取值，则式(7-10)中的第 1 和第 2 式离散得

$$
\begin{cases}
\dfrac{H_z^{n+1/2}\left(i+\frac{1}{2},\,j+\frac{1}{2},\,k\right)-H_z^{n+1/2}\left(i+\frac{1}{2},\,j-\frac{1}{2},\,k\right)}{\Delta y} \\[3mm]
\quad -\dfrac{H_y^{n+1/2}\left(i+\frac{1}{2},\,j,\,k+\frac{1}{2}\right)-H_y^{n+1/2}\left(i+\frac{1}{2},\,j,\,k-\frac{1}{2}\right)}{\Delta z} \\[3mm]
=\varepsilon_0\dfrac{E_x^{n+1}\left(i+\frac{1}{2},\,j,\,k\right)-E_x^{n}\left(i+\frac{1}{2},\,j,\,k\right)}{\Delta t}+J_x^{n+1/2}\left(i+\frac{1}{2},\,j,\,k\right) \\[3mm]
\dfrac{J_x^{n+1/2}\left(i+\frac{1}{2},\,j,\,k\right)-J_x^{n-1/2}\left(i+\frac{1}{2},\,j,\,k\right)}{\Delta t} \\[3mm]
\quad +\Gamma_e\left[\dfrac{J_x^{n+1/2}\left(i+\frac{1}{2},\,j,\,k\right)+J_x^{n-1/2}\left(i+\frac{1}{2},\,j,\,k\right)}{2}\right] \\[3mm]
=\varepsilon_0\omega_{pe}^2 E_x^{n}\left(i+\frac{1}{2},\,j,\,k\right)
\end{cases}
\tag{7-12}
$$

对式(7-12)进行整理，可得到 E、J 的 x 分量的关系式为

$$\begin{cases} E_x^{n+1}\left(i+\frac{1}{2},\,j,\,k\right)=E_x^n\left(i+\frac{1}{2},\,j,\,k\right)-\frac{\Delta t}{\varepsilon_0}J_x^{n+1/2}\left(i+\frac{1}{2},\,j,\,k\right) \\[2mm] \qquad +\frac{\Delta t}{\varepsilon_0}\left[\dfrac{H_z^{n+1/2}\left(i+\frac{1}{2},\,j+\frac{1}{2},\,k\right)-H_z^{n+1/2}\left(i+\frac{1}{2},\,j-\frac{1}{2},\,k\right)}{\Delta y}\right. \\[4mm] \qquad \left.-\dfrac{H_y^{n+1/2}\left(i+\frac{1}{2},\,j,\,k+\frac{1}{2}\right)-H_y^{n+1/2}\left(i+\frac{1}{2},\,j,\,k-\frac{1}{2}\right)}{\Delta z}\right] \\[4mm] J_x^{n+1/2}\left(i+\frac{1}{2},\,j,\,k\right)=\dfrac{1-0.5\Gamma_e\Delta t}{1+0.5\Gamma_e\Delta t}J_x^{n-1/2}\left(i+\frac{1}{2},\,j,\,k\right)+\dfrac{\varepsilon_0\omega_p^2\Delta t}{1+0.5\Gamma_e\Delta t}E_x^n\left(i+\frac{1}{2},\,j,\,k\right) \end{cases} \tag{7-13}$$

同理，可得 E 和 J 的 y、z 分量的关系式为

$$\begin{cases} E_y^{n+1}\left(i,\,j+\frac{1}{2},\,k\right)=E_y^n\left(i,\,j+\frac{1}{2},\,k\right)-\frac{\Delta t}{\varepsilon_0}J_y^{n+1/2}\left(i,\,j+\frac{1}{2},\,k\right) \\[2mm] \qquad +\frac{\Delta t}{\varepsilon_0}\left[\dfrac{H_x^{n+1/2}\left(i,\,j+\frac{1}{2},\,k+\frac{1}{2}\right)-H_x^{n+1/2}\left(i,\,j+\frac{1}{2},\,k-\frac{1}{2}\right)}{\Delta z}\right. \\[4mm] \qquad \left.-\dfrac{H_z^{n+1/2}\left(i+\frac{1}{2},\,j+\frac{1}{2},\,k\right)-H_z^{n+1/2}\left(i-\frac{1}{2},\,j+\frac{1}{2},\,k\right)}{\Delta x}\right] \\[4mm] J_y^{n+1/2}\left(i,\,j+\frac{1}{2},\,k\right)=\dfrac{1-0.5\Gamma_e\Delta t}{1+0.5\Gamma_e\Delta t}J_y^{n-1/2}\left(i,\,j+\frac{1}{2},\,k\right)+\dfrac{\varepsilon_0\omega_p^2\Delta t}{1+0.5\Gamma_e\Delta t}E_y^n\left(i,\,j+\frac{1}{2},\,k\right) \end{cases} \tag{7-14}$$

$$\begin{cases} E_z^{n+1}\left(i,\,j,\,k+\frac{1}{2}\right)=E_z^n\left(i,\,j,\,k+\frac{1}{2}\right)-\frac{\Delta t}{\varepsilon_0}J_z^{n+1/2}\left(i,\,j,\,k+\frac{1}{2}\right) \\[2mm] \qquad +\frac{\Delta t}{\varepsilon_0}\left[\dfrac{H_y^{n+1/2}\left(i+\frac{1}{2},\,j,\,k+\frac{1}{2}\right)-H_y^{n+1/2}\left(i-\frac{1}{2},\,j,\,k+\frac{1}{2}\right)}{\Delta x}\right. \\[4mm] \qquad \left.-\dfrac{H_x^{n+1/2}\left(i,\,j+\frac{1}{2},\,k+\frac{1}{2}\right)-H_x^{n+1/2}\left(i,\,j-\frac{1}{2},\,k+\frac{1}{2}\right)}{\Delta y}\right] \\[4mm] J_z^{n+1/2}\left(i,\,j,\,k+\frac{1}{2}\right)=\dfrac{1-0.5\Gamma_e\Delta t}{1+0.5\Gamma_e\Delta t}J_z^{n-1/2}\left(i,\,j,\,k+\frac{1}{2}\right)+\dfrac{\varepsilon_0\omega_p^2\Delta t}{1+0.5\Gamma_e\Delta t}E_z^n\left(i,\,j,\,k+\frac{1}{2}\right) \end{cases} \tag{7-15}$$

对式(7-11)进行离散分析，若整数时间步对 E 和 J 进行取值，半整数时间步对 H 和 K 进行取值，则

$$\begin{cases} \dfrac{E_z^n\left(i,\,j+1,\,k+\frac{1}{2}\right)-E_z^n\left(i,\,j,\,k+\frac{1}{2}\right)}{\Delta y}-\dfrac{E_y^n\left(i,\,j+\frac{1}{2},\,k+1\right)-E_y^n i,\,j+\frac{1}{2},\,k}{\Delta z} \\[4mm] =-\mu_0\dfrac{H_x^{n+1/2}\left(i,\,j+\frac{1}{2},\,k+\frac{1}{2}\right)-H_x^{n-1/2}\left(i,\,j+\frac{1}{2},\,k+\frac{1}{2}\right)}{\Delta t}-K_x^n\left(i,\,j+\frac{1}{2},\,k+\frac{1}{2}\right) \\[4mm] \dfrac{K_x^{n+1}\left(i,\,j+\frac{1}{2},\,k+\frac{1}{2}\right)-K_x^n\left(i,\,j+\frac{1}{2},\,k+\frac{1}{2}\right)}{\Delta t}+\dfrac{K_x^{n+1}\left(i,\,j+\frac{1}{2},\,k+\frac{1}{2}\right)+K_x^n\left(i,\,j+\frac{1}{2},\,k+\frac{1}{2}\right)}{2} \\[4mm] =\mu_0\omega_p^2 H_x^{n+1/2}\left(i,\,j+\frac{1}{2},\,k+\frac{1}{2}\right) \end{cases}$$

$$\tag{7-16}$$

对式(7-16)进行整理，可得到 H 和 K 的 x 分量的表达式为

$$
\begin{cases}
H_x^{n+1/2}\left(i,\,j+\dfrac{1}{2},\,k+\dfrac{1}{2}\right)=H_x^{n-1/2}\left(i,\,j+\dfrac{1}{2},\,k+\dfrac{1}{2}\right)-\dfrac{\Delta t}{\mu_0}K_x^n\left(i,\,j+\dfrac{1}{2},\,k+\dfrac{1}{2}\right)\\[2mm]
\qquad\qquad -\dfrac{\Delta t}{\mu_0}\left[\dfrac{E_z^n\left(i,\,j+1,\,k+\dfrac{1}{2}\right)-E_z^n\left(i,\,j,\,k+\dfrac{1}{2}\right)}{\Delta y}\right.\\[4mm]
\qquad\qquad\qquad \left.-\dfrac{E_y^n\left(i,\,j+\dfrac{1}{2},\,k+1\right)-E_y^n\left(i,\,j+\dfrac{1}{2},\,k\right)}{\Delta z}\right]\\[4mm]
K_x^{n+1}\left(i,\,j+\dfrac{1}{2},\,k+\dfrac{1}{2}\right)=\dfrac{1-0.5\Gamma_m\Delta t}{1+0.5\Gamma_m\Delta t}K_x^n\left(i,\,j+\dfrac{1}{2},\,k+\dfrac{1}{2}\right)\\[2mm]
\qquad\qquad +\dfrac{\mu_0\omega_p^2\Delta t}{1+0.5\Gamma_m\Delta t}H_x^{n+1/2}\left(i,\,j+\dfrac{1}{2},\,k+\dfrac{1}{2}\right)
\end{cases}
\tag{7-17}
$$

同理，可得 H 和 K 的 y、z 分量的表达式分别为

$$
\begin{cases}
H_y^{n+1/2}\left(i+\dfrac{1}{2},\,j,\,k+\dfrac{1}{2}\right)=H_y^{n-1/2}\left(i+\dfrac{1}{2},\,j,\,k+\dfrac{1}{2}\right)-\dfrac{\Delta t}{\mu_0}K_y^{n-1/2}\left(i+\dfrac{1}{2},\,j,\,k+\dfrac{1}{2}\right)\\[2mm]
\qquad\qquad -\dfrac{\Delta t}{\mu_0}\left[\dfrac{E_x^n\left(i+\dfrac{1}{2},\,j,\,k+1\right)-E_x^n\left(i+\dfrac{1}{2},\,j,\,k\right)}{\Delta z}\right.\\[4mm]
\qquad\qquad\qquad \left.-\dfrac{E_z^n\left(i+1,\,j,\,k+\dfrac{1}{2}\right)-E_z^n\left(i,\,j,\,k+\dfrac{1}{2}\right)}{\Delta x}\right]\\[4mm]
K_y^{n+1}\left(i+\dfrac{1}{2},\,j,\,k+\dfrac{1}{2}\right)=\dfrac{1-0.5\Gamma_m\Delta t}{1+0.5\Gamma_m\Delta t}K_y^n\left(i+\dfrac{1}{2},\,j,\,k+\dfrac{1}{2}\right)\\[2mm]
\qquad\qquad +\dfrac{\mu_0\omega_p^2\Delta t}{1+0.5\Gamma_m\Delta t}H_y^{n+1/2}\left(i+\dfrac{1}{2},\,j,\,k+\dfrac{1}{2}\right)
\end{cases}
\tag{7-18}
$$

$$
\begin{cases}
H_z^{n+1/2}\left(i+\dfrac{1}{2},\,j+\dfrac{1}{2},\,k\right)=H_z^{n-1/2}\left(i+\dfrac{1}{2},\,j+\dfrac{1}{2},\,k\right)-\dfrac{\Delta t}{\mu_0}K_z^{n-1/2}\left(i+\dfrac{1}{2},\,j+\dfrac{1}{2},\,k\right)\\[2mm]
\qquad\qquad -\dfrac{\Delta t}{\mu_0}\left[\dfrac{E_y^n\left(i+1,\,j+\dfrac{1}{2},\,k\right)-E_y^n\left(i,\,j+\dfrac{1}{2},\,k\right)}{\Delta x}\right.\\[4mm]
\qquad\qquad\qquad \left.-\dfrac{E_x^n\left(i+\dfrac{1}{2},\,j+1,\,k\right)-E_x^n\left(i+\dfrac{1}{2},\,j,\,k\right)}{\Delta y}\right]\\[4mm]
K_z^{n+1}\left(i+\dfrac{1}{2},\,j+\dfrac{1}{2},\,k\right)=\dfrac{1-0.5\Gamma_m\Delta t}{1+0.5\Gamma_m\Delta t}K_z^n\left(i+\dfrac{1}{2},\,j+\dfrac{1}{2},\,k\right)\\[2mm]
\qquad\qquad +\dfrac{\mu_0\omega_p^2\Delta t}{1+0.5\Gamma_m\Delta t}H_z^{n+1/2}\left(i+\dfrac{1}{2},\,j+\dfrac{1}{2},\,k\right)
\end{cases}
\tag{7-19}
$$

7.2.3 二维电磁超材料介质的 FDTD 递推式

在对 DNM 二维的辐射情况进行分析时，我们通常设定波的传播与某一方向无关，这里选择与 z 坐标无关，即 $\partial/\partial z=0$，则二维 DNM 的 FDTD 递推式如下：

(1) TM 情形。对于 TM 波(横磁波)，有

$$
\left\{
\begin{aligned}
&E_z^{n+1}(i,\,j)=E_z^n(i,\,j)-\frac{\Delta t}{\varepsilon_0}J_z^n(i,\,j)+\frac{\Delta t}{\varepsilon_0}\left[\frac{H_y^{n+1/2}\left(i+\frac{1}{2},\,j\right)-H_y^{n+1/2}\left(i-\frac{1}{2},\,j\right)}{\Delta x}\right.\\
&\qquad\qquad\left.-\frac{H_x^{n+1/2}\left(i,\,j+\frac{1}{2}\right)-H_x^{n+1/2}\left(i,\,j-\frac{1}{2}\right)}{\Delta y}\right]\\
&H_x^{n+1/2}\left(i,\,j+\frac{1}{2}\right)=H_x^{n-1/2}\left(i,\,j+\frac{1}{2}\right)-\frac{\Delta t}{\mu_0}K_x^{n-1/2}\left(i,\,j+\frac{1}{2}\right)-\frac{\Delta t}{\mu_0}\left[\frac{E_z^n(i,\,j+1)-E_z^n(i,\,j)}{\Delta y}\right]\\
&H_y^{n+1/2}\left(i+\frac{1}{2},\,j\right)=H_y^{n-1/2}\left(i+\frac{1}{2},\,j\right)-\frac{\Delta t}{\mu_0}K_y^{n-1/2}\left(i+\frac{1}{2},\,j\right)+\frac{\Delta t}{\mu_0}\left[\frac{E_x^n(i+1,\,j)-E_x^n(i,\,j)}{\Delta x}\right]\\
&J_z^{n+1}(i,\,j)=\frac{1-0.5\varGamma_e\Delta t}{1+0.5\varGamma_e\Delta t}J_z^n(i,\,j)+\frac{\varepsilon_0\omega_p^2\Delta t}{1+0.5\varGamma_e\Delta t}E_z^{n+1}(i,\,j)\\
&K_x^{n+1/2}\left(i,\,j+\frac{1}{2}\right)=\frac{1-0.5\varGamma_m\Delta t}{1+0.5\varGamma_m\Delta t}K_x^{n-1/2}\left(i,\,j+\frac{1}{2}\right)+\frac{\mu_0\omega_p^2\Delta t}{1+0.5\varGamma_m\Delta t}H_x^{n+1/2}\left(i,\,j+\frac{1}{2}\right)\\
&K_y^{n+1/2}\left(i+\frac{1}{2},\,j\right)=\frac{1-0.5\varGamma_m\Delta t}{1+0.5\varGamma_m\Delta t}K_y^{n-1/2}\left(i+\frac{1}{2},\,j\right)+\frac{\mu_0\omega_p^2\Delta t}{1+0.5\varGamma_m\Delta t}H_y^{n+1/2}\left(i+\frac{1}{2},\,j\right)
\end{aligned}
\right. \tag{7-20}
$$

（2）TE 情形。对于 TE 波（横电波），有

$$
\left\{
\begin{aligned}
&H_z^{n+1/2}\left(i+\frac{1}{2},\,j+\frac{1}{2}\right)=H_z^{n-1/2}\left(i+\frac{1}{2},\,j+\frac{1}{2}\right)-\frac{\Delta t}{\mu_0}K_z^{n-1/2}\left(i+\frac{1}{2},\,j+\frac{1}{2}\right)\\
&\qquad\qquad-\frac{\Delta t}{\mu_0}\left[\frac{E_y^n\left(i+1,\,j+\frac{1}{2}\right)-E_y^n\left(i,\,j+\frac{1}{2}\right)}{\Delta x}\right.\\
&\qquad\qquad\left.-\frac{E_x^n\left(i+\frac{1}{2},\,j+1\right)-E_x^n\left(i+\frac{1}{2},\,j\right)}{\Delta y}\right]\\
&E_x^{n+1}\left(i+\frac{1}{2},\,j\right)=E_x^n\left(i+\frac{1}{2},\,j\right)-\frac{\Delta t}{\varepsilon_0}J_x^{n+1/2}\left(i+\frac{1}{2},\,j\right)\\
&\qquad\qquad+\frac{\Delta t}{\varepsilon_0}\left[\frac{H_z^{n+1/2}\left(i+\frac{1}{2},\,j+\frac{1}{2}\right)-H_z^{n+1/2}\left(i+\frac{1}{2},\,j-\frac{1}{2}\right)}{\Delta y}\right]\\
&E_y^{n+1}\left(i,\,j+\frac{1}{2}\right)=E_y^n\left(i,\,j+\frac{1}{2}\right)-\frac{\Delta t}{\varepsilon_0}J_y^{n+1/2}\left(i,\,j+\frac{1}{2}\right)\\
&\qquad\qquad-\frac{\Delta t}{\varepsilon_0}\left[\frac{H_z^{n+1/2}\left(i+\frac{1}{2},\,j+\frac{1}{2}\right)-H_z^{n+1/2}\left(i-\frac{1}{2},\,j+\frac{1}{2}\right)}{\Delta x}\right]\\
&K_z^{n+1/2}\left(i+\frac{1}{2},\,j+\frac{1}{2}\right)=\frac{1-0.5\varGamma_m\Delta t}{1+0.5\varGamma_m\Delta t}K_z^{n-1/2}\left(i+\frac{1}{2},\,j+\frac{1}{2}\right)+\frac{\mu_0\omega_p^2\Delta t}{1+0.5\varGamma_m\Delta t}H_z^{n+1/2}\left(i+\frac{1}{2},\,j+\frac{1}{2}\right)\\
&J_x^{n+1}\left(i+\frac{1}{2},\,j\right)=\frac{1-0.5\varGamma_e\Delta t}{1+0.5\varGamma_e\Delta t}J_x^n\left(i+\frac{1}{2},\,j\right)+\frac{\varepsilon_0\omega_p^2\Delta t}{1+0.5\varGamma_e\Delta t}E_x^{n+1}\left(i+\frac{1}{2},\,j\right)\\
&J_y^{n+1}\left(i,\,j+\frac{1}{2}\right)=\frac{1-0.5\varGamma_e\Delta t}{1+0.5\varGamma_e\Delta t}J_y^n\left(i,\,j+\frac{1}{2}\right)+\frac{\varepsilon_0\omega_p^2\Delta t}{1+0.5\varGamma_e\Delta t}E_y^{n+1}\left(i,\,j+\frac{1}{2}\right)
\end{aligned}
\right. \tag{7-21}
$$

7.2.4　一维电磁超材料介质的 FDTD 递推式

在解决 DNM 电磁波一维辐射的问题时，我们通常选择波的传播与任意两坐标轴无关，

例如与 x 和 y 坐标无关，即 $\partial/\partial x=0$ 和 $\partial/\partial y=0$。Yee 元胞中 E 和 H 所包含的分量在空间处的节点与时间步取值遵循固有约定，即当元胞边缘为 E 时整数步取值，当元胞中心为 H 时半整数步取值。为了满足与任意两坐标轴无关的条件，将两种波源均放在元胞中心处，则一维 DNM 的 FDTD 关系式为

$$
\begin{cases}
H_y^{n+\frac{1}{2}}\left(i+\frac{1}{2}\right)=H_y^{n-\frac{1}{2}}\left(i+\frac{1}{2}\right)-\dfrac{\Delta t}{\mu_0\Delta z}\left[E_x^n(i+1)-E_x^n(i)+K_y^n\left(i+\frac{1}{2}\Delta z\right)\right]\\[2ex]
K_y^{n+1}\left(i+\frac{1}{2}\right)=\dfrac{1-0.5\Gamma\Delta t}{1+0.5\Gamma\Delta t}K_y^n\left(i+\frac{1}{2}\right)+\dfrac{\mu_0\omega_p^2\Delta t}{1+0.5\Gamma\Delta t}H_y^{n+\frac{1}{2}}\left(i+\frac{1}{2}\right)\\[2ex]
E_x^{n+1}(i)=E_x^n(i)-\dfrac{\Delta t}{\varepsilon_0\Delta z}\left\{\left[H_y^{n+\frac{1}{2}}\left(i+\frac{1}{2}\right)-H_y^{n+\frac{1}{2}}\left(i-\frac{1}{2}\right)\right]\right.\\[2ex]
\qquad\qquad\qquad\left.+\dfrac{1}{2}\left[J_x^{n+\frac{1}{2}}\left(i+\frac{1}{2}\right)+J_x^{n+\frac{1}{2}}\left(i-\frac{1}{2}\right)\right]\Delta z\right\}\\[2ex]
J_x^{n+\frac{3}{2}}\left(i+\frac{1}{2}\right)=\dfrac{1-0.5\Gamma\Delta t}{1+0.5\Gamma\Delta t}J_x^{n+\frac{1}{2}}\left(i+\frac{1}{2}\right)+\dfrac{1}{2}\dfrac{\varepsilon_0\omega_p^2\Delta t}{1+0.5\Gamma\Delta t}\left[E_x^{n+1}(i)-E_x^{n+1}(i+1)\right]
\end{cases}
\tag{7-22}
$$

7.2.5　两种不同介质接触面的处理

FDTD 算法的处理公式大多以微分形式出现，当讨论电磁波由一种介质传输到另一种介质的问题时，由于它们的电磁参数不同，介质电磁参数的变化会使处理失真，因此无法直接进行计算。常用的方法是在处理两介质的接触面时，将两介质的电磁参数进行平均后再代入处理公式中。例如，当电磁波在真空介质与 DNM 介质之间传播时，根据电磁理论可知接触面的电磁参数为 DNM 电磁参数的一半。由公式(7-13)得

$$
\begin{cases}
E_x^{n+1}\left(i+\frac{1}{2},j,k\right)=E_x^n\left(i+\frac{1}{2},j,k\right)-\left(\frac{1}{2}\right)\left(\dfrac{\Delta t}{\varepsilon_0}\right)J_x^{n+\frac{1}{2}}\left(i,j+\frac{1}{2},k+\frac{1}{2}\right)\\[2ex]
\qquad+\left(\dfrac{\Delta t}{\varepsilon_0}\right)\left[\dfrac{H_z^{n+\frac{1}{2}}\left(i+\frac{1}{2},j+\frac{1}{2},k\right)-H_z^{n+\frac{1}{2}}\left(i+\frac{1}{2},j-\frac{1}{2},k\right)}{\Delta y}\right.\\[2ex]
\qquad\left.-\dfrac{H_y^{n+\frac{1}{2}}\left(i+\frac{1}{2},j,k+\frac{1}{2}\right)-H_y^{n+\frac{1}{2}}\left(i+\frac{1}{2},j,k-\frac{1}{2}\right)}{\Delta z}\right]
\end{cases}
\tag{7-23}
$$

与式(7-13)相比，式(7-23)在等式右边的第二项乘以 1/2，表示对介质和真空进行了平均处理。

7.3　电磁超材料电磁特性仿真

根据电磁超材料介质的奇异物理特性和上一节利用 Drude 模型对 DNM 的不同维度推导公式，对电磁超材料的部分特性和应用进行仿真。

7.3.1　电磁波在自然介质和电磁超材料介质板中的传播

将 DNM 介质板放置于真空中，假设介质板大小与两侧的真空介质相同，DNM 介质板的损耗系数为 $\Gamma=1.0\times10^8$ rad/s，将边界与介质板间的真空介质划分为 900 个元胞。入射波方程采用 $S(t)=0.5g(t)\sin(\omega_0 t)$，入射波电场沿 x 方向极化，波长为 $\lambda=0.01$ m，空间离散间隔

$\delta = 100 \ \mu m$，时间离散间隔 $\Delta t = 0.95\delta/c$。图 7-2(a) 为自然介质（即 $\omega_p = 1 \times 10^{11} \ rad/s$）中相距 10 个元胞的两点间（即 point1=1270δ，point2=1280δ）E_x 的时域波形图，图中分别用实线和虚线显示了远近两个观察点（point1 和 point2）所观察波形的区别。对图 7-2(a) 的局部进行放大得到了图 7-2(c) 和 (e)。根据右手定则和能量守恒定律可知，在自然介质中，电磁波的传播方向和能量的传播方向是一致的，相位的变化也始终遵循由波源向外的原则，可见其群速度与相速度相同。

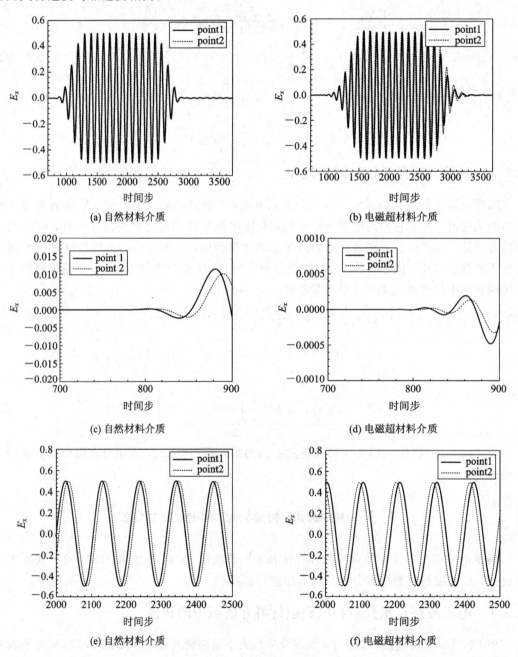

(a) 自然材料介质

(b) 电磁超材料介质

(c) 自然材料介质

(d) 电磁超材料介质

(e) 自然材料介质

(f) 电磁超材料介质

图 7-2 point1=1270δ 和 point2=1280δ 两点时域波形图

与自然材料相比，图 7-2(b) 给出了 DNM 介质（即 $\omega_p = 2.7 \times 10^{11} \ rad/s$）两元胞之间

(point1 位于 1270 个元胞处，point2 位于 1280 个元胞处)E_x 的时域波形图。对图 7-2(b) 进行局部放大后得到图 7-2(d) 和 (f)。与自然材料相同的是，DNM 介质中波的传播也是从波源开始的，这符合能量守恒定律，但在传播过程中我们发现，DNM 介质中电磁波的相位与自然介质中电磁波的相位完全相反，接近波源位置的相位反而靠后。DNM 介质的本构关系决定电磁波在其中进行传播时，波的能量传播方向与相位传播方向不同，即波的群速度与相速度相反。

7.3.2　电磁超材料介质的负折射率特性

在上一节中验证了点源产生的电磁波在 DNM 介质与真空介质之间传播的区别，下面验证平面波非垂直或平行方向入射时，其在 DNM 介质中传播的情况。

将 FDTD 计算域设定为 $430\delta \times 230\delta$，$\delta$ 为空间离散间隔；DNM 介质板的尺寸设定为 $400\delta \times 80\delta$。DNM 介质的本构参数为 $\omega_p = \omega_{pe} = \omega_{pm} = 2.7 \times 10^{11}$ rad/s，$\Gamma = \Gamma_e = \Gamma_m = 0$)，选用平面波源，其波源方程为 $E(t) = \sin(\omega_0 t)$，其中 $\omega_0 = 2\pi f_0$，$f_0 = 30$ GHz，$\lambda_0 = 0.01$ m，$WL = 65$(WL 表示将一个波长分成的空间离散间隔的倍数)，$\delta = \lambda/WL$，时间离散间隔 $\Delta t = \delta/2c$，$t = 5000\Delta t$。当电磁波从 DNM 介质基板的左侧以 45°角入射时，图 7-3 给出了平行于磁场极化方向条件下 E_z 的近场幅值情况。由图 7-3 可知，在图的上、下两个边缘负折射现象并不明显，这是在仿真过程中对边界的处理不到位所造成的，但在真空介质与 DNM 介质的内部可以看到明显的负折射现象。图中纵、横坐标轴是沿两个相互垂直方向的空间位置。

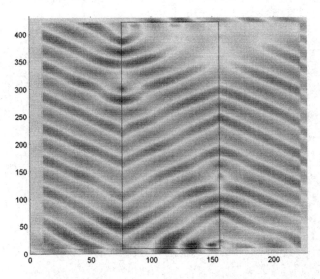

图 7-3　DNM 介质平板的负折射现象示意图

7.3.3　DNM 介质实现电磁波的定向辐射

实现电磁波的定向辐射是电磁超材料的一项重要应用，属于负折射率特性的衍生效果。下面对 DNM 介质组成的介质板实现这一特性进行验证。

将 FDTD 的计算域设定为 $270\delta \times 150\delta$，$\delta$ 为空间离散间隔；DNM 介质板的尺寸设计为 $120\delta \times 40\delta$。DNM 的本构介质参数 $\omega_p = \omega_{pe} = \omega_{pm} = 2.7 \times 10^{11}$ rad/s，$\Gamma = \Gamma_e = \Gamma_m = 0$，采用点

源辐射的方法，其波源方程为 $E(t)=\sin(\omega t)$，其中 $\omega=2\pi f_0$，$f_0=30$ GHz，$\lambda_0=0.01$ m，$WL=20$，$\delta=\lambda/WL=0.05$ cm，时间离散间隔 $\Delta t=\delta/2c$，$t=5000\Delta t$。当辐射波从点 $(135,75)$ 向周围辐射时，其平行于磁场极化方向条件下 E_z 的近场幅值情况如图 7 - 4 所示。

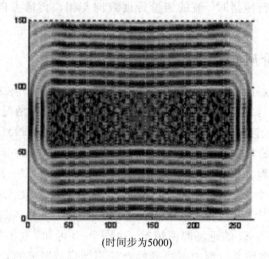

(时间步为5000)

图 7 - 4　点源近场幅值分布图

第 8 章　基于 FDTD 法的电磁超材料中的电磁波传播和散射

本章针对电磁超材料所具有的特性，假定电磁超材料具有 Drude 模型的色散参数和损耗参数，利用一维 FDTD 法分析电磁波在电磁超材料板中的近似解，给出了二维金属柱和三维金属目标覆盖电磁超材料时的电磁散射。

8.1　电磁超材料中的电磁波传播

本节以电磁超材料平板中的电磁波传播为例，讨论电磁超材料中电磁波传播的因果律。

在一维 FDTD 计算空间(如图 8-1(a)所示)中，左右两端分别是左、右吸收边界，中间为双负(Drude)介质板($\Gamma=1.0\times10^8$ rad/s)，该双负介质板两侧是真空。连接边界距双负介质板左侧界面有 600 个元胞。入射波取 $S(t)=0.5g(t)\sin(\omega_0 t)$ 的形式，入射电电场沿 x 方向极化。入射波长 $\lambda=0.01$ m，空间离散间隔 $\delta=100$ μm，时间离散间隔 $\Delta t=0.95\delta/c$。图 8-1(b)给出了色散有耗双负介质(DNM)($\omega_p=2.665\times10^{11}$ rad/s)中的两点(point1 位于 1330 个元胞处，point2 位于 1340 个元胞处)电场 E_x 的时域波形；图 8-1(c)和(d)是(b)的局部放大图。从图 8-1(c)中可以看出，在波开始振动的初始阶段，距波源近的点先振动，距波源远的点后振动，并不违背因果律；但通过观察图 8-1(d)发现，在 DNG 中单色波成分在距波源远的点比距波源近的点振动的相位超前，即电磁超材料中波的相速度和群速度的方向相反，DNM 中波的传播方向与能量的传播方向相反。

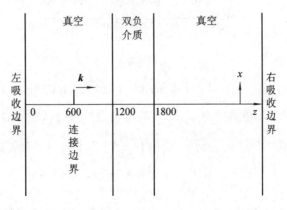

(a) 一维FDTD计算域示意图

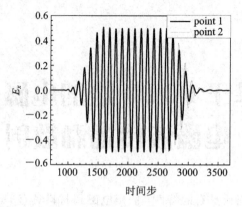

(b) 色散有耗DNG

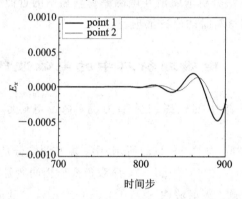

(c) 局部放大1

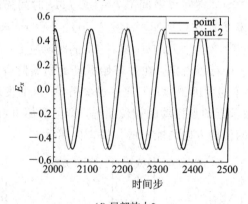

(d) 局部放大2

图 8 - 1　point1＝1330δ 和 point2＝1340δ 两点时域波形的比较

一维情况下，无耗、非色散 $\varepsilon_r=\mu_r=-1$ 的电磁超材料（假设存在）的 Maxwell 方程为

$$\begin{cases} \dfrac{\partial E_x}{\partial t}=\dfrac{1}{|\varepsilon|}\left(\dfrac{\partial H_y}{\partial z}+J_s\right) \\ \dfrac{\partial H_y}{\partial t}=\dfrac{1}{|\mu|}\dfrac{\partial E_x}{\partial z} \end{cases} \tag{8-1}$$

考虑到在不违背因果律的前提下，负折射率效应存在于电磁超材料中，所以对入射波为多周期 $m—n—m$ 脉冲的电磁超材料的 Maxwell 方程，其近似解为

$$\begin{cases} E_x(z, t) = \dfrac{1}{2} \dfrac{|\mu|^{1/2}}{|\varepsilon|^{1/2}} g(t-t_0) \sin[\omega_0(t+t_0)] \\ H_y(z, t) = \dfrac{1}{2} \mathrm{sgn}(z) g(t-t_0) \sin[\omega_0(t+t_0)] \end{cases} \qquad (8-2)$$

该近似解既考虑了单色波在电磁超材料中传播负折射率效应的存在（$\sin[\omega_0(t+t_0)]$，相速度的特点），也考虑了波随时间向前传播的特性（$g(t-t_0)$，群速度的特点），即离波源近的点比离波源远的点先振动。

将电磁超材料 Maxwell 方程近似解式（8-2）代入方程式（8-1）可以发现，它并不是无耗、非色散 $\varepsilon_r = \mu_r = -1$ 的电磁超材料 Maxwell 方程式（8-1）的准确解，原因是：考虑到波在电磁超材料中传播的因果律和色散特性，$t=t_0$ 和 $t=t_0+T$ 处的 δ 函数，g 函数上升时间和下降时间的存在。但上述近似解的单色波部分确实满足麦克斯韦（Maxwell）方程。

一维 FDTD 计算空间如图 8-2 所示，图中左右两端分别是左、右吸收边界，中间为双负（Drude）介质板（参数 $\omega_p = 2.665 \times 10^{11}$ rad/s，$\Gamma = 1.0 \times 10^8$ rad/s，板厚为 10 000 个元胞），介质板两侧是真空，吸收边界距原点 10 000 个元胞。

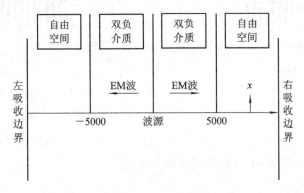

图 8-2　一维 FDTD 计算域示意图

当波源为式多周期 5—10—5 脉冲时，电场沿 x 方向极化，入射波长 $\lambda = 0.01$ m，空间离散间隔 $\delta = 100$ μm，时间离散间隔 $\Delta t = 0.95 \delta / c$，双负介质中距离波源观察点 $z = 30\delta$ 和 $z = 100\delta$ 处电场 E_x 的时域波形分别如图 8-3(a) 和 (b) 所示。图中实线表示一维 FDTD，虚线表示解析方法的近似解。

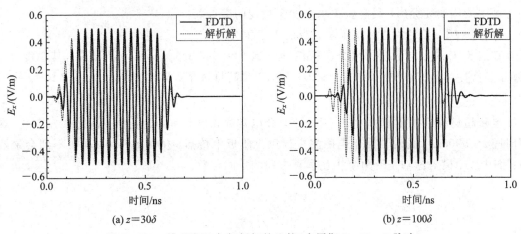

(a) $z = 30\delta$ 　　　　　　　　　　(b) $z = 100\delta$

图 8-3　一维 FDTD 与解析解的比较（多周期 5—10—5 脉冲）

在双负介质中，当波源为 $S(t)=0.5g(t)\sin(\omega_0 t)$ 表示的多周期 2—16—2 脉冲时，电场沿 x 方向极化，由于多周期 2—16—2 脉冲的上升时间和下降时间比较短，因此可以通过将空间离散减半来达到时间离散减半的目的。入射波长 $\lambda=0.005$ m，空间离散间隔 $\delta'=50~\mu$m，时间离散间隔 $\Delta t=0.95\delta'/c$，距离波源观察点 $z=60\delta'$ 和 $z=200\delta'$ 处电场 E_x 的时域波形分别如图 8-4(a) 和 (b) 所示。图中实线表示一维 FDTD，而虚线表示解析方法的近似解。图 8-3(a) 和图 8-4(a) 中观察点与源点的距离均为 $z=0.003$ m，图 8-3(b) 和图 8-4(b) 中观察点与源点的距离均为 $z=0.01$ m。

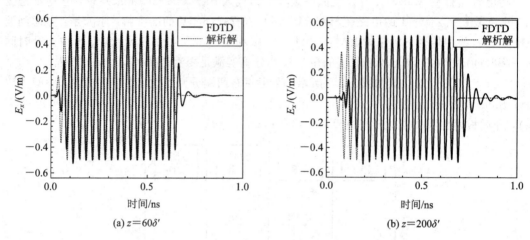

(a) $z=60\delta'$ (b) $z=200\delta'$

图 8-4 　一维 FDTD 与解析解的比较(多周期 2—16—2 脉冲)

从图 8-3 和图 8-4 可以看出，解析方法和一维 FDTD 法的单色波成分吻合的比较好，确认了电磁波在电磁超材料中传播是符合因果律的。

8.2　电磁超材料的完美透镜实现

下面用 FDTD 法模拟电磁波通过电磁超材料板的会聚效应。在以下算例中，分别用 k 和 J 来代表横坐标和纵坐标，线源均位于 $k=425$、$J=75$ 处；波源为 $E(t)=\sin(\omega_0 t)$，其中 $\omega_0=2\pi f_0$，$f_0=30$ GHz，$\lambda_0=0.01$ m，$\delta=0.02$ cm，$\Delta t=\delta/1.6c$。电磁超材料板的位置在下面各图中均用实线标出，线源位于水平和竖直线的交点处。

【例 8-1】　辐射源透过双正介质板后不产生会聚。

在图 8-5 中，电磁超材料介质板位于元胞 $k=[27,823]$、$J=[95,195]$，其厚度 $d=100\delta$；波源距离电磁超材料介质板 $|z_0|=20\delta$，电磁超材料介质板的参数为 $\omega_p=1\times10^{11}$ rad/s，$\Gamma=1\times10^8$ rad/s。

电磁超材料板在频率 $f_0=30$ GHz 下，介电常数和磁导率均为正值，折射率 $\tilde{n}>0$，观察时间 $t=3900\Delta t$。此时相当于电磁波在双正介质板中传播，从图 8-5 中观察不到会聚效应。图中纵、横坐标轴是沿两个相互垂直方向的空间位置。

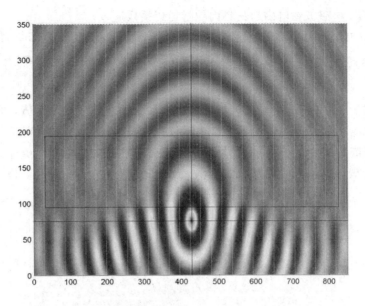

图 8-5　线源辐射场在双正介质板和真空中的发散图

【例 8-2】　接近"完美"的会聚效应。

在图 8-6 中，电磁超材料板位于元胞 $k=[27，823]$、$J=[125，225]$，其厚度 $d=100\delta$；波源距离电磁超材料板 $|z_0|=50\delta<d$，电磁超材料板的参数 $\omega_p=2.665\times10^{11}$ rad/s，$\Gamma=0.0$。

电磁超材料板在频率 $f_0=30$ GHz 下，介电常数和磁导率均为 -1，折射率 $\tilde{n}=-1$，观察时间 $t=3950\Delta t$。根据解析理论分析，该线源的辐射场将在电磁超材料（介质）板中间和该板另一侧距其 50δ 处出现两个会聚点，可以看出 FDTD 模拟的数值结果与之一致。图中纵、横坐标为两个相互垂直方向的空间位置。

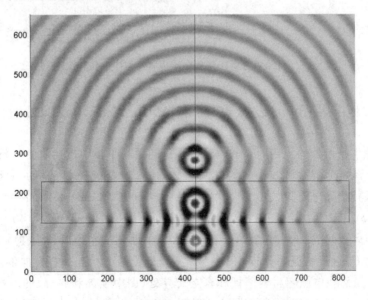

图 8-6　线源辐射场在双负介质板和真空中的会聚效应图

【例 8-3】 电磁波在电磁超材料内的隧道传播效应。

在图 8-7 中，电磁超材料板位于元胞 $k=[27，823]$、$J=[85，205]$，其厚度 $d=120\delta$；波源距离电磁超材料板 $|z_0|=10\delta<d/\widetilde{n}$，电磁超材料板的参数 $\omega_p=5\times10^{11}$ rad/s，$\Gamma=1\times10^8$ rad/s。

电磁超材料板在频率 $f_0=30$ GHz 下，介电常数和磁导率均为负值，折射率 $\widetilde{n}=-6$，观察时间 $t=3750\Delta t$。从图中可以看出，电磁波在电磁超材料板中没有发现任何稳定的会聚点，电磁波是依傍着轴线会聚的，像是在一个隧道中传播，在距离电磁超材料板后 10δ 处出现了一次会聚，与解析理论的预言基本一致。图中纵、横坐标为两个相互垂直方向的空间位置。

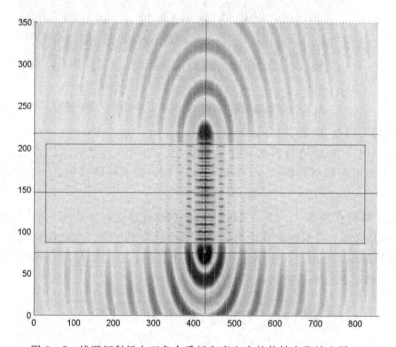

图 8-7 线源辐射场在双负介质板和真空中的傍轴会聚效应图

8.3 电磁超材料的负折射率效应

下面讨论了平面波斜入射时，电磁波在电磁超材料平板中传播时的负折射率效应。

FDTD 计算域为 $430\delta\times230\delta$，δ 为空间离散间隔。电磁超材料平板的大小为 $400\delta\times80\delta$，在图中用实线标出，介质参数 $\omega_p=\omega_{pe}=\omega_{pm}=2.655\times10^{11}$ rad/s，$\Gamma=\Gamma_e=\Gamma_m=0$；波源为 $E(t)=\sin(\omega_0 t)$，其中 $\omega_0=2\pi f_0$，$f_0=30$ GHz，$\lambda_0=0.01$ m，$WL=40$，$\delta=\lambda/(WL)=2.5$ cm，时间离散间隔 $\Delta t=\delta/(2c)$，$t=5000\Delta t$，平面波从左边以 $45°$ 入射，图 8-8 给出了 TM 情形极化 E_z 近场的振幅分布，图中纵、横坐标为两个相互垂直方向的空间位置。从图中可以看出，虽然在电磁超材料平板和真空交界处（图中顶部和底部）的负折射率现象不是很明显，但是平面波从真空到电磁超材料平板和从电磁超材料平板到真空都发生了负折射。

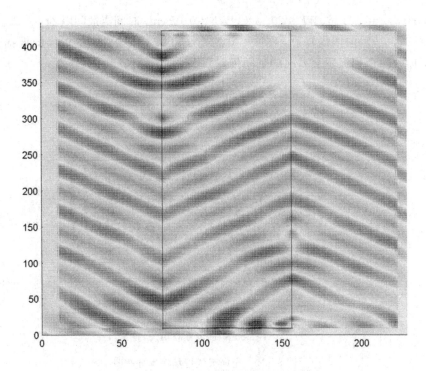

图 8-8　电磁超材料平板的负折射率示意图

8.4　电磁超材料的定向天线实现

电磁超材料在某个频段内折射率接近于 0 的特性，也可以被用来制造天线，其原理如图 8-9 所示。发射源位于电磁超材料($n \cong 0$)平板内，根据 Snell 定律，当波束透射到真空中时发生折射，折射角接近于 0，基本上沿着近轴方向(z 轴)，由此实现的天线具有很强的定向辐射能力。该种高指定向的天线，可对微波进行滤波、调控和聚焦，而且在提高耦合器、开关、通信等性能上也有一定的应用。

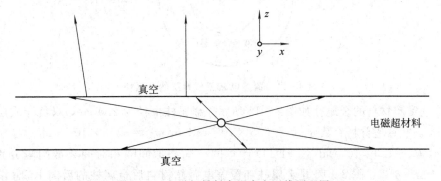

图 8-9　电磁超材料实现定向天线原理图

下面给出利用电磁超材料板实现定向天线的近场示意图。FDTD 计算域为 $270\delta \times 150\delta$，$\delta$ 为空间离散间隔。电磁超材料板的大小为 $120\delta \times 40\delta$，介质参数 $\omega_\mathrm{p} = \omega_\mathrm{pe} = \omega_\mathrm{pm} = 2.655 \times 10^{11}$ rad/s，$\Gamma = \Gamma_\mathrm{e} = \Gamma_\mathrm{m} = 0$；采用强制加源，波源为 $E(t) = \sin(\omega t)$，其中 $\omega = 2\pi\sqrt{2} f_0$，

$f_0 = 30$ GHz，$\lambda_0 = 0.01$ m，$WL = 20$，$\delta = \lambda/WL = 0.05$ cm，时间离散间隔 $\Delta t = \delta/2c$，$t = 5000\Delta t$，平面波从$(135,75)$向四周辐射，图 8-10 给出了 TM 情形极化 E_z 近场的振幅分布，图中纵、横坐标为两个相互垂直方向的空间位置。

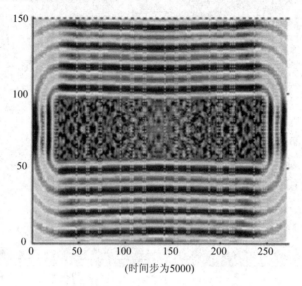

(时间步为5000)

图 8-10　定向天线近场振幅分布图

8.5　金属柱覆盖电磁超材料时的电磁散射

考虑到电磁超材料有可能用于吸波和隐身，下面讨论金属柱（参见图 8-11）覆盖电磁超材料时的电磁散射，探讨该种介质在隐身方面的应用前景。

图 8-11　覆盖电磁超材料层的金属柱

覆盖电磁超材料的金属柱如图 8-11 所示，金属柱半径为 2.0 cm，双负介质层的厚度为 2.0 cm 。电磁超材料参数 $\omega_{pe} = 5.595 \times 10^{10}$ rad/s，$\omega_{pm} = 8.43 \times 10^{10}$ rad/s，$\Gamma_e = 1.0 \times 10^8$ rad/s，$\Gamma_m = 1.0 \times 10^8$ rad/s。FDTD 计算的空间离散间隔和时间离散间隔分别为 $\delta = 0.05$ cm、$\Delta t = \delta/2c$。图 8-12 是金属柱和覆盖电磁超材料后金属柱的后向 RCS（雷达散射截面），其中图(a)是 TM 情形，图(b)为 TE 情形。图中实线表示金属柱没有覆盖电磁超材料层时的情形，而虚线表示金属柱有电磁超材料覆盖层的情形。由图可以看出，电磁超材料覆盖层能在宽频段里减小目标的后向 RCS。

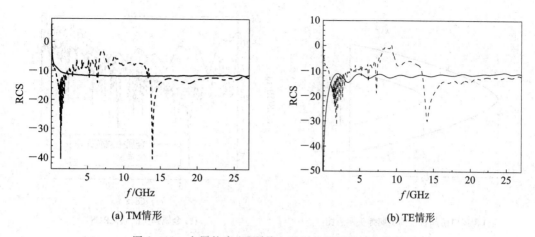

(a) TM情形　　　　　　　　　　　　　　(b) TE情形

图 8 - 12　金属柱有/无覆盖电磁超材料层的后向散射

【例 8 - 4】　金属球覆盖电磁超材料时的宽带后向散射。

金属球如图 8 - 13(a)所示，球半径 $b = 3.0$ cm；电磁超材料层的厚度为 $a - b = 1.0$ cm。电磁超材料参数 $\omega_{pe} = \omega_{pm} = 1.884 \times 10^{11}$ rad/s，$\Gamma_e = \Gamma_m = 1.0 \times 10^8$ rad/s。计算中取 $\delta = 0.1$ cm，$\Delta t = \delta/2c$。图 8 - 13(b)所示是金属球的后向 RCS，图中实线表示金属球没有覆盖电磁超材料层时的情形，而虚线表示金属球有电磁超材料覆盖层的情况。由图(b)可以看出，电磁超材料覆盖层能在宽频段里减小金属球的后向 RCS。

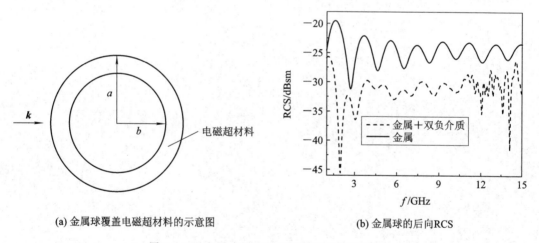

(a) 金属球覆盖电磁超材料的示意图　　　　　　　(b) 金属球的后向RCS

图 8 - 13　金属球覆盖电磁超材料层的后向散射

【例 8 - 5】　Von Karman 型金属弹头覆盖电磁超材料时的宽带后向散射。

Von Karman 型金属弹头(以下简称金属弹头)覆盖电磁超材料时的截面如图 8 - 14(a)所示，图中 $D_1 = 0.2$ m，$D_2 = 0.4$ m，$L_1 = 0.2$ m，$L_2 = 0.4$ m。电磁超材料参数 $\omega_{pe} = \omega_{pm} = 1.332 \times 10^{11}$ rad/s，$\Gamma_e = \Gamma_m = 1.0 \times 10^8$ rad/s。$\delta = 0.002$ cm，$\Delta t = \delta/2c$。图 8 - 14(b)所示是电磁波迎头入射时的后向 RCS，图中实线是金属弹头未覆盖电磁超材料时的情形，虚线是金属弹头有电磁超材料覆盖时的情形。从图(b)可以看出，电磁超材料覆盖层可以在宽频段内减小 Von Karman 型金属弹头的后向 RCS。

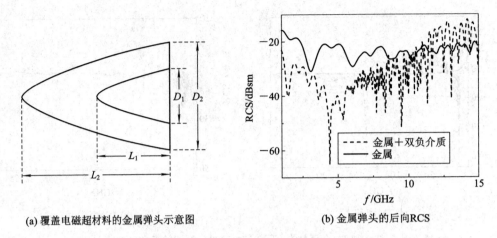

(a) 覆盖电磁超材料的金属弹头示意图   (b) 金属弹头的后向RCS

图 8-14 外层有/无覆盖电磁超材料的 Von Karman 型金属弹头的后向散射

以上推证和计算表明，FDTD 法是处理含电磁超材料目标散射的良好方法，电磁超材料覆盖层可以在宽频段内减小金属目标的后向 RCS。

第9章　电磁超材料的隐身特性分析和应用

近年来，有关电磁超材料隐身技术及其应用的研究方兴未艾。本章结合电磁超材料的电磁特性，探讨电磁超材料应用于隐身技术的方法；采用 FDTD 算法计算含电磁超材料的二维和三维目标雷达散射截面；介绍坐标变换设计隐身衣的基本原理，得出多层壳结构隐身衣的本构关系，进一步提出在分层背景介质中的电磁超材料多层结构电磁隐身衣的设计方法。

9.1　电磁超材料隐身技术

9.1.1　隐身技术基础理论

雷达隐身技术的核心是减少雷达散射截面（RCS）。所谓雷达散射截面积是目标受到雷达电磁波的照射后，向雷达接收方向散射电磁波能力的量度。雷达散射截面常用 σ 表示，其理论定义为

$$\sigma=\lim_{R\to\infty}4\pi R^2\,\frac{|E_r|^2}{|E_i|^2} \tag{9-1}$$

式中，R 为目标与雷达之间的距离；E_i 为雷达在目标处的照射场强；E_r 为目标在接收天线处的散射场强。

在理论上，把物体的边界条件代入麦克斯韦方程，即可计算出雷达散射截面积。但是用理论公式计算像飞机、船只之类目标的雷达散射截面积时，却只能得到粗略的估计值。这是因为雷达散射截面和目标本身的形状、几何尺寸、材料、目标视角、雷达频率、电波的极化等多种因素有关，只有在目标具有简单的几何形状的情况下才能得出其精确解。

雷达利用目标对电磁波的反射、应答或自身的辐射发现目标。雷达的探测距离有一定范围，雷达探测的基本原理和系统特征可以用雷达方程来描述。雷达最大作用距离为

$$R_{\max}=\sqrt[4]{\frac{P_tG_tG_r\lambda^2\sigma}{(4\pi)^3P_{\min}}} \tag{9-2}$$

式中，P_t 为雷达发射功率；$P_{\min}$ 为雷达可检测的最小接收功率；G_t 为发射天线的增益；G_r 为接收天线的增益；λ 为雷达工作波长；σ 为目标的雷达散射截面（RCS）。雷达散射截面是目标对入射雷达波呈现的有效散射面积。从公式中可以看出，雷达最大作用距离 $R_{\max}$ 与目标的雷达截面积 σ 的 1/4 次方成正比，因此，要减小雷达的最大作用距离可以通过减小目标的 RCS 来实现。

9.1.2　隐身技术的常见方法

目前，降低 RCS 有以下几种方法：

（1）外形隐身：通过合理的外形设计达到隐身的效果。

（2）电子措施隐身：利用各种电子手段达到隐身的效果。

（3）材料隐身：采用雷达吸波材料达到隐身的效果。

（4）等离子隐身：利用等离子体对电磁波传播的影响达到隐身的效果。

隐身技术常见方法具体如下：

（1）外形隐身技术。外形隐身是一种通过改变武器结构的常规布局，利用结构外形的变化（如多平面多棱形结构），将电磁波散射于不同方向来实现隐身的方法。应用结构外形隐身应避免以往那种采用垂直或近似垂直的截面或垂直圆柱面，避免角反射体，而是要尽量压缩武器平台面积及减少突出设备，减少电磁波的有效反射面积和反射强度，使入射波避免在物体外表产生强镜面反射，将其分散成各方面的散射，减小在入射方向上返回的电磁波能量，从而达到隐身的目的。例如，F-117"夜鹰"攻击机的隐身主要就是采用了多平面多角体的结构外形，这是一种辐射体气动结构：当雷达的波长远小于飞机尺寸时，按几何光学原理，可以将它看成是独立散射的集合，尽量使雷达的反射信号互相干涉。再如，B-2隐形轰炸机采用的是翼身融合气体结构，看上去就像是一个巨大的飞翼，这种结构的机翼与机身的连接处不是直角折线，而是光滑流畅的曲线，当雷达波辐射到流畅光滑的机体时将会产生折射和偏转。这种结构的外形隐身，配合机体外表敷设吸波涂层以及使用部分复合材料部件来吸收或衰减剩余的雷达波，能够达到更好的隐身效果。

（2）电子措施隐身技术。电子措施隐身对改善当前战争中各种电子设备自身的隐身特性是至关重要的，如何尽早发现对方同时又不被对方发现也是现代战争中提高自身生存力的重要因素之一。目前主要采取的电子措施隐身方法有电子干扰和欺骗、有源对消、无源探测手段、低截获概率雷达、连续波雷达等。

（3）材料隐身技术。材料隐身技术是指一种利用能吸收雷达电磁波的物质材料，敷贴到武器装备表面强反射部位上去的隐身方法。隐身武器对隐身材料的需求是"薄、轻、宽、强、多"，即材料要薄、要轻，隐身的频段要宽，材料硬度要强，具有的功能要多。目前，已使用和正在研究的吸波材料主要有以下几类：

① 纳米材料。纳米材料是指材料组成特征尺寸处于纳米量级（0.1 nm～100 nm）的材料。它具有频带宽、兼容性好、质量轻、厚度薄等特点，可以满足对吸波材料"轻、薄、宽、强"的要求。近几年来通过对纳米材料研究的不断深入，证明纳米材料具有良好的吸波特性，是一种很好的雷达波吸收材料。由于纳米技术的采用已能制作出频带更宽的吸波材料，因此隐身吸波材料的频带范围由厘米波段扩展到毫米波段。

② 智能材料。智能材料是一种同时具备感知功能、信息处理功能、自我指令并对信号做出最佳响应的材料和结构。智能材料能够根据外界环境变化调节自身的结构和性能，对环境做出最佳响应。目前，这种材料已广泛应用于军事和航空领域。

③ 导电高分子聚合物。导电高分子聚合物利用其具有共轭π电子聚合物的线形或平面构形与高分子电荷转移络合物的作用，可设计其导电结构，实现阻抗匹配和电磁损耗，从而吸收雷达波。导电高分子聚合物的电导率可在绝缘体、半导体和金属体内变化。将导电高分子聚合物与无机磁损耗物质或超微粒子复合，可发展为一种新型轻质宽频带微波吸波材料。

（4）等离子体隐身技术。众所周知，等离子体是继固、液、气三态后的第四种物质存在形态，是一种处于电离状态的物质高能聚集态。通常在这种凝聚态中电子所带负电荷与离子所带正电荷的总数相等，宏观上呈现中性，因此当电磁波与等离子体相互作用时，体现出不同于一般导体或介质的特性。等离子体隐身技术是指产生并利用在飞机、舰船等武器装备表面形成的等离子云来实现规避电磁波探测的一种隐身技术。它可以在武器装备几乎不作任何结构和性能改变的情况下，通过控制武器装备表面等离子云的特征参数（如能量、电离度、振荡频率等）来满足各种特定要求，从而使敌方雷达难以探测，甚至还能改变雷达反射信号的频率，使敌方雷达探测到虚假信号，以实现信息欺骗，从而达到隐身的目的。当目标周围环绕着等离子体云时，那么在雷达的电磁波同等离子体云共同作用下，会发生三种现象。第一，电磁波的能量被吸收，因为电磁波在穿越等离子体时，电磁波会与等离子体的电磁波相互作用，把部分能量传递给带电粒子，自身能量逐渐衰减。第二，受一系列物理作用的影响，电磁波急于绕过等离子体。这两种现象会使反射信号大大减弱。由此可知，等离子体对电磁波的传播有很大影响。第三，在一定条件下等离子体能够反射电磁波，在另一条件下，又能够吸收电磁波。当存在磁场时，等离子体中沿磁场方向传播的电磁波极化方向产生法拉第旋转，从而使雷达接收的回波极化方向与发射时的不一致，造成极化失真。即使对地磁场这样的弱磁场，极化失真也不容忽视。

9.1.3　电磁超材料应用于隐身技术

根据电磁超材料的电磁特性，结合当代隐身技术，电磁超材料应用于隐身技术中有如下方法：

（1）利用坐标变换法可以设计完美隐身衣。该方法使电磁波绕过隐身衣内部被隐身区域，而不引起任何散射，达到完美的隐身效果。

（2）电磁超材料的完美成像也可应用于隐身技术，可以利用电磁超材料的负折射效应，得出电磁超材料平板可以放大倏逝波，那么通过选取适当的参数，电磁超材料平板就可以起到完美成像透镜的作用。因此，在实际运用中可以将重要目标通过电磁超材料平板的完美成像技术在另一个地方制造一个假目标来误导敌方，从而达到隐身的目的，如图 9-1 所示。

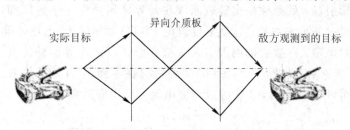

图 9-1　完美成像应用于隐身技术示意图

（3）电磁超材料应用于吸波隐身。由于电磁超材料的周期排列特性，若要得到在一定频段内的双负特性，电磁超材料必须满足一定排列规则及尺寸，因此在实际中通过外形设计与变换将电磁超材料应用于外形隐身并不可靠。然而由于电磁超材料的电磁散射特性，可以看到作为一种新型人工介质，电磁超材料吸收电磁波效果明显，且具有很宽的高吸收频带。基于匹配介质的电磁超材料的吸波性能要明显优于等离子体的，适当选取电磁超材料（平）板参数，可以使电磁超材料板有效地减小目标的雷达回波。可以预见电磁超材料在吸波隐身方面具有广阔的应用前景。

对于吸波隐身，可以从微观和宏观两个方面来分析其物理机理。在微观上，电磁超材料如图 9-2 所示，令电磁波从电磁超材料的一侧进入。当电磁波进入电磁超材料时，由于电磁超材料的结构特性，周期排列的结构单元之间拥有很多空隙，从而容易将电磁波引入而不引起反射，这就降低了电磁波的反射系数，从而有效降低后向雷达散射截面积。当电磁波进入电磁超材料后，在众多开路环谐振器的作用下，由于传播损耗而削弱的电磁波将在谐振器的作用下得到加强，前向接收到的电磁波将检测不到电磁波被遮挡与衰减的情况，就如同照射在真空中一样。在宏观上，可选取适当的参数，应用 FDTD 程序研究电磁超材料的电磁隐身特性。

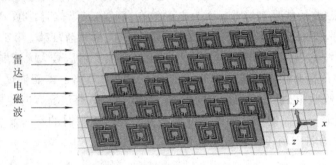

图 9-2　电磁波从一侧进入电磁超材料示意图

9.2　含电磁超材料的二维目标电磁散射特性分析

9.2.1　FDTD 算法二维情形的近-远场外推

为了研究电磁超材料的隐身特性，分析电磁超材料对于减小雷达散射截面的作用，首先需要计算电磁目标的散射场；而后将散射场经过傅里叶变换，可得到雷达散射截面与角度或频率的关系。然而，由于 FDTD 算法只能计算空间有限区域的电磁场，要获得计算区域以外的散射或辐射场，就必须根据等效原理在计算区域内作一个封闭面，然后由这个面上的等效电磁流经过外推来得到。这就需要讨论 FDTD 算法的近-远场外推。

首先介绍等效原理。在散射体周围引入虚拟界面 A，令 A 界面外为真空，A 界面内的场为零，如图 9-3 所示，则图(a)与图(b)两种情况在界面 A 以外的场 E、H 有相同的分布。图中 e_n 为界面 A 的外法向，J 为等效界面电流、J_m 为等效界面磁流。

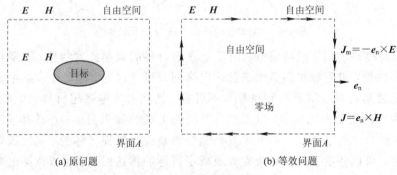

图 9-3　等效原理示意图

由麦克斯韦方程可得电流与磁流的辐射场为

$$\begin{cases} \boldsymbol{E} = -\nabla \times \boldsymbol{F} + \dfrac{1}{j\omega\varepsilon}\nabla \times \nabla \times \boldsymbol{A} = -\nabla \times \boldsymbol{F} - j\omega\mu\boldsymbol{A} + \dfrac{1}{j\omega\varepsilon}\nabla(\nabla \cdot \boldsymbol{A}) \\[3mm] \boldsymbol{H} = \nabla \times \boldsymbol{A} + \dfrac{1}{j\omega\mu}\nabla \times \nabla \times \boldsymbol{F} = \nabla \times \boldsymbol{A} - j\omega\mu\boldsymbol{F} + \dfrac{1}{j\omega\mu}\nabla(\nabla \cdot \boldsymbol{F}) \end{cases} \quad (9-3)$$

其中

$$\begin{cases} \boldsymbol{A}(\boldsymbol{r}) = \displaystyle\int \boldsymbol{J}(\boldsymbol{r}')G(\boldsymbol{r},\ \boldsymbol{r}')\mathrm{d}V' \\[3mm] \boldsymbol{F}(\boldsymbol{r}) = \displaystyle\int \boldsymbol{J}_\mathrm{m}(\boldsymbol{r}')G(\boldsymbol{r},\ \boldsymbol{r}')\mathrm{d}V' \end{cases} \quad (9-4)$$

式中，$\boldsymbol{A}$ 和 $\boldsymbol{F}$ 为矢量函数；$G(\boldsymbol{r},\ \boldsymbol{r}')$ 为自由空间格林函数。

二维情形由数据边界外推远场区示意图如图 9-4 所示。

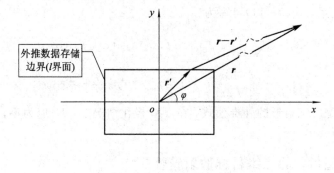

图 9-4 二维情形下数据边界外推远场区示意图

对于二维情形的时谐场，其格林函数为

$$G(\boldsymbol{r},\ \boldsymbol{r}') = \frac{1}{4\mathrm{j}}H_0^{(2)}(k|\boldsymbol{r}-\boldsymbol{r}'|) \quad (9-5)$$

式中，$H_0^{(2)}(\ )$ 表示第二类零阶 Hankel 函数。利用 Hankel 函数大宗量近似，及 $|\boldsymbol{r}-\boldsymbol{r}'| \approx r - \boldsymbol{r}' \cdot \boldsymbol{e}_r$，式(9-5)可近似为

$$G(\boldsymbol{r},\ \boldsymbol{r}') \approx \frac{\mathrm{e}^{-\mathrm{j}kr}}{2\sqrt{2\mathrm{j}\pi kr}}\mathrm{e}^{\mathrm{j}k\boldsymbol{e}_r \cdot \boldsymbol{r}'} \quad (9-6)$$

将式(9-6)代入式(9-4)得

$$\begin{cases} \boldsymbol{A}(\boldsymbol{r}) = \dfrac{\mathrm{e}^{-\mathrm{j}kr}}{2\sqrt{2\mathrm{j}\pi kr}}\displaystyle\int \boldsymbol{J}(\boldsymbol{r}')\,\mathrm{e}^{\mathrm{j}k\boldsymbol{e}_r \cdot \boldsymbol{r}'}\mathrm{d}V' \\[3mm] \boldsymbol{F}(\boldsymbol{r}) = \dfrac{\mathrm{e}^{-\mathrm{j}kr}}{2\sqrt{2\mathrm{j}\pi kr}}\displaystyle\int \boldsymbol{J}_\mathrm{m}(\boldsymbol{r}')\,\mathrm{e}^{\mathrm{j}k\boldsymbol{e}_r \cdot \boldsymbol{r}'}\mathrm{d}V' \end{cases} \quad (9-7)$$

令

$$\begin{cases} \boldsymbol{f}(\varphi) = \displaystyle\int_l \boldsymbol{J}(\boldsymbol{r}')\,\mathrm{e}^{\mathrm{j}k\boldsymbol{e}_r \cdot \boldsymbol{r}'}\mathrm{d}l' \\[3mm] \boldsymbol{f}_m(\varphi) = \displaystyle\int_l \boldsymbol{J}_\mathrm{m}(\boldsymbol{r}')\,\mathrm{e}^{\mathrm{j}k\boldsymbol{e}_r \cdot \boldsymbol{r}'}\mathrm{d}l' \end{cases} \quad (9-8)$$

然后将式(9-3)中的算子 ∇ 用 $-\mathrm{j}k\boldsymbol{e}_r \cdot \boldsymbol{r}'$ 代替，再写成柱坐标分量就可以得到

$$\begin{cases} E_z = \mathrm{j}kF_\varphi - \mathrm{j}\omega\mu A_z \\ E_\varphi = -\mathrm{j}kF_z - \mathrm{j}\omega\mu A_\varphi \end{cases} \quad (9-9)$$

以及

$$\begin{cases} H_z = -\mathrm{j}kA_\varphi - \mathrm{j}\omega\varepsilon F_z \\ H_\varphi = \mathrm{j}kA_z - \mathrm{j}\omega\varepsilon F_\varphi \end{cases} \tag{9-10}$$

将式(9-7)、式(9-8)分别代入式(9-9)和式(9-10),其纵向分量可以写成

$$\begin{cases} E_z = \dfrac{\mathrm{e}^{-\mathrm{j}kr}}{2\sqrt{2\mathrm{j}\pi kr}}(\mathrm{j}k)(-Zf_z + f_{\mathrm{m}\varphi}) \\ H_z = \dfrac{\mathrm{e}^{-\mathrm{j}kr}}{2\sqrt{2\mathrm{j}\pi kr}}(-\mathrm{j}k)\left(f_\varphi + \dfrac{1}{Z}f_{\mathrm{m}z}\right) \end{cases} \tag{9-11}$$

式中,$Z = \sqrt{\mu/\varepsilon}$ 为波阻抗。对于二维情形,入射电磁波可以区分为 TE 波和 TM 波,横向场分量可以用纵向分量表示。设远区观察点的方位角为 φ,即 $\boldsymbol{e}_r = (\cos\varphi, \sin\varphi)$,再利用直角坐标与柱坐标的关系,式(9-11)可写为

$$\begin{cases} E_z = \dfrac{1}{2}\sqrt{\dfrac{\mathrm{j}k}{2\pi r}}\,\mathrm{e}^{-\mathrm{j}kr}(-Zf_z - f_{\mathrm{m}x}\sin\varphi + f_{\mathrm{m}y}\cos\varphi) \\ H_z = -\dfrac{1}{2}\sqrt{\dfrac{\mathrm{j}k}{2\pi r}}\,\mathrm{e}^{-\mathrm{j}kr}\left(\dfrac{1}{Z}f_{\mathrm{m}z} - f_x\sin\varphi + f_y\cos\varphi\right) \end{cases} \tag{9-12}$$

式(9-12)就是二维情形的外推公式,在 TM 极化情况下,H_z 应为零;在 TE 极化情况下,E_z 应为零。

9.2.2 含电磁超材料的二维目标散射特性

根据第 7 章中所编写的电磁超材料 FDTD 程序及利用以上理论编写的近-远场外推程序,对电磁超材料的二维时谐场的电磁散射特性进行计算与分析。计算中参数 δ、Δt、c 分别为空间离散间隔、时间离散间隔和真空中的光速。

1. 金属圆柱普通材料与电磁超材料圆柱的散射特性比较

取金属圆柱与电磁超材料圆柱半径都为 2 cm,入射波频率为 $f_0 = 30$ GHz,波长为 $\lambda = c/f_0 = 1$ cm。电磁超材料的色散模型采用 Drude 模型以及移位算子法处理(以下算例相同)。其电子碰撞频率为 $\Gamma_e = \Gamma_m = \Gamma = 0$;电等离子体振荡频率和磁等离子体振荡频率为 $\omega_{\mathrm{pe}} = \omega_{\mathrm{pm}} = 2\pi f_p$,$f_p$ 是等离子体的固有振荡频率,这里取 $f_p = \sqrt{2}f_0 = 16.14$ GHz,做这样的设置可以得到折射率为 -1 的电磁超材料。FDTD 计算时,空间和时间离散间隔分别为 $\delta = \lambda/50 = 0.02$ cm、$\Delta t = \delta/(2c)$;平面波采用 TE 波从左边入射到目标,观察时间 $t = 2000\Delta t$。图 9-5(a)和(b)所示分别为金属圆柱与电磁超材料圆柱的近场分布。

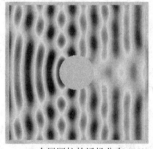
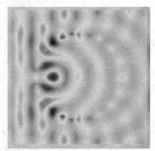

(a) 金属圆柱的近场分布　　　　　　　(b) 电磁超材料圆柱的近场分布

图 9-5　金属圆柱与电磁超材料圆柱的近场分布示意图

从图 9-5 中可以看到，金属圆柱内部场为零，在圆柱右侧有一个阴影区，金属圆柱的后向散射很大（即零度角和小双站角的范围内），大双站角范围内的前向散射很小。图 9-6 给出了不含和包含电磁超材料时的金属圆柱双站归一化的 RCS。而电磁超材料圆柱由于具有负折射特性，对电磁波具有会聚作用，因此在电磁超材料圆柱内的左半部分有一个强烈的会聚点，同时在圆柱的右半部分也产生了会聚，导致电磁超材料圆柱前向散射增大。

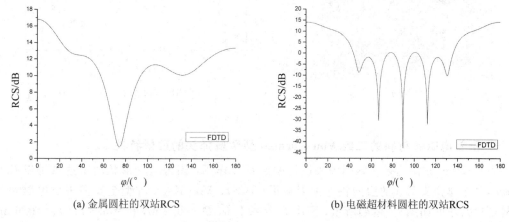

(a) 金属圆柱的双站RCS　　　　　　　　　(b) 电磁超材料圆柱的双站RCS

图 9-6　普通材料金属圆柱与电磁超材料圆柱的双站 RCS 示意图

2. 电磁超材料覆盖金属圆柱的散射特性

设被电磁超材料覆盖的金属圆柱半径为 2 cm，金属圆柱的半径为 1.5 cm，$\lambda=1$ cm，FDTD 计算时空间和时间离散间隔分别为 $\delta=\lambda/50=0.02$ cm、$\Delta t=\delta/(2c)$；电磁超材料的参数选取 $\omega_{pe}=5.595\times10^{10}$ rad/s，$\omega_{pm}=8.43\times10^{10}$ rad/s，$\Gamma_e=\Gamma_m=\Gamma=1.0\times10^{8}$ rad/s。

平面波从左边入射到目标，图 9-7(a) 与图 9-8(a) 所示分别为 TM 波和 TE 波入射时被电磁超材料覆盖的金属圆柱近场分布情况，观察时间 $t=5000\Delta t$；图 9-7(b) 和图 9-8(b) 为其归一化的 RCS 曲线与金属圆柱的 RCS 曲线的对比，可以看出，电磁超材料可以在较宽频段内减小金属柱的后向散射，这就说明用电磁超材料涂覆金属表面能起到一定的隐身作用。

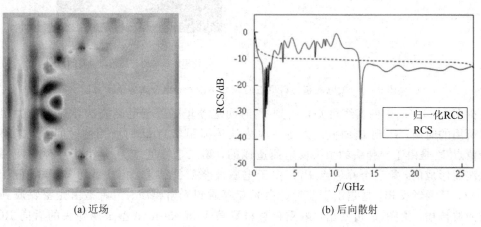

(a) 近场　　　　　　　　　　　(b) 后向散射

图 9-7　TM 波入射

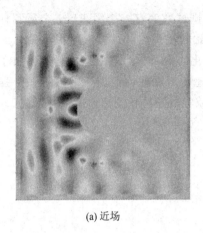

(a) 近场

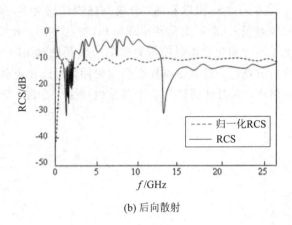

(b) 后向散射

图 9-8　TE 波入射

3. 覆盖电磁超材料的二维 Von Karman 型金属弹头的散射特性

Von Karman 雷达罩在导弹弹头设计中起重要作用，因为这种形状的雷达罩可以有效地减小由导弹弹头引起的后向雷达散射截面（RCS）。Von Karman 型金属弹头被电磁超材料覆盖时的截面如图 9-9(a) 所示，图中 $D_1 = 0.1$ m，$D_2 = 0.2$ m，$L_1 = 0.3$ m，$L_2 = 0.6$ m。电磁超材料参数 $\omega_p = 39.87$ GHz，$\Gamma = 0.1$ GHz。图 9-9(b) 是建模后的 Von Karman 型金属弹头截面模型，入射波采用高斯脉冲从左侧进入，脉冲宽度 $\tau = 60\Delta t$，其中 $\Delta t = \delta/2c$，$\delta = 0.001$ m，观察时间 $t = 2000\Delta t$。图 9-10(b) 是 Von Karman 型金属弹头后向 RCS，图中实线是其未覆盖电磁超材料时的计算结果，虚线是其有电磁超材料覆盖时的计算结果。

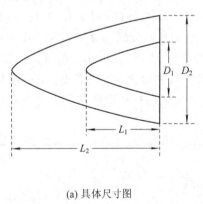

(a) 具体尺寸图

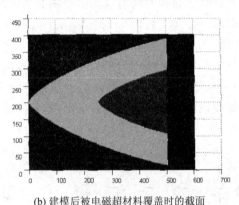

(b) 建模后被电磁超材料覆盖时的截面

图 9-9　被电磁超材料覆盖的 Von Karman 型金属弹头示意图

由图 9-10(a) 中的实线可知，P_1 到 P_2 时间之差正好等于电磁波从导弹头顶尖爬行到底部所用的时间，P_1 到 P_2 时间之差等于电磁波传播距离为 D_1 时所用的时间，所以第一个小峰值点 P_1 是由于导弹头的顶尖反射而造成的，第二个峰值点 P_2 是由于导弹头两侧反射电磁波而形成的，第三个峰值点 P_3 是由于电磁波绕射的结果。由虚线可知，峰值点 K_1 比 P_1 提前，且两者反相，这是由于前者是由光疏媒质到光密媒质、后者是由光密媒质到光疏媒质的波传播。由图(b) 可看出，电磁超材料覆盖 Von Karman 型金属弹头的后向 RCS 比未覆盖的要小。计算结果表明，电磁超材料覆盖层可以在宽频段内减小金属目标的后向 RCS。

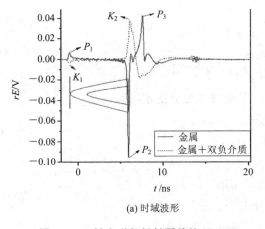
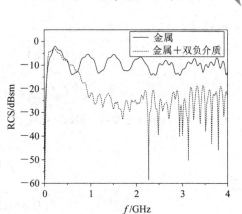

(a) 时域波形   (b) RCS

图 9-10 被电磁超材料覆盖的 Von Karman 型金属弹头后向散射场时域波形和 RCS

9.3 含电磁超材料的三维目标电磁散射特性分析

9.3.1 FDTD 算法三维情形的近-远场外推

三维情形下数据边界外推远场区示意图如图 9-11 所示。

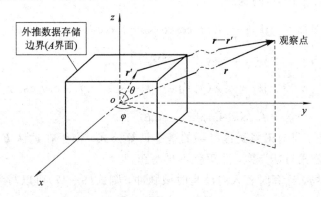

图 9-11 三维情形下数据边界外推远场区示意图

时谐场情况下，三维情形自由空间的格林函数为

$$G(\boldsymbol{r}, \boldsymbol{r}') = \frac{\mathrm{e}^{-\mathrm{j}k|\boldsymbol{r}-\boldsymbol{r}'|}}{4\pi|\boldsymbol{r}-\boldsymbol{r}'|} \tag{9-13}$$

利用近似 $|\boldsymbol{r}-\boldsymbol{r}'| \approx r - \boldsymbol{r}' \cdot \boldsymbol{e}_r$，上式变为

$$G(\boldsymbol{r}, \boldsymbol{r}') \approx \frac{\mathrm{e}^{-\mathrm{j}kr}}{4\pi r} \mathrm{e}^{\mathrm{j}k\boldsymbol{r}' \cdot \boldsymbol{e}_r} \tag{9-14}$$

代入式(9-4)得

$$\begin{cases} \boldsymbol{A}(\boldsymbol{r}) = \dfrac{\mathrm{e}^{-\mathrm{j}kr}}{4\pi r} \displaystyle\int_A \boldsymbol{J}(\boldsymbol{r}') \mathrm{e}^{\mathrm{j}k\boldsymbol{e}_r \cdot \boldsymbol{r}'} \mathrm{d}s' \\[3mm] \boldsymbol{F}(\boldsymbol{r}) = \dfrac{\mathrm{e}^{-\mathrm{j}kr}}{4\pi r} \displaystyle\int_A \boldsymbol{J}_\mathrm{m}(\boldsymbol{r}') \mathrm{e}^{\mathrm{j}k\boldsymbol{e}_r \cdot \boldsymbol{r}'} \mathrm{d}s' \end{cases} \tag{9-15}$$

同样地，令

$$
\begin{cases}
\boldsymbol{f}(\theta,\ \varphi)=\int_A \boldsymbol{J}(\boldsymbol{r}')\mathrm{e}^{\mathrm{j}k\boldsymbol{e}_r\cdot\boldsymbol{r}'}\,\mathrm{d}s' \\
\boldsymbol{f}_\mathrm{m}(\theta,\ \varphi)=\int_A \boldsymbol{J}_\mathrm{m}(\boldsymbol{r}')\mathrm{e}^{\mathrm{j}k\boldsymbol{e}_r\cdot\boldsymbol{r}'}\,\mathrm{d}s'
\end{cases}
\tag{9-16}
$$

将式(9-3)中算子∇用$-\mathrm{j}k\boldsymbol{e}_r\cdot\boldsymbol{r}'$代替，再写成球坐标分量就可以得到

$$
\begin{cases}
E_\theta=-\mathrm{j}kF_\varphi-\mathrm{j}\omega\mu A_\theta \\
E_\varphi=\mathrm{j}kF_\theta-\mathrm{j}\omega\mu A_\varphi
\end{cases}
\tag{9-17}
$$

以及

$$
\begin{cases}
H_\theta=\mathrm{j}kA_\varphi-\mathrm{j}\omega\varepsilon F_\theta \\
H_\varphi=-\mathrm{j}kA_\theta-\mathrm{j}\omega\varepsilon F_\varphi
\end{cases}
\tag{9-18}
$$

将式(9-15)和式(9-16)代入式(9-17)可得电场公式为

$$
\begin{cases}
E_\theta=\dfrac{\mathrm{e}^{-\mathrm{j}kr}}{4\pi r}(-\mathrm{j}k)(Zf_z+f_{\mathrm{m}\varphi}) \\
E_\varphi=\dfrac{\mathrm{e}^{-\mathrm{j}kr}}{4\pi r}(\mathrm{j}k)(-Zf_\varphi+f_{\mathrm{m}\theta})
\end{cases}
\tag{9-19}
$$

式中，$Z=\sqrt{\mu/\varepsilon}$为波阻抗。

设远区观察点方向为φ和θ，即$\boldsymbol{e}_r=(\sin\theta\cos\varphi,\ \sin\theta\sin\varphi,\ \cos\theta)$，再利用直角坐标与球坐标的关系后，式(9-19)可写为

$$
\begin{cases}
E_\theta=-\mathrm{j}k\dfrac{\mathrm{e}^{-\mathrm{j}kr}}{4\pi r}[Z(f_x\cos\theta\cos\varphi+f_y\cos\theta\sin\varphi-f_z\sin\theta) \\
\qquad +(-f_{\mathrm{m}x}\sin\varphi+f_{\mathrm{m}y}\cos\varphi)] \\
E_\varphi=-\mathrm{j}k\dfrac{\mathrm{e}^{-\mathrm{j}kr}}{4\pi r}[Z(f_x\sin\varphi-f_y\cos\varphi)+(f_{\mathrm{m}x}\cos\theta\cos\varphi \\
\qquad +f_{\mathrm{m}y}\cos\theta\sin\varphi-f_{\mathrm{m}z}\sin\theta)]
\end{cases}
\tag{9-20}
$$

式(9-20)就是三维时谐场远区电场的基本计算公式。由于在远区$\boldsymbol{E}$和$\boldsymbol{H}$的关系如同平面波，因此磁场公式与其类似，这里就不再写出。

对于三维瞬态场，计算时若入射波是时域脉冲，则式(9-17)可以写为

$$
\begin{cases}
E_\theta=-(ZQ_\theta+P_\varphi) \\
E_\varphi=-(ZQ_\varphi-P_\theta)
\end{cases}
\tag{9-21}
$$

式中

$$
\begin{cases}
\boldsymbol{Q}=\mathrm{j}k\boldsymbol{A}(\boldsymbol{r})=\dfrac{\mathrm{e}^{-\mathrm{j}kr}}{4\pi r}\int_A \boldsymbol{J}(\boldsymbol{r}')\mathrm{e}^{\mathrm{j}k\boldsymbol{e}_r\cdot\boldsymbol{r}'}\cdot\mathrm{d}s' \\
\boldsymbol{P}=\mathrm{j}k\boldsymbol{F}(\boldsymbol{r})=\dfrac{\mathrm{e}^{-\mathrm{j}kr}}{4\pi r}\int_A \boldsymbol{J}_\mathrm{m}(\boldsymbol{r}')\mathrm{e}^{\mathrm{j}k\boldsymbol{e}_r\cdot\boldsymbol{r}'}\cdot\mathrm{d}s'
\end{cases}
\tag{9-22}
$$

对式(9-22)作傅里叶逆变换可得

$$
\begin{cases}
\boldsymbol{q}(t)=\dfrac{1}{4\pi rc}\dfrac{\partial}{\partial t}\int_A \boldsymbol{j}\left(\boldsymbol{r}',\ t+\dfrac{\boldsymbol{e}_r\cdot\boldsymbol{r}'}{c}-\dfrac{r}{c}\right)\cdot\mathrm{d}s' \\
\boldsymbol{p}(t)=\dfrac{1}{4\pi rc}\dfrac{\partial}{\partial t}\int_A \boldsymbol{j}_\mathrm{m}\left(\boldsymbol{r}',\ t+\dfrac{\boldsymbol{e}_r\cdot\boldsymbol{r}'}{c}-\dfrac{r}{c}\right)\cdot\mathrm{d}s'
\end{cases}
\tag{9-23}
$$

于是可得式(9-21)关于电场$\boldsymbol{E}$的傅里叶逆变换为

$$\begin{cases} e_\theta(t) = -Zq_\theta - p_\varphi \\ e_\varphi(t) = -Zq_\varphi + p_\theta \end{cases} \tag{9-24}$$

在式(9-23)的积分计算中，对面电流或磁电流的任意一个直角分量进行离散得

$$w(t) = \int_A j\left(\mathbf{r}', t + \frac{\mathbf{e}_r \cdot \mathbf{r}'}{c} - \frac{r}{c}\right) ds' = \sum_{l=1}^{L} j_l(t - \tau_l) \tag{9-25}$$

式中，j 是外推面上各点的电流密度；j_l 是外推面上各个离散小面元处的电流密度；$\tau_l = \dfrac{r}{c} - \dfrac{\mathbf{e}_r \cdot \mathbf{r}'_l}{c}$；$L$ 为六个外推数据存储面的离散小面元总数。观察点处的场值为外推面上各个点电磁流在不同时刻的值经过一定时间延迟后的贡献的叠加。设 $\mathbf{r}'_0$ 为距离 P 点最近的面元，则其对应的延迟时间是所有面元中最短的，该值为

$$\tau_{\min} = \frac{r}{c} - \frac{\mathbf{e}_r \cdot \mathbf{r}'_0}{c}$$

则第 l 个面元的推迟时间为

$$\tau_l = \frac{r}{c} - \frac{\mathbf{e}_r \cdot \mathbf{r}'_l}{c} = \frac{r}{c} - \frac{\mathbf{e}_r \cdot \mathbf{r}'_0}{c} + \left(\frac{\mathbf{e}_r \cdot \mathbf{r}'_0}{c} - \frac{\mathbf{e}_r \cdot \mathbf{r}'_l}{c}\right) = \tau_{\min} + \tau'_l \tag{9-26}$$

式中，τ'_l 为面元 $\mathbf{r}'_l$ 相对面元 $\mathbf{r}'_0$ 的延迟时间。

简单直观的方法是记录外推面上各个面元电流 $j_l(l=1, 2, \cdots, L)$，再按照彼此延迟时间的不同进行叠加，但是这种方法所需的内存大，因此下面介绍可以减少内存的"投盒子"法。

在 $t' = n\Delta t$ 时刻，面元 $\mathbf{r}'_l$ 上电磁流对 P 点场值的贡献的延迟时间为

$$t = t' + \tau_l = n\Delta t + \tau_{\min} + \tau'_l \tag{9-27}$$

忽略式(9-27)中常数项 $\tau_{\min}$ 并离散得到

$$k\Delta t = n\Delta t + \tau'_l \tag{9-28}$$

相当于建立了 k 个时间盒子，面元 $\mathbf{r}'_l$ 在 $t' = n\Delta t$ 时刻对 P 点场值的贡献在第 k 个盒子中。因此在第 $t' = n\Delta t$ 时间步，式(9-25)可表示为

$$w(t) = w(n\Delta t + \tau_{\min} + \tau'_l) = w(k\Delta t + \tau_{\min}) = \sum_{l=1}^{L} j_l^k(n\Delta t), \ (k = 0, 1, 2, \cdots) \tag{9-29}$$

对于不是正好落在整数 k 的盒子里的贡献，可以采用插值法分到相邻的两个盒子里。最后随着时间步的推进，将各个时间盒子中的值相加并代入式(9-23)和式(9-24)中，便可得到远区观察点 P 处的瞬态散射场。

9.3.2　含电磁超材料的三维目标散射特性

1. 电磁超材料涂覆金属球的散射特性

金属球的半径为 0.015 m，电磁超材料覆盖金属球的厚度为 0.005 m，如图 9-12(a)所示。电磁超材料等离子体振荡频率和电子碰撞频率分别为 $\omega_{pe} = \omega_{pm} = \omega_p = 39.87$ GHz，$\Gamma_e = \Gamma_m = \Gamma = 0.1$ GHz。入射波采用高斯脉冲 $E_i(t) = e^{-4\pi(t-t_0)^2/\tau^2}$，其中 $\tau = 60\Delta t$，$t_0 = 0.8\tau$，$\Delta t = \delta/2c$。图 9-12(b)给出了电磁超材料覆盖金属球的后向雷达散射截面积结果和金属球无覆盖时的对比。

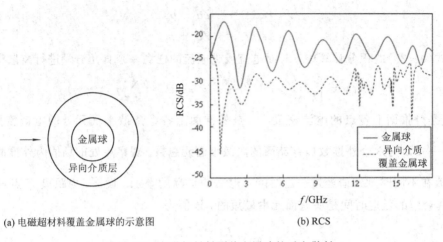

(a) 电磁超材料覆盖金属球的示意图   (b) RCS

图 9 - 12　电磁超材料覆盖金属球的后向散射

从图 9 - 12(b)中可以看到，电磁超材料覆盖的金属球的后向雷达散射截面明显得到降低，从而可以有效地提高其隐身特性。

2. 电磁超材料涂覆导弹目标的散射特性

长翼式导弹的雷达散射截面积较小、飞行高度低，雷达很难发现，所以应用比较广。结合实际，我们建立三维的电磁超材料长翼式导弹模型，如图 9 - 13 所示。该模型长为 3.62 m，最大翼展为 1.13 m，导弹直径为 0.13 m，弹头曲面采用 $v=1.381$ 的超椭球几何体(类似于 Von Karman 型金属弹头)。

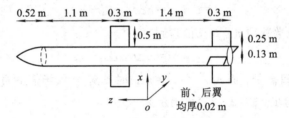

图 9 - 13　电磁超材料长翼式导弹模型示意图

首先采用常用的电磁超材料涂覆的方法进行分析与研究，模拟中电磁超材料参数 $\omega_{pe}=\omega_{pm}=\omega_p=39.87\ \text{GHz}$，$\Gamma_e=\Gamma_m=\Gamma=0.1\ \text{GHz}$，$\lambda=10\ \text{cm}$。FDTD 计算时，空间和时间离散间隔分别为 $\delta=\lambda/25=0.4\ \text{cm}$、$\Delta t=\delta/(2c)$。模拟后的导弹截面如图 9 - 14 所示，图中导弹外部浅色部分为电磁超材料涂层，该涂层厚度为 1.6 cm。

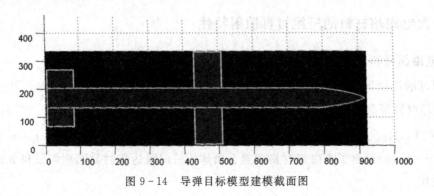

图 9 - 14　导弹目标模型建模截面图

入射波采用垂直极化方式分别从 z 轴方向迎头照射、后向接收，所得到的计算结果如图 9-15 所示。

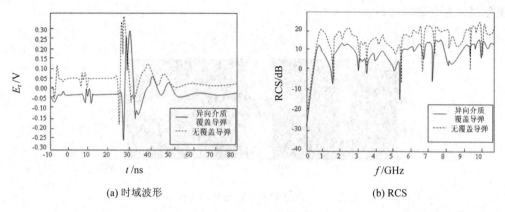

(a) 时域波形　　　　　　　　　　　(b) RCS

图 9-15　入射波迎面照射导弹目标

从图 9-15(a)中可以看出，时域波形出现几个峰值区段，分别对应弹头、前翼、后翼和导弹尾部的后向散射。比较可知，有电磁超材料涂层的部分有效减小了其后向散射。从图 9-15(b)中可知，电磁超材料涂层可以有效降低雷达散射截面(RCS)，从而提高目标的电磁隐身特性。

当入射波沿 x 轴方向从侧面照射时，所得到的时域波形及雷达散射截面积示意图如图 9-16 所示。

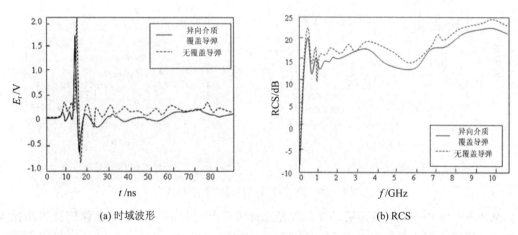

(a) 时域波形　　　　　　　　　　　(b) RCS

图 9-16　入射波侧面照射导弹目标

图 9-16 表明，电磁超材料涂覆的导弹目标对侧面照射的电磁波也可以有效降低其后向散射和雷达散射截面(RCS)。从图中还可以看出，采用 Von Karman 雷达罩的导弹弹头设计使得迎头照射时电磁超材料涂层取得了不错的隐身效果，RCS 降低了 10 dB 左右；而侧面照射时电磁超材料涂层的作用就显得非常有限了，RCS 降低了不到 5 dB。

3. 改进的含电磁超材料导弹模型的散射特性

应该认识到，由于电磁超材料周期排列的特点，如果涂层太薄(如 1.6 cm)必然影响电磁超材料的双负特性，从而影响其吸波效果，而且要在整个导弹体上制作这种薄的周期排列的涂层，无疑增大了制作难度和成本。因此，为了更加充分地利用电磁超材料的双负特性，又不影响导弹的性能，本书将含电磁超材料的导弹目标进行改进，如图9-17所示，图中浅色部分为电磁超材料。

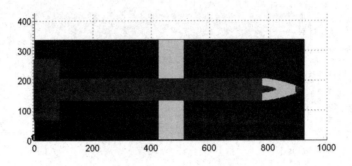

图9-17 改进的含电磁超材料导弹目标

首先将两个前翼设计为电磁超材料，在增大弹头电磁超材料涂层厚度的同时弹头顶点部分仍然使用金属，因为这部分受到的空气阻力最大。然后，由于在入射波迎头照射时难以直接产生吸波效果，侧面照射时吸波效果又非常有限，为了降低制作难度和成本，在改进中去掉了圆柱弹体及尾翼上的电磁超材料涂层。电磁超材料的参数不变，经仿真计算，改进后的导弹模型在入射波迎头照射和从侧面照射时的RCS曲线分别如图9-18(a)和(b)所示。

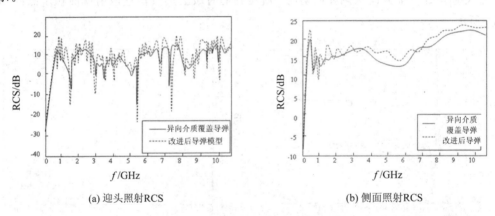

(a) 迎头照射RCS   (b) 侧面照射RCS

图9-18 改进后导弹目标的散射特性

从图9-18中得到，改进后的导弹模型总体散射与电磁超材料覆盖导弹模型的相比大致相同，其雷达散射截面略有提高；与无覆盖导弹模型相比，其雷达散射截面仍然有明显降低。同时改进后导弹的RCS极小值的峰值点明显增多，而且峰值也更小，这说明改进后的模型很好地利用了电磁超材料的双负特性。通过改进，在基本保持目标雷达散射截面积的基础上，降低了其峰值点并且使得导弹模型更加贴近实际，易于实现。

9.4 电磁超材料在隐身衣设计中的应用

长期以来，隐身衣的设计一直是人们非常感兴趣的话题，科学家们以不同的原理提出了不同的隐身方案，而电磁超材料的发现更是为隐身衣的实现提供了设计基础。坐标变换法以及参数简化处理,再加上电磁超材料离散的多层结构设计的完美隐身衣,使得物体在一定带宽内实现电磁隐身已经不是神话。将坐标变换的数学理论引进到电磁场理论当中,这既给控制电磁波的传播途径带来了新思路,也给电磁超材料的应用开拓了新天地。2006年,Pendry 提出了基于光学坐标变换的隐身衣设计方法,即通过改变电磁超材料的电磁参数可以达到任意控制电磁波传播的目的。他以球形隐身衣为例,将一个球形区域的自由空间经过坐标变换转换到一个球形壳区域,电磁波就会绕过球形壳内部区域而只经过球壳传播,从而使球形壳内部区域对电磁波隐身。美国 Duke 大学的研究小组给出了完美二维圆柱形隐身衣的参数,并同时提出了相应的简化方案。由于坐标变换后得出的介质参数在空间上具有复杂的各向异性特征,而在自然界中是不存在这种参数的介质,因此只能通过人工电磁超材料来实现。然而电磁超材料基本单元结构的特性,使得采用电磁超材料设计的完美隐身衣不可避免地成为离散的多层壳机构。由于以上分析都是基于单一的自由空间的背景介质,因此有必要在此基础上研究分层背景介质下的多层壳结构隐身衣的设计。

9.4.1 坐标变换法设计隐身衣的基本原理

坐标变换法设计隐身衣的基本原理可表述为通过将一个闭合的球形(或圆柱形)区域压缩成一个球环(或圆柱环)区域,即将原空间的一个点(或者一条线)映射成隐身衣的内表面,可以将电磁波压缩到球壳(或圆柱壳)区域内,从而使其绕过隐身衣内部被隐形区域,而不引起任何散射。电磁隐身示意图如图 9 – 19 所示。

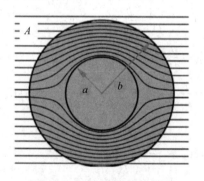

图 9 – 19　电磁隐身示意图

本小节将阐述圆柱坐标变换法的基本原理。圆柱坐标变换示意图如图 9 – 20 所示。

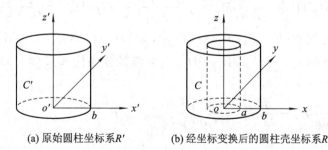

(a) 原始圆柱坐标系 R' 　　　　(b) 经坐标变换后的圆柱壳坐标系 R

图 9 – 20　圆柱坐标变换示意图

在图 9 – 20 中,两个坐标系的对应关系为

$$\begin{cases} f(\rho)=\rho', \quad f(a)=0, \quad f(b)=b \\ \varphi=\varphi' \\ z=z' \end{cases} \tag{9-30}$$

在坐标系 R' 下，Maxwell 方程组及本构关系为

$$\begin{cases} \nabla' \times \boldsymbol{E}' = -\mathrm{j}\omega\boldsymbol{B}' \\ \nabla' \times \boldsymbol{H}' = \mathrm{j}\omega\boldsymbol{D}' \\ \boldsymbol{D}' = \overline{\overline{\varepsilon'_{\mathrm{r}}}} \cdot \boldsymbol{E}' \\ \boldsymbol{B}' = \overline{\overline{\mu'_{\mathrm{r}}}} \cdot \boldsymbol{H}' \end{cases} \tag{9-31}$$

而在坐标系 R 下，其形式为

$$\begin{cases} \nabla \times \boldsymbol{E} = -\mathrm{j}\omega\boldsymbol{B} \\ \nabla \times \boldsymbol{H} = \mathrm{j}\omega\boldsymbol{D} \\ \boldsymbol{D} = \overline{\overline{\varepsilon_{\mathrm{r}}}} \cdot \boldsymbol{E} \\ \boldsymbol{B} = \overline{\overline{\mu_{\mathrm{r}}}} \cdot \boldsymbol{H} \end{cases} \tag{9-32}$$

因为两个坐标系都是正交的，所以可得

$$\nabla \times \boldsymbol{A} = \hat{\rho}\Big(\frac{1}{\rho}\frac{\partial}{\partial\varphi}A_z - \frac{\partial}{\partial z}A_\varphi\Big) + \hat{\varphi}\Big(\frac{\partial}{\partial z}A_\rho - \frac{\partial}{\partial\rho}A_z\Big) + \hat{z}\Big[\frac{1}{\rho}\frac{\partial}{\partial\rho}(\rho A_\varphi) - \frac{1}{\rho}\frac{\partial}{\partial\varphi}A_\rho\Big] \tag{9-33}$$

将式(9-30)代入 Maxwell 旋度方程可得

$$\begin{cases} \dfrac{1}{\rho'}\dfrac{\partial}{\partial\varphi'}E'_{z'} - \dfrac{\partial}{\partial z'}E'_{\varphi'} = \dfrac{1}{f(\rho)}\dfrac{\partial}{\partial\varphi}E'_{z'} - \dfrac{\partial}{\partial z}E'_{\varphi'} \\[2mm] \dfrac{\partial}{\partial z'}E'_{\rho'} - \dfrac{\partial}{\partial\rho'}E'_{z'} = \dfrac{\partial}{\partial z}E'_{\rho'} - \dfrac{1}{f'(\rho)}\dfrac{\partial}{\partial\rho}E'_{z'} \\[2mm] \dfrac{1}{\rho'}\dfrac{\partial}{\partial\rho'}(\rho'E'_{\varphi'}) - \dfrac{1}{\rho'}\dfrac{\partial}{\partial\varphi'}E'_{\rho'} = \dfrac{1}{f(\rho)}\dfrac{1}{f'(\rho)}\dfrac{\partial}{\partial\rho}[f(\rho)E'_{\varphi'}] - \dfrac{1}{f(\rho)}\dfrac{\partial}{\partial\varphi}E'_{\rho'} \end{cases} \tag{9-34}$$

以及

$$\begin{cases} \dfrac{1}{\rho'}\dfrac{\partial}{\partial\varphi'}H'_{z'} - \dfrac{\partial}{\partial z'}H'_{\varphi'} = \dfrac{1}{f(\rho)}\dfrac{\partial}{\partial\varphi}H'_{z'} - \dfrac{\partial}{\partial z}H'_{\varphi'} \\[2mm] \dfrac{\partial}{\partial z'}H'_{\rho'} - \dfrac{\partial}{\partial\rho'}H'_{z'} = \dfrac{\partial}{\partial z}H'_{\rho'} - \dfrac{1}{f'(\rho)}\dfrac{\partial}{\partial\rho}H'_{z'} \\[2mm] \dfrac{1}{\rho'}\dfrac{\partial}{\partial\rho'}(\rho'H'_{\varphi'}) - \dfrac{1}{\rho'}\dfrac{\partial}{\partial\varphi'}H'_{\rho'} = \dfrac{1}{f(\rho)}\dfrac{1}{f'(\rho)}\dfrac{\partial}{\partial\rho}[f(\rho)H'_{\varphi'}] - \dfrac{1}{f(\rho)}\dfrac{\partial}{\partial\varphi}H'_{\rho'} \end{cases} \tag{9-35}$$

由圆柱变换关系可得 $(E_\rho, E_\varphi, E_z) = (f'(\rho), \rho^{-1}f(\rho), 1)(E'_\rho, E'_\varphi, E'_z)^{-1}$ 和 $(H_\rho, H_\varphi, H_z) = (f'(\rho), \rho^{-1}f(\rho), 1)(H'_\rho, H'_\varphi, H'_z)^{-1}$，将其分别代入式(9-34)和式(9-35)，可得

$$\begin{cases} \dfrac{1}{\rho'}\dfrac{\partial}{\partial\varphi'}E'_{z'} - \dfrac{\partial}{\partial z'}E'_{\varphi'} = \dfrac{\rho}{f(\rho)}\Big(\dfrac{1}{\rho}\dfrac{\partial}{\partial\varphi}E_z - \dfrac{\partial}{\partial z}E_\varphi\Big) \\[2mm] \dfrac{\partial}{\partial z'}E'_{\rho'} - \dfrac{\partial}{\partial\rho'}E'_{z'} = \dfrac{1}{f'(\rho)}\Big(\dfrac{\partial}{\partial z}E_\rho - \dfrac{\partial}{\partial\rho}E_z\Big) \\[2mm] \dfrac{1}{\rho'}\dfrac{\partial}{\partial\rho'}(\rho'E'_{\varphi'}) - \dfrac{1}{\rho'}\dfrac{\partial}{\partial\varphi'}E'_{\rho'} = \dfrac{\rho}{f(\rho)f'(\rho)}\Big[\dfrac{1}{\rho}\dfrac{\partial}{\partial\rho}(\rho E_\varphi) - \dfrac{1}{\rho}\dfrac{\partial}{\partial\varphi}E_\rho\Big] \end{cases} \tag{9-36}$$

和

$$\begin{cases} \dfrac{1}{\rho'}\dfrac{\partial}{\partial\varphi}H'_z - \dfrac{\partial}{\partial z'}H'_\varphi = \dfrac{\rho}{f(\rho)}\left(\dfrac{1}{\rho}\dfrac{\partial}{\partial\varphi}H_z - \dfrac{\partial}{\partial z}H_\varphi\right) \\[2mm] \dfrac{\partial}{\partial z'}H'_\rho - \dfrac{\partial}{\partial\rho'}H'_z = \dfrac{1}{f'(\rho)}\left(\dfrac{\partial}{\partial z}H_\rho - \dfrac{\partial}{\partial\rho}H_z\right) \\[2mm] \dfrac{1}{\rho'}\dfrac{\partial}{\partial\rho'}(\rho'H'_\varphi) - \dfrac{1}{\rho'}\dfrac{\partial}{\partial\varphi}H'_\rho = \dfrac{\rho}{f(\rho)f'(\rho)}\left[\dfrac{1}{\rho}\dfrac{\partial}{\partial\rho}(\rho H_\varphi) - \dfrac{1}{\rho}\dfrac{\partial}{\partial\varphi}H_\rho\right] \end{cases} \tag{9-37}$$

再结合式(9-31)和式(9-32)中两坐标系的本构关系可解得

$$\overline{\overline{\varepsilon_r}} = \begin{bmatrix} \dfrac{f(\rho)}{\rho} & 0 & 0 \\[2mm] 0 & f'(\rho) & 0 \\[2mm] 0 & 0 & \dfrac{f(\rho)f'(\rho)}{\rho} \end{bmatrix} (\overline{\overline{\varepsilon_{r'}}},\ \overline{\overline{\varepsilon_{r'}}},\ \overline{\overline{\varepsilon_{r'}}})^{-1} \begin{bmatrix} \dfrac{1}{f'(\rho)} & 0 & 0 \\[2mm] 0 & \dfrac{\rho}{f(\rho)} & 0 \\[2mm] 0 & 0 & 1 \end{bmatrix} \tag{9-38}$$

$$\overline{\overline{\mu_r}} = \begin{bmatrix} \dfrac{f(\rho)}{\rho} & 0 & 0 \\[2mm] 0 & f'(\rho) & 0 \\[2mm] 0 & 0 & \dfrac{f(\rho)f'(\rho)}{\rho} \end{bmatrix} (\overline{\overline{\mu_{r'}}},\ \overline{\overline{\mu_{r'}}},\ \overline{\overline{\mu_{r'}}})^{-1} \begin{bmatrix} \dfrac{1}{f'(\rho)} & 0 & 0 \\[2mm] 0 & \dfrac{\rho}{f(\rho)} & 0 \\[2mm] 0 & 0 & 1 \end{bmatrix} \tag{9-39}$$

结论：若圆柱壳坐标系中电磁本构关系满足式(9-38)和式(9-39)，则坐标系 R 与坐标系 R' 中的电磁响应相同。令坐标系 R' 中的圆柱体为真空，则它对电磁波无散射，坐标变换后的圆柱壳也同样对电磁波无散射，但是圆柱壳内的空间将被隔离，从而实现完美隐身。

真空电磁参数本构关系为 $\overline{\overline{\varepsilon'}} = \mathrm{diag}[\varepsilon_0,\ \varepsilon_0,\ \varepsilon_0]$ 和 $\overline{\overline{\mu'}} = \mathrm{diag}[\mu_0,\ \mu_0,\ \mu_0]$，其坐标变换后圆柱壳的电磁本构关系为

$$\overline{\overline{\varepsilon}} = \mathrm{diag}\left[\dfrac{f(\rho)}{\rho f'(\rho)}\varepsilon_0,\ \dfrac{\rho f'(\rho)}{f(\rho)}\varepsilon_0,\ \dfrac{f(\rho)f'(\rho)}{\rho}\varepsilon_0\right] \tag{9-40}$$

$$\overline{\overline{\mu}} = \mathrm{diag}\left[\dfrac{f(\rho)}{\rho f'(\rho)}\mu_0,\ \dfrac{\rho f'(\rho)}{f(\rho)}\mu_0,\ \dfrac{f(\rho)f'(\rho)}{\rho}\mu_0\right] \tag{9-41}$$

用以上方法可以使圆柱壳内的空间不被外部电磁波探测到，从而实现其中内置物体的电磁隐身。

9.4.2　简化参数实现电磁超材料的隐身衣设计

通过以上推导可以看出，圆柱形隐身衣的参数在三个方向上都是随空间而变化的，这就要求在设计中必须用三维电磁超材料来实现。而在实际设计中，要使得三个方向都满足参数变化的要求是非常困难的，因此 D. Schurig 等人对完美隐身衣进行了参数简化处理。

圆柱壳坐标变换关系为 $r' = r(b-a)/b + a$，$\theta' = \theta$，$z' = z (0 \leqslant r \leqslant b)$。由坐标变换可得到其本构关系为

$$\begin{cases} \varepsilon_r = \mu_r = \dfrac{r-a}{r} \\[3mm] \varepsilon_\theta = \mu_\theta = \dfrac{r}{r-a} \\[3mm] \varepsilon_z = \mu_z = \left(\dfrac{b}{b-a}\right)^2 \dfrac{r-a}{r} \end{cases} \tag{9-42}$$

实验设计中电场沿 z 轴极化，这时介质的特性仅与参数 ε_z、μ_r 和 μ_θ 有关，因此可将三个

参数进一步简化为

$$\varepsilon_z = \left(\frac{b}{b-a}\right)^2, \quad \mu_r = \left(\frac{r-a}{r}\right)^2, \quad \mu_\theta = 1 \tag{9-43}$$

可以发现，式(9-43)的本构关系比式(9-40)和式(9-41)的本构关系容易实现得多，其中 ε_z 和 μ_θ 为常数，只有 μ_r 随空间变化。

图 9-21 所示为 D. Schurig 等人利用电磁超材料设计的隐身衣。这是一个由很多圈环组成的圆柱壳，每一圈上都有许多个谐振环结构。通过式(9-43)计算出每一圈环上 μ_r 的值，这样就可以通过调节谐振环的结构尺寸得到相应的 μ_r。

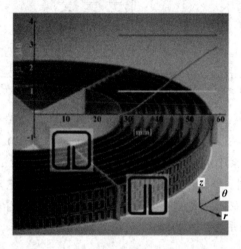

图 9-21　隐身衣的实验结构图

9.4.3　分层背景介质中的电磁超材料多层结构电磁隐身衣

9.4.2 节中已经详细论述了基于坐标变换的完美圆柱形隐身理论，从图 9-21 中可以看出，完美圆柱形隐身衣实际上应为多层圆柱壳的组合结构，采用电磁超材料设计的隐身衣通常都符合这一特点，如图 9-22 所示。

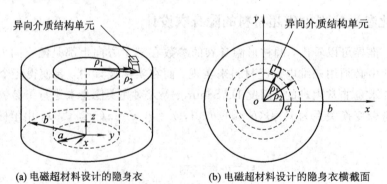

(a) 电磁超材料设计的隐身衣　　　(b) 电磁超材料设计的隐身衣横截面

图 9-22　电磁超材料隐身衣示意图

在图 9-22 中，隐身衣外径为 b、内径为 a，其电磁参数满足式(9-38)和式(9-39)。假设该隐身衣共分 N 层，那么在第 $i(i=1, 2, 3, \cdots, N)$ 层中的相对介电常数和磁导率分别为

$$\overline{\overline{\varepsilon}}_i = \mathrm{diag}\left[\frac{f(\rho_{ie})}{\rho_{ie}f'(\rho_{ie})}, \ \frac{\rho_{ie}f'(\rho_{ie})}{f(\rho_{ie})}, \ \frac{f(\rho_{ie})f'(\rho_{ie})}{\rho_{ie}}\right] \tag{9-44}$$

$$\overline{\overline{\mu}}_i = \mathrm{diag}\left[\frac{f(\rho_{ie})}{\rho_{ie}f'(\rho_{ie})}, \ \frac{\rho_{ie}f'(\rho_{ie})}{f(\rho_{ie})}, \ \frac{f(\rho_{ie})f'(\rho_{ie})}{\rho_{ie}}\right] \tag{9-45}$$

式中，$\rho_{ie} = (\rho_{i-1} + \rho_i)/2$，$\rho_{i-1}$ 和 ρ_i 分别表示第 i 层的内径和外径，那么 $\rho_0 = a$，$\rho_N = b$。

进一步地，考虑到背景介质是双层介质的情况，并假设两层介质的分界面位于 $y=d$ 处并平行于 x 轴，如图 9-23 所示。变换前的空间本构参数可以表示如下：

$$\varepsilon = \begin{cases} \varepsilon_1, & y < d \\ \varepsilon_2, & y > d \end{cases}, \qquad \mu = \mu_0 \tag{9-46}$$

其中的介电常数也可表示为

$$\varepsilon = \varepsilon_1 \mathrm{sgn}(d-y) + \varepsilon_2 \mathrm{sgn}(y-d), \qquad \mathrm{sgn}(x) = \begin{cases} 0, & x \leqslant 0 \\ 1, & x > 0 \end{cases}$$

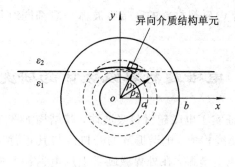

图 9-23　多层介质隐身衣示意图

因此可以计算出相应的隐身衣第 i 层的参数为

$$\overline{\overline{\varepsilon}}_i = \left[\varepsilon_1 \mathrm{sgn}\left(d - \frac{(\rho'-\rho_{i-1})\rho_i}{(\rho_i-\rho_{i-1})}\sin\varphi\right) + \varepsilon_2 \mathrm{sgn}\left(\frac{(\rho'-\rho_{i-1})\rho_i}{(\rho_i-\rho_{i-1})}\sin\varphi - d\right)\right]$$
$$\mathrm{diag}\left[\frac{f(\rho_{ie})}{\rho_{ie}f'(\rho_{ie})}, \ \frac{\rho_{ie}f'(\rho_{ie})}{f(\rho_{ie})}, \ \frac{f(\rho_{ie})f'(\rho_{ie})}{\rho_{ie}}\right] \tag{9-47}$$

$$\overline{\overline{\mu}}_i = \mu_0 \mathrm{diag}\left[\frac{f(\rho_{ie})}{\rho_{ie}f'(\rho_{ie})}, \ \frac{\rho_{ie}f'(\rho_{ie})}{f(\rho_{ie})}, \ \frac{f(\rho_{ie})f'(\rho_{ie})}{\rho_{ie}}\right] \tag{9-48}$$

由式(9-44)和(9-45)可以看出，相同背景介质下隐身衣的参数是由每一层的内径和外径所决定的，同一层中的参数又由于背景介质的不同而不同。同样也可以发现，如果 $d \neq 0$，也就是说隐身衣不是对称位于两种不同介质的分界面上，那么多层圆柱壳隐身衣同一层内部的分界面则不再是一条直线（二维情况），而是一条曲线（如图 9-23 所示），并且该曲线对应的函数表达式为

$$\frac{(\rho'-\rho_{i-1})\rho_i}{(\rho_i-\rho_{i-1})}\sin\varphi = 0 \tag{9-49}$$

至此我们得到了分层背景介质下多层结构隐身衣设计的电磁参数及其变化情况，因此可以通过选取适当参数的电磁超材料来实现分层背景介质下隐身衣的设计。

第10章 电磁超材料吸波体

所谓电磁吸波体,是指能将投射到它表面的电磁能量大部分吸收并转化成其他形式的能量(主要是热能)而几乎无反射的一类材料。电磁吸波体可以分为两类:共振吸波体和宽带吸波体。共振吸波体对电磁波的吸收取决于材料属性与一定频率的入射电磁波之间的相互作用;宽带吸波体对电磁波的吸收依赖于材料的属性,但该材料在吸收频段范围内不与电磁波发生谐振作用。基于电磁超材料的宽带吸波体一般都同时具有共振吸收和宽带吸收的特点。

10.1 电磁超材料吸波体的研究现状

2008年,人们用实验证实了电磁超材料吸波体,其结构如图10-1(a)所示,它由电谐振环(ERR)、介质板和金属线构成。电谐振环的开口线与其正背后的金属线在外加电场的作用下发生强烈耦合而形成电谐振,在外界激励下上层电谐振环的开口线与中间相连的金属线之间形成磁耦合。由图10-1(b)可以看到,该电磁超材料吸波体在11.48 GHz处的吸收率达到99%。这种电磁超材料吸波体的优点是没有传统吸波材料四分之一波长厚度的限制,吸收率高,单元尺寸小等;不足之处是对电磁波的极化方向很敏感,吸收频带窄,吸收电磁波的频带不能随意调控。

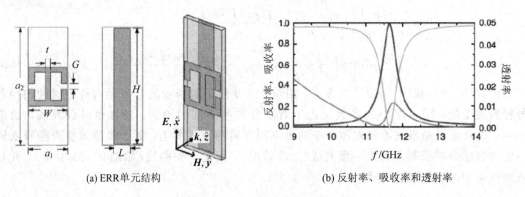

(a) ERR单元结构　　　　　　　　　　　(b) 反射率、吸收率和透射率

图10-1　第一款电磁超材料吸波体

为了解决对入射波极化方向敏感性的问题,科研人员想出一系列的解决方案。首先在近红外频段设计出极化不敏感的电磁超材料,它采用外消旋混合结构来消除材料对入射波的极化方向敏感性,如图10-2(a)所示;朱博等人设计出一种每个单元体相互旋转90°的电磁吸波超材料。也有一些其他类似方法制造的电磁超材料吸波体结构。另一种方案是利用手性电磁超材料,例如Wang等人提出的手性开口谐振环(SRR)结构,如图10-2(b)所示。

它的两个半圆形环通过两个金属导体柱铜底面连接，金属导体柱起到电感的作用，其中间的介质为 FR4。这种手性电磁超材料吸波体无论对 TE 波还是 TM 波，其吸收角度都能够达到70°。自从第一款超材料电磁吸波体出现后，有些研究小组将其吸收频段的研究提高至太赫兹和红外波段。

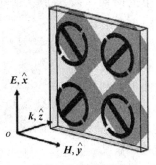
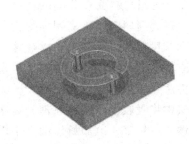

(a) 旋转对称型吸波体单元　　　　　　(b) 手性开口谐振环型吸波体单元

图 10 - 2　极化不敏感电磁超材料吸波体

电磁超材料吸波体研究的另一个方向是多频段特性和宽带特性的实现。目前，一些方法能够使电磁超材料吸波体在宽频带或多频段内对电磁波实现高效吸收。例如，将一个单元设计成形状相同、大小不同的多个谐振结构，每个谐振结构与不同频段的入射波发生谐振从而实现多谐振的目标，图 10 - 3(a)所示的就是这种类型。如果谐振点之间的频率间隔适中，那么这些多谐振点组合在一起就形成一个宽带吸波体。最近的文献报道了一种电磁超材料吸波体，它的一个吸波体单元上放置有多达 16 个不同尺寸的谐振结构。又如，利用同一个复杂单元的不同部分与不同频率的入射电磁波发生谐振，如图 10 - 3(b)所示。这两种多频带实现方法的特点是设计灵活，可以根据需要的频段设计不同尺寸的结构；但是吸收带宽一般都较窄，很难达到带宽要求。

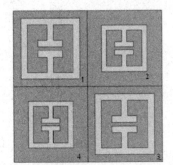

(a) 一个单元上放置多个谐振结构的吸波体单元　　(b) 同一个单元不同部分产生谐振的吸波体单元

图 10 - 3　多频段和宽带吸波材料单元

后来的设计都是在不断改善原有吸波体的吸波性能的基础上进行的，上述吸波体虽然同时具有极化不敏感、多频带和入射角稳定等特点，但有的单元长度较大，有的加工较为复杂，这就限制了它们的应用。2011 年，Li 等人设计出一种四箭头吸波体(TAR)，该吸波体具有双频带吸收、极化不敏感和入射角稳定性好的特性，同时保持单元的长度和厚度相对较小。

最近出现的两种新技术进一步拓展了电磁超材料吸波体的吸收带宽，一种是嵌入集总组件法，另一种是多层堆积法。

嵌入集总组件法将集总组件嵌入到微波吸波体中，如图 10-4 所示。加入集总组件后，该结构电磁超材料吸波体吸收率在 90% 以上的带宽达到 1.5 GHz。与以上的两种方法相比较，在电磁超材料面积相同的情况下，嵌入集总电容和电阻的电磁超材料吸收带宽明显变大，但是该方法在加工制造方面难度较大，特别对于太赫兹、红外以及光波频段，当电磁超材料吸波体的结构单元越来越小时，利用嵌入集总组件法就越来越难以实现了。

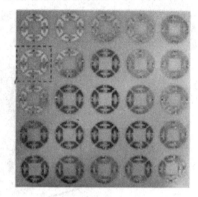

图 10-4　加载集总组件的电磁超材料吸波体

多层堆积法中将吸收电磁波的原理分为两类。一类是分层谐振式吸波，如图 10-5(a) 所示的金字塔结构，在某一频率入射电磁波的激励下，金字塔的某一部分产生谐振，从而使电磁波在一个小的频段内被吸收。频率较低的电磁波在金字塔的底端被吸收，随着频率的升高，发生谐振的位置向金字塔顶端移动。由于相邻金属片的宽度差异不大，导致谐振电磁场不局限在两个相邻的金属片之间，也扩散到邻近的几个介质片区域。在这种结构中，电磁谐振都存在，谐振频率与贴片宽度成反比关系。电磁共振使吸收带宽很好地和自由空间阻抗匹配，这种从底部往上逐渐变小的金字塔能够产生很多个相近的谐振点，故能提供很宽的吸收频带。另一类是参数可调式吸波，如图 10-5(b) 所示，通过改变每层结构的介电常数和磁导率从而改变反射和折射波的相位，使最后反射波和入射波的幅度相等、相位相反。对于图 10-5(b) 所示的电磁超材料吸波体而言，介质层的电磁参数是通过调节金属结构环的尺寸来改变的。多层结构的特点是吸收带宽很宽，但多层板加工工艺复杂，费用较为昂贵，体积相对比较大，不适合粘贴在飞行器表面。

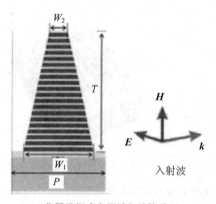

(a) 分层谐振式多层堆积结构单元

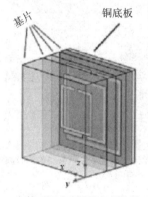

(b) 参数可调式多层堆积结构单元

图 10-5　宽带电磁超材料吸波体

许多传统的吸波体的厚度要求是 $d = \lambda_0/4$，λ_0 为入射波的中心频率。电磁超材料吸波体的出现大大减小了这一厚度，有文献报道，也可实现厚度可小到 $\lambda_0/75$ 的电磁超材料吸波体，这一厚度远远小于传统吸波体的厚度。

10.2　均匀平面波在理想介质中的反射与透射

当电磁波向介质平面入射时，在分界面上会发生反射与透射现象。在电磁波斜入射的情况下，反射系数和透射系数均与入射波的极化有关。任意取向的极化平面波都可以分解成平行极化波与垂直极化波。按照惯例，定义电场方向与入射面平行的平面波为平行极化波（TM 波）；电场方向与入射面垂直的平面波为垂直极化波（TE 波），图 10-6 为平行极化波（TM 波），图 10-7 为垂直极化波（TE 波）。无论是平行极化波还是垂直极化波，在平面边界上被反射及折射时极化特性都不会发生变化，也就是说反射波、折射波与入射波的极化特性是相同的。

对于如图 10-6 所示的平行极化波，磁场分量只有 H_y 分量，电场只有 E_x 和 E_z 分量。在媒质 1 中，任意点的电场和磁场可以写为

$$E_{1x} = E_{ix} + E_{rx} = E_{im} \cos\theta_i (e^{-jk_1 z\cos\theta_i} - R_{//} e^{-jk_1 z\cos\theta_i}) e^{-jk_1 x\sin\theta_i} \tag{10-1}$$

$$E_{1z} = E_{iz} + E_{rz} = E_{im} \sin\theta_i (-e^{-jk_1 z\cos\theta_i} - R_{//} e^{jk_1 z\cos\theta_i}) e^{-jk_1 x\sin\theta_i} \tag{10-2}$$

$$H_{1y} = H_{iy} + H_{ry} = \frac{E_{im}}{Z_1} (e^{-jk_1 z\cos\theta_i} - R_{//} e^{jk_1 z\cos\theta_i}) e^{-jk_1 x\sin\theta_i} \tag{10-3}$$

式中，$R_{//}$ 是平行极化波在分界面的反射系数；Z_1 是媒质 1 的本征阻抗。

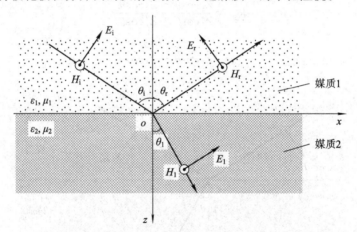

图 10-6　平行极化波斜入射到理想媒质分界面的情形

在媒质 2 中，任意点的电场和磁场为

$$E_{2x} = E_{tx} = T_{//} E_{im} \cos\theta_t e^{-jk_2 z\cos\theta_t} e^{-jk_2 x\sin\theta_t} \tag{10-4}$$

$$E_{2z} = E_{tz} = -T_{//} E_{im} \sin\theta_t e^{-jk_2 z\cos\theta_t} e^{-jk_2 x\sin\theta_t} \tag{10-5}$$

$$H_{2y} = E_{ty} = \frac{T_{//} E_{im}}{Z_2} e^{-jk_2 z\cos\theta_t} e^{-jk_2 x\sin\theta_t} \tag{10-6}$$

式中，$T_{//}$ 是平行极化波在分界面的透射系数；Z_2 是媒质 2 的本征阻抗。

根据边界条件，在 $z=0$ 的分界面上，电场和磁场的切向分量必须连续，即 $E_{1x} = E_{2x}$ 和 $H_{1y} = H_{2y}$，同时利用斯涅尔（Snell）折射定律 $k_1 \sin\theta_i = k_2 \sin\theta_t$，得到

$$(1 - R_{//} \cos\theta_i) = T_{//} \cos\theta_t \tag{10-7}$$

$$\frac{1}{Z_1} (1 + R_{//}) = \frac{1}{Z_2} T_{//} \tag{10-8}$$

由式(10-7)及式(10-8)求得平行极化波透射时的反射系数($R_{//}$)和透射系数($T_{//}$)分别为

$$R_{//} = \frac{Z_1\cos\theta_i - Z_2\cos\theta_t}{Z_1\cos\theta_i + Z_2\cos\theta_t} \qquad (10-9)$$

$$T_{//} = \frac{2Z_2\cos\theta_i}{Z_1\cos\theta_i + Z_2\cos\theta_t} \qquad (10-10)$$

对于常见的非磁性媒质,有 $\mu_1 \approx \mu_2 \approx \mu_0$,则

$$\frac{Z_1}{Z_2} = \sqrt{\frac{\varepsilon_2}{\varepsilon_1}}, \qquad \sin\theta_t = \sqrt{\frac{\varepsilon_1}{\varepsilon_2}}\sin\theta_i$$

那么式(10-9)和式(10-10)可以写为

$$R_{//} = \frac{(\varepsilon_2/\varepsilon_1)\cos\theta_i - \sqrt{(\varepsilon_2/\varepsilon_1) - \sin^2\theta_i}}{(\varepsilon_2/\varepsilon_1)\cos\theta_i + \sqrt{(\varepsilon_2/\varepsilon_1) - \sin^2\theta_i}} \qquad (10-11)$$

$$T_{//} = \frac{2\sqrt{(\varepsilon_2/\varepsilon_1)}\cos\theta_i}{(\varepsilon_2/\varepsilon_1)\cos\theta_i + \sqrt{(\varepsilon_2/\varepsilon_1) - \sin^2\theta_i}} \qquad (10-12)$$

对如图10-7所示的垂直极化波,它的电场只有 E_y 分量,磁场只有 H_x 和 H_z 分量,通过与上述类似的推导过程,可以得到垂直极化时的反射系数($R_\perp$)和透射系数($T_\perp$)分别为

$$R_\perp = \frac{Z_2\cos\theta_i - Z_1\cos\theta_t}{Z_2\cos\theta_i + Z_1\cos\theta_t} \qquad (10-13)$$

$$T_\perp = \frac{2Z_2\cos\theta_i}{Z_2\cos\theta_i + Z_1\cos\theta_t} \qquad (10-14)$$

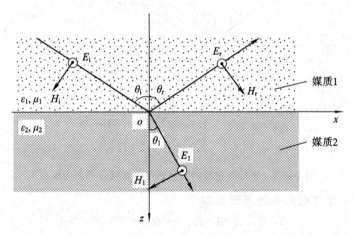

图10-7 垂直极化波斜入射到理想媒质分界面的情况

同样地,若材料是非磁性媒质,则式(10-13)和式(10-14)可写为

$$R_\perp = \frac{\cos\theta_i - \sqrt{(\varepsilon_2/\varepsilon_1) - \sin^2\theta_i}}{\cos\theta_i + \sqrt{(\varepsilon_2/\varepsilon_1) - \sin^2\theta_i}} \qquad (10-15)$$

$$T_\perp = \frac{2\cos\theta_i}{\cos\theta_i + \sqrt{(\varepsilon_2/\varepsilon_1) - \sin^2\theta_i}} \qquad (10-16)$$

当平面波从媒质1入射到媒质2时,要使电磁功率全部投射到媒质2中,则需要反射系数等于0,由式(10-11)可以得到平行极化波的布儒斯特角为

$$\theta_b = \arcsin \sqrt{\frac{\varepsilon_2}{\varepsilon_2 + \varepsilon_1}} \tag{10-17}$$

对于垂直极化波，由式(10-15)可知，当 $\varepsilon_1 = \varepsilon_2$ 时，反射系数 $R_\perp = 0$。

10.3　均匀平面波在多层理想介质中的波阻抗和反射系数

10.3.1　均匀平面波在多层理想介质中的波阻抗

首先考虑单层吸波体的情况，对应 TE 波，入射波以角度 θ 进入到第一、第二层介质的分界面，经过厚度为 d 的第二层介质折射后(设折射角为 α)，波再入射到介质 3 中的折射角为 β，那么波从介质 1 传到介质 3 满足的传输关系为

$$\begin{bmatrix} E_1 \\ H_1 \end{bmatrix} = \begin{bmatrix} \cos\delta & \dfrac{j\sin\delta}{\sqrt{\varepsilon_2/\mu_2}\cos\alpha} \\ j\sin\delta\sqrt{\varepsilon_2/\mu_2}\cos\alpha & \cos\delta \end{bmatrix} \times \begin{bmatrix} E_2 \\ H_2 \end{bmatrix} \tag{10-18}$$

其中，$\delta = (k_x \tan\alpha + k_z)d$，$k_x$ 和 k_z 表示电磁波在 x 方向和 z 方向的传播常数。设式(10-18)等号右侧第一个矩阵为介质层的传输矩阵，用 $\boldsymbol{M}$ 表示，则

$$\boldsymbol{M} = \begin{bmatrix} \cos\delta & \dfrac{j\sin\delta}{\sqrt{\varepsilon_2/\mu_2}\cos\alpha} \\ j\sin\delta\sqrt{\varepsilon_2/\mu_2}\cos\alpha & \cos\delta \end{bmatrix}$$

根据等效本征阻抗的定义 $Z_{eff} = \sqrt{\mu/\varepsilon}/\cos\alpha$，则上面的 $\boldsymbol{M}$ 表达式又可以写为

$$\boldsymbol{M} = \begin{bmatrix} \cos\delta & j Z_{2eff}\sin\delta \\ j\sin\delta/Z_{2eff} & \cos\delta \end{bmatrix} \tag{10-19}$$

故单层介质的等效波阻抗为

$$Z_{\lambda eff} = Z_{2eff}\frac{Z_{3eff}\cos\delta + j Z_{2eff}\sin\delta}{j Z_{3eff}\sin\delta + Z_{2eff}\cos\delta} \tag{10-20}$$

其中，Z_{3eff} 是第三层介质的等效波阻抗。

对于一个 n 层的吸波体，根据式(10-20)可以推导出第 k 层和第 $k+1$ 层波阻抗的关系为

$$Z_{\lambda k eff} = Z_{k eff}\frac{Z_{\lambda(k+1)eff}\cos\delta_k + j Z_{k eff}\sin\delta_k}{j Z_{\lambda(k+1)eff}\sin\delta_k + Z_{k eff}\cos\delta_k} \tag{10-21}$$

由于吸波体最后一层是金属，本征阻抗 $Z_{3eff} = 0$，由式(10-21)可以推导出第 $n-1$ 层的等效波阻抗。以此类推，进行 $n-1$ 次迭代，就可以计算出第一层的等效波阻抗。

对于 TM 波，传输矩阵也同样适用，只需要将等效本征阻抗换为 $Z_{eff} = \sqrt{\mu/\varepsilon}\cos\alpha$，其他过程一样。

10.3.2　均匀平面波在多层理想介质中的反射系数

实际中通常遇见多层介质表面。如图 10-8 所示，一平面波入射到边界位置在 $z = -d_0$，$-d_1$，$\cdots$，$-d_n$ 处的分层介质。设第 $n+1$ 层为无限大区域并记为 t，$t = n+1$，每个区域内的介电常数和磁导率分别用 ε_I 和 μ_I 表示。

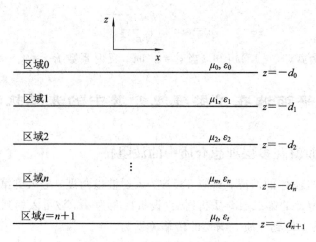

图 10-8 多层理想介质结构

当垂直极化波(TE 平面波)$E_y = E_0 e^{-jk_z z + jk_x x}$ 从上往下入射时，在第 I 层介质中存在上层的透射波和下面多次的反射波，总场可以表示为

$$E_{Iy} = (A_I e^{jk_{Iz} z} + B_I e^{-jk_{Iz} z}) e^{jk_x x} \tag{10-22}$$

$$H_{Ix} = -\frac{k_{Iz}}{\omega \mu_I} (A_I e^{jk_{Iz} z} - B_I e^{-jk_{Iz} z}) e^{jk_x x} \tag{10-23}$$

$$H_{Iz} = -\frac{k_x}{\omega \mu_I} (A_I e^{jk_{Iz} z} + B_I e^{-jk_{Iz} z}) e^{jk_x x} \tag{10-24}$$

式中，幅度 A_I 表示所有在 z 方向传播的波分量；B_I 表示所有在 $-z$ 方向传播的波分量。由于相位匹配条件，因此上面的式子中对 $\boldsymbol{k}$ 矢量的 x 分量未注明下标 I。

在区域 I 与相邻区域 $I+1$ 的分界面上，波幅关系满足边界条件，在 $z = -d_1$ 处，因为 E_y 和 H_x 连续，所以

$$A_I e^{-jk_{Iz} d_I} + B_I e^{jk_{Iz} d_I} = A_{I+1} e^{-jk_{(I+1)z} d_I} + B_{I+1} e^{jk_{(I+1)z} d_I} \tag{10-25}$$

$$\frac{k_{Iz}}{\mu_I}(A_I e^{-jk_{Iz} d_I} + B_I e^{jk_{Iz} d_I}) = \frac{k_{(I+1)z}}{\mu_{(I+1)}} [A_{I+1} e^{-jk_{(I+1)z} d_I} + B_{I+1} e^{jk_{(I+1)z} d_I}] \tag{10-26}$$

通过求解方程式(10-25)和式(10-26)可得

$$A_I e^{-jk_{Iz} d_I} = \frac{1}{2}[1 + p_{I(I+1)}][A_{I+1} e^{-jk_{(I+1)z} d_I} + R_{I(I+1)} B_{I+1} e^{jk_{(I+1)z} d_I}] \tag{10-27}$$

$$B_I e^{jk_{Iz} d_I} = \frac{1}{2}[1 + p_{I(I+1)}][R_{I(I+1)} A_{I+1} e^{-jk_{(I+1)z} d_I} + B_{I+1} e^{jk_{(I+1)z} d_I}] \tag{10-28}$$

式中

$$p_{I(I+1)} = \frac{\mu_I k_{(I+1)z}}{\mu_{I+1} k_{Iz}} \tag{10-29}$$

用 $r_{I(I+1)}$ 表示区域 I 和区域 $I+1$ 的边界上引起的在区域中波的反射系数，对于垂直极化波，有

$$r_{I(I+1)} = \frac{1 - p_{(I+1)z}}{1 + p_{(I+1)z}} \tag{10-30}$$

同时，由式(10-29)可以推导得

$$p_{I(I+1)} = \frac{1}{p_{(I+1)z}} \tag{10-31}$$

由式(10-27)和式(10-28)可得

$$\frac{A_I}{B_I}=\frac{e^{j2k_{Iz}d_I}}{r_{I(I+1)}}+\frac{[1-(1/r_{I(I+1)}^2)]e^{j2(k_{(I+1)z}+k_{Iz})}d_1}{[1/r_{I(I+1)}]e^{j2k_{(I+1)z}d_1}+(A_{I+1}/B_{I+1})}$$

$$=\frac{e^{j2k_{Iz}d_I}}{r_{I(I+1)}}+\frac{[1-(1/r_{I(I+1)}^2)]e^{j2(k_{(I+1)z}+k_{Iz})}d_1}{[1/r_{I(I+1)}]e^{j2k_{(I+1)z}d_1}}+\frac{A_{I+1}}{B_{I+1}} \tag{10-32}$$

方程式(10-32)是用 A_{I+1}/B_{I+1} 表示 A_I/B_I 的递推表达式。当多层介质的最后一层是透射区域时，$A_t/B_t=0$；当其最后一层是反射区域时，$A_t/B_t=-1$。

当介质为多层介质时，总的反射系数为

$$r=\frac{A_0}{B_0}=\frac{e^{j2k_z d_0}}{r_{01}}+\frac{[1-(1/r_{01}^2)]e^{j2(k_{Iz}+k_{0z})d_0}}{[1/r_{01}]e^{j2k_z d_0}}+\frac{e^{j2k_{Iz}d_1}}{r_{12}}$$

$$+\frac{[1-(1/r_{12}^2)]e^{j2(k_{2z}+k_{1z})d_1}}{[1/r_{12}]e^{j2k_{2z}d_1}}+\cdots+\frac{e^{j2k_{(n-1)z}d(n-1)}}{r_{(n-1)n}}$$

$$+\frac{[1-(1/r_{(n-1)n}^2)]e^{j2(k_{nz}+k_{(n-1)z})d(n-1)}}{[1/r_{(n-1)n}]e^{j2k_{nz}d(n-1)}}+r_{ne}e^{j2k_{nz}d_n} \tag{10-33}$$

对于平行极化波(TM 波)，按照对偶原理，反射系数 R 的表达式与式(10-30)相同，有差别的是式(10-29)，此时式(10-29)变为

$$p_{I(I+1)}=\frac{\varepsilon_1 k_{(I+1)z}}{\varepsilon_{k+1} k_{Iz}} \tag{10-34}$$

10.4　单层电磁超材料吸波体的设计仿真与分析

自从 2008 年证明电磁超材料可以用作电磁波吸波体以来，这一设计思想引起了科学界的广泛关注。目前，已经设计出各种各样的电磁超材料吸波体，这些吸波体的工作频率跨度很大，从微波、太赫兹一直到光波频段。尽管有些电磁超材料吸波体在某一方面拥有良好的性能，但仍有一些不足之处，例如，单频点吸收、极化敏感和对入射波入射时的角度敏感等。下面研究一种新型电磁超材料吸波体，它几乎解决了上述三个问题。

10.4.1　设计与仿真

图 10-9(a)是所设计的电磁超材料吸波体单元的仿真模型，最上层处是八个直角三角形铜环，底层是铜，筒厚度为 0.017 mm，电导率 $\sigma=5.8\times10^7$ s/m。中间是 FR4 介质层，其相对介电常数是 4.4 mm，电损耗角的正切值为 $\tan\delta=0.02$。整个电磁超材料吸波体单元的厚度为 4.034 mm。图 10-9(b)是吸波体的上表面，其尺寸为 $w=0.2$ mm，$s=1.8$ mm，$h=2.06$ mm，$g=0.2$ mm，$t=0.1$ mm，$l=5.0$ mm。由图 10-9(a)可以看出，单元在 x 方向和 y 方向关于对角线构成对称图形，故应该有较好的极化稳定性。

数值仿真用基于有限元法的商业软件 Ansoft HFSS。为模拟无限大空间，将包裹单元的空气盒四周 x 和 y 方向的四个面都设置为周期性边界条件(PBC)，将 z 轴方向空气盒面设置为 Floquet 端口(如图 10-9(a)所示)。吸收率的计算是先通过仿真计算出散射参数值，然后用公式计算吸收率为

$$A(\omega)=1-R(\omega)-T(\omega)$$

其中，$R(\omega)$ 和 $T(\omega)$ 分别表示反射率和透射率，相应的表达式分别为

$$R(\omega) = |S_{11}|^2, \ T(\omega) = |S_{21}|^2$$

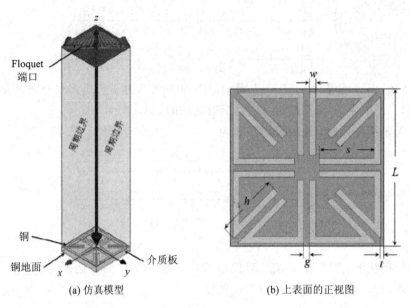

(a) 仿真模型   (b) 上表面的正视图

图 10 - 9   电磁超材料吸波体单元

由于该结构的最底层是金属铜，其透射率为零，故吸收率公式可简化成

$$A(\omega) = 1 - |S_{11}|^2$$

仿真得到的反射率和吸收率曲线如图 10 - 10 所示。从图中可以看出，在 14.9 GHz 和 18.9 GHz 处吸收率分别为 98% 和 99%。

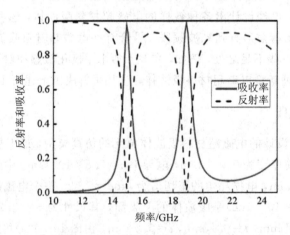

图 10 - 10   仿真的反射率和吸收率

上面讨论的是电磁波垂直入射到电磁超材料吸波体表面的情形，而在实际应用中，电磁波往往是以一定的角度斜入射到吸波体的表面，因此，有必要研究吸波体对不同入射角度的电磁波的吸收情形。定义 θ 是 z 轴与 xz 平面之间的夹角；φ 为 x 轴与 xoy 平面间的夹角。因为这里所研究的吸波体是沿着中线和对角线都对称的结构，所以只要分析电磁极化在 $0°\sim45°$ 之间的情形。数值仿真如图 10 - 11 所示，从图中可以看到，当平面波垂直入射到吸波体上时，φ 角在 $0°\sim45°$ 的范围内曲线基本没有任何的变化，表现出很好的极化稳定性。

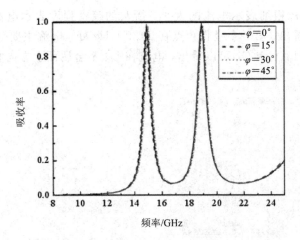

图 10-11　φ 变化时的吸收率情形($\theta=0°$)

下面讨论 TE 波和 TM 波斜入射到吸波体表面时其相应的吸收率情形。这里所谓的 TE 模，指的是入射波的电场始终保持与吸波体金属表面平行；而 TM 模是指入射波的磁场始终与吸波体金属表面平行。在 HFSS 软件中，先后将模式激励设置为 TE 模和 TM 模，并分别进行两次数值仿真，在仿真时将 x 轴与 xy 平面间的夹角 φ 设置为 $0°$，令 θ 在 $0°\sim$ $60°$ 之间变化，其相应的吸收率情形如图 10-12 所示。

从图中可以看出，在 $0°\sim40°$ 的范围内，无论是对 TE 模电磁波还是对 TM 模电磁波，该吸收体都表现出良好的稳定性。但是从这两个模所对应 $60°$ 的曲线来看，在第一个吸收峰处的频率点有所偏移；在第二个吸收峰处，其峰值有所下降。这是因为相邻吸收单元间距太近，单元与单元间的耦合很强，对斜入射的角度变化比较敏感，导致吸收电磁波的稳定性变差。

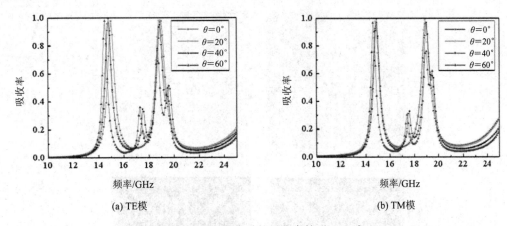

(a) TE模　　　　　　　　　　　　(b) TM模

图 10-12　θ 变化时的吸收率情形($\varphi=0°$)

10.4.2　分析与讨论

在上述两个吸收峰对应的频点处(即 14.9 GHz 和 18.9 GHz)，表面电流分布分别如图 10-13 和图 10-14 所示。在两图中，图(a)和(b)都分别是上金属面和金属底板的电流分布；而图(c)和(d)分别表示上金属面的电场分布和磁场分布。图中箭头所指的方向表示电流流动的方向，箭头的粗细表示电流的大小，箭头的疏密程度表示电流在相应点的密度。由图10-13(a)可以看出，第一个吸收频点在14.9 GHz处，电流主要分布在上、下两个对称环上。对比图10-13(a)和(b)可以看出，电流在上、下金属面上方向相反，这表明激励产生了磁响应。

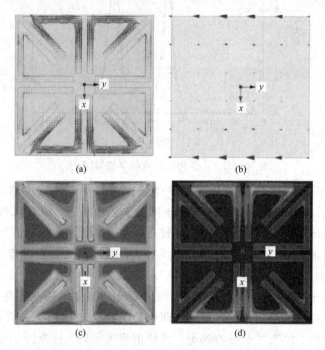

图 10-13　14.9 GHz 处表面电流和场分布

与图10-13(b)不同的是，图10-14(b)底板上的反向电流主要分布在靠近中间的位

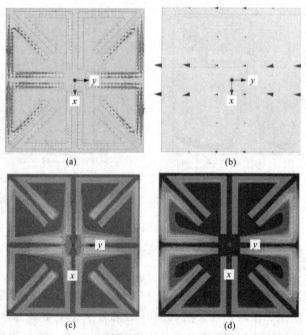

图 10-14　18.9 GHz 处表面电流和场分布

置。对比图 10 - 13(a) 和图 10 - 14(a) 可以发现，电流的起始位置在电场强度较强区域，而电流的最强部分也是磁场能量最强的区域。电场能量主要聚集在裂缝部分(可等效为电容)，磁场能量主要分布在上、下、左、右金属线上(可等效为电感)，构成 LC 谐振回路。出现在两个吸收峰处场的这种情形表明，电磁超材料吸波体在 14.9 GHz 和 18.9 GHz 处出现强烈的电磁谐振，入射电磁波的能量被吸波体吸收后转换为热能而耗散，因而出现了吸收峰。进一步研究表明，金属的欧姆损耗是电磁波吸收的因素之一，而介质损耗是电磁波吸收的主要因素。

所设计的双频、极化不敏感电磁超材料吸波体具有结构简单、容易制造等特点，同时可以通过改变结构尺寸使吸收频点移到吸收点。通过仿真发现，无论是 TE 波还是 TM 波，该吸收体都有很宽的吸收角度，虽然吸收带宽很窄，但也可以在隐身技术、热探测器和微波成像领域内找到用武之地。

10.5 电磁超材料吸波体的发展趋势

目前，每种类型的电磁超材料吸波体都有其独特的吸波性能，适用于不同的领域。在实现完美电磁超材料吸波体方面，在未来有着以下几个方面的发展趋势。

(1) 自适应外部变化，实现动态可调电磁超材料吸波体。

最近几年，对主动可调电磁超材料吸波体的研究有了很大进展，主要是利用 MEMS 开关、液晶体和肖特基二极管作为可调电磁超材料设计的组件。目前，尽管有人试图实现完美调节吸收的技术，然而这些技术嵌入二极管的尺寸相对较大，故对吸波体单元的尺寸影响较大，因此只适用于低频段。至于高频段的电磁超材料，急需更小尺寸的控制组件来实现动态可调。未来的完美电磁超材料将会运用简单、高效的器件来实现动态可调。

(2) 在成像中利用可调电磁超材料吸波体。

在太赫兹成像领域，已有文献报道采用压缩感知技术，通过对多种掩模利用压缩传感技术进行空间光调制，它能极大地减少使用单像素检测器的测量次数，这对太赫兹成像来说是非常有益的。在太赫兹频段，虽然电磁超材料用作空间光调制器研究工作早已开展，然而很多地方还需改进，例如利用可调完美电磁超材料高效吸收特性能快速、轻松地进行空间光调制，从而达到实现动态像素可调的性能。

(3) 在热光伏电池中引入电磁超材料吸波体。

衡量热光伏电池的好坏，与在特定频段下其内部结构的制造精度和光热转换效率有关。尽管目前有多种方法可以提高热光伏电池的效率，例如用稀土氧化物、等离激元光栅和等离激元纳米粒子等，但是仍有许多不足。完美电磁超材料的出现，可以使未来的热光伏电池的能量转换效率更高，设计更为灵活。

(4) 红外伪装中应用电磁超材料吸波体。

1979 有人提出可通过扭曲红外探测器周围环境的热辐射特性来实现红外伪装的设想，由于电磁超材料具有选择的热辐射特性，因此在未来可以将它应用在红外伪装上。

第11章 电磁超材料在矩形波导中的应用

近年来，基于电磁超材料的小型化波导受到越来越广泛的关注。研究已发现，谐振环的负磁导率特性能够使得矩形波导在截止频率以下出现通带，因而可制成小型化电磁超材料波导和谐振腔。基于上述理论，本章在波导基本理论的基础上，将电磁超材料填充到矩形波导内，形成双负环境，研究电磁超材料对波导特性的影响，为波导小型化提供理论依据和技术支持。

11.1 导波和导波系统的基本理论

电磁波是由时变电场产生时变的磁场，而时变的磁场又会产生时变的电场，如此进行下去而传播的。电磁波可分为自由空间波和导波。自由空间波是在无界空间传播的电磁波；而导波是在含有不同媒质边界的空间传播的电磁波，构成这种边界的装置则称为导波系统。导波系统是指在微波系统中，把各种元器件、组件或各分机之间连接起来，并把微波能量从一处传送到另一处的某种传输能量的装置。规则导波系统则是传输系统的尺寸、横截面以及填充媒质的分布状态和电参数都不随轴线方向变化的无限长的平直传输系统。

11.1.1 导波的分类

能够满足无限长匀直导波系统横截面边界条件并且能独立存在的导波形式称为导波的类型。按导波模式中是否含有纵向场分量，可将导波分为两大类：

(1) 无纵向场分量，$E_z = H_z = 0$ 的电磁波。这种波只有横向的电磁场分量，所以被称为横电磁模（TEM 模）或横电磁波（TEM 波）。电磁力线位于导波系统的横截面内。横电磁波只能存在于多导体构成的导波系统中，如同轴线、双线等这类导波系统中。

(2) 有纵向场分量，又可分为以下三种类型：

① $E_z = 0$、$H_z \neq 0$ 的电磁波，这种波称为横电模/波（TE 模/波）或磁波（H 波）。横电波的电力线是导波系统横截面内，即电力线全在导波系统的横截面内，而磁力线则为空间曲线。

② $E_z \neq 0$、$H_z = 0$ 的电磁波，这种波称为横磁模/波（TM 模/波）或电波（E 波）。和横电波相反，横磁波的磁力线是导波系统横截面内的曲线，即磁力线全在导波系统的横截面内，而电力线则为空间曲线。

③ $E_z \neq 0$、$H_z \neq 0$ 的电磁波，这种波称为混合波（EH 波或 HE 波）。混合波可以看做 TE 波和 TM 波的线性叠加。

另外，横电波和横磁波都可以单独存在于由光滑导体壁面构成的柱形波导（金属柱面波导、圆柱介质波导)与无限宽的平板介质波导中;而混合波则存在于一般的开放式波导和非规则波导(波导横截面尺寸变化、波导填充的介质不均匀等)中,这主要是因为横电波和横磁波不能满足复杂的边界条件,必须将二者线性叠加才能得到合适的解。

11.1.2　导波系统的分类

在低频段,导波形式的系统非常简单,电磁波可以通过两根导线来引导。低频对导波系统没有特殊的要求,这是因为导线的长度和导线之间的距离远小于电磁波的波长,两导线的电流反向,在空间同一点建立的场也是反向并且相互抵消的,使低频电磁波沿导线传输没有辐射损耗,而且频率低,导线的电阻损耗实际上也是可以忽略的。但是当频率增高致使波长与导线的长度和导线间的距离可以比拟时,情况就大相径庭了。两根导线的电流在空间建立的场不会因为反向而相消,而是会产生辐射,同时由于频率高,导线电阻的损耗也就增大,从而任意的两根导线便不能有效引导微波。

在微波波段,为减小双导线的电阻损耗和辐射,采用一种改进型双导线即平行双导体线。这种平行双导体线是由线间距较小而线径较大的平行双导体构成的,可用于微波低端频率(可低至米波频率)。但是随着频率的上升,平行双导体线辐射损耗也越来越严重,为了避免这种情况并且减小电阻损耗,出现了同轴线即双导体导波系统。这种双导体导波系统可用于分米波和厘米波,但是随着频率增高至毫米波段时,由于同轴线横向尺寸变小,致使内导体的损耗增大,功率容量也随之下降。同轴线的这些缺点可以通过去掉其导体而制成空心单导体导波系统即柱面金属波导来改进,所以柱面金属波导主要用于厘米波和毫米波,然而当频率增加到毫米波、亚毫米波段时,金属损耗很大。随着低耗介质的出现,介质波导这一新的导波系统也随之产生。新的介质波导要用于毫米波、亚毫米波乃至光波,并且为适应微波集成电路的需要,就出现了平面导波系统,如微带线等。

综上所述,微波技术中常用的导波系统是由单根或多根相互平行的空心或实心的柱形导体或介质组成的,具体分类参见表 11 - 1。

表 11 - 1　导波系统的分类及优缺点

导波系统类型	特　　点	举　　例
TEM 模传输线	由两根以上平行导体构成,通常工作在主模——横电磁模(TEM)	平行双导线、同轴线
金属波导	由单根封闭的柱形导体空管组成,工作模式可分为两类:横磁模(TM)和横电模(TE)	矩形波导、圆形波导
准 TEM 模和非 TEM 模传输线	由两根或两根以上平行导体构成,但却不能工作于纯 TEM 模	工作主模是准 TEM 模的传输线:微带线、共面波导;工作于非 TEM 模的传输线:槽线、鳍线
表面波传输系统	由单根介质或敷介质层的导体构成,电磁波沿其表面传播,其传播模式是 TM 模和 TE 模叠加的混合模	矩形介质波导、圆形介质波导和镜像介质波导

下面以矩形波导为例做重点介绍。

11.2　矩形波导的设计

低频传输线的能量主要被限定在导线内部。随着频率的提高，该能量开放在导线之间的空间。随着频率的进一步提高，开放空间受到干扰的影响太大，又开始再一次封闭起来，使能量在内部传输。这一次所封闭的主要在空间内部。

在微波范围，为了防止电磁波干扰和减少传输损耗，往往采用空心的金属管作为传输电磁能量的导波装置。这种空心金属导波装置被称为波导。因为电磁能量在波导管内部被导引传送，所以波导又可以被定义为一种在微波或可见光波段中传输电磁波的装置，用于无线电通信、雷达、导航等无线电领域。矩形波导是指由金属材料制成且具有矩形截面、内充空气介质的规则金属波导。它一般由铜制成，但也可用铝或其他金属材料制作，如图 11-1 所示。矩形波导不能传播 TEM 模，但可单独传播 TE 或 TM 模，主要用于厘米波段，也可以用于毫米波段。

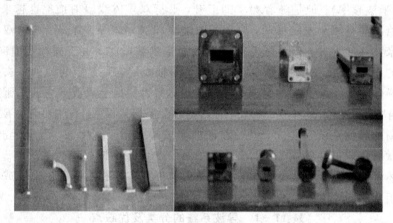

图 11-1　矩形波导实物图

在目前大中功率的微波系统中，常采用矩形波导作为传输线和构成微波元器件。矩形波导具有以下优点：

（1）结构简单，机械强度大。

（2）封闭结构，可以避免外界干扰和辐射损耗。

（3）无内导体，导体损耗低，功率容量大。

11.2.1　矩形波导的传输特性

矩形波导可以传输 TE_{mn} 模和 TM_{mn} 模，这些模式沿波导的轴向为行波状态，沿波导的横截面为驻波分布。其中，波指数 m、n 不同，场的分布就不同，传输特性也就不同。

1. 截止波长和截止频率

波导的截止特性可以用截止波长和截止频率来描述。截止波长是波导传输特性的一个重要的特性参量，不仅与波导模式有关，而且与波导尺寸有关。矩形波导中的 TE 模和 TM 模具有相同的截止波长形式，即

$$\lambda_c = \frac{2\pi}{k_c} = \frac{2}{\sqrt{\left(\frac{m}{a}\right)^2 + \left(\frac{n}{b}\right)^2}} \tag{11-1}$$

式中，$k_c = \sqrt{\left(\frac{m\pi}{a}\right)^2 + \left(\frac{n\pi}{b}\right)^2}$ 为截止波数。

矩形波导的 TE 模和 TM 模的截止频率为

$$f_c = \frac{v}{\lambda_c} = \frac{v}{2}\sqrt{\left(\frac{m}{a}\right)^2 + \left(\frac{n}{b}\right)^2} = \frac{1}{2\sqrt{\mu\varepsilon}}\sqrt{\left(\frac{m}{a}\right)^2 + \left(\frac{n}{b}\right)^2} \tag{11-2}$$

式中，a 是波导内壁的宽边尺寸，b 是窄边尺寸；$v = 1/\sqrt{\mu\varepsilon}$ 是电磁波传播速度的大小。

由此可见，截止频率不仅与波导的模式和尺寸有关，还与波导中填充媒质的参数 μ 和 ε 有关。

对于波导，不同的模式，截止波长一般不同，但是有时截止波长相同，例如波指数 m 和 n 不为零时，TE_{mn} 和 TM_{mn} 具有相同的截止波长或截止频率。这种模式不同但截止波长相同的现象称为模式简并现象；对应的模式则称为简并模式。一般情况下应避免出现简并模式，这是由于简并模式具有相同的传播常数，当金属壁的电阻率较大或波导中出现不均匀性时，相互之间易发生能量的交换，从而造成相互干扰和不必要的能量损耗。

当波导的尺寸一定时，波指数 m、n 越大，截止波长越短。在矩形波导所能存在的全部模式中，TE_{10} 模是截止波长最长的模式，称为最低次模式；其他模式则称为高次模式。当矩形波导作为传输系统时，高次模式应该被抑掉，通常采用主模作为工作模式。

由于 TE_{10} 模是最低次模式，易于实现单模传输，而且该模具有场结构简单、稳定、频带宽和损耗小等特点，因此矩形波导通常工作在 TE_{10} 模单模传输情况，特别是实用传输时几乎毫无例外地工作在 TE_{10} 模式。当工作波长一定时，传输 TE_{10} 模的波导尺寸最小；当波导尺寸一定时，实现单模传输的频带最宽。

2. 相速与群速

设相速用 v_p 表示，则

$$v_p = \frac{\omega}{\beta} = \frac{v}{\sqrt{1 - \left(\frac{\lambda}{\lambda_c}\right)^2}} \tag{11-3}$$

式中，ω 为角频率；β 为传播常数；λ 为电磁波在自由空间中的波长。由式（11-3）可以看出，相速与波导模式、频率和尺寸有关。矩形波导中传播的电磁波是色散波，这是由于在一定尺寸的波导中传输某一模式的电磁波时，其相速与频率有关。

设群速为 v_g，则

$$v_g = v\sqrt{1 - \left(\frac{\lambda}{\lambda_c}\right)^2} \tag{11-4}$$

3. 波导波长

设波导的波长为 λ_g，则

$$\lambda_g = \frac{v_p}{f} = \frac{\lambda}{\sqrt{1 - \left(\frac{\lambda}{\lambda_c}\right)^2}} \tag{11-5}$$

当波导中填充相对介电常数为 ε_r、相对磁导率为 μ_r 的无耗介质时，上式可改写为

$$\lambda_g = \frac{\lambda_0}{\sqrt{\varepsilon_r - \left(\dfrac{\lambda_0}{\lambda_c}\right)^2}} \tag{11-6}$$

4. 波阻抗

设 TM 模的波阻抗为 Z_{TM}，TE 模的波阻抗为 Z_{TE}，则

$$Z_{TM} = \frac{\beta}{\omega\varepsilon} = \sqrt{\frac{\mu}{\varepsilon}}\sqrt{1-\left(\frac{\lambda}{\lambda_c}\right)^2} = Z_{TEM}\frac{\lambda}{\lambda_g} = \eta\frac{\lambda}{\lambda_g} \tag{11-7}$$

$$Z_{TE} = \frac{\omega\mu}{\beta} = \frac{\sqrt{\dfrac{\mu}{\varepsilon}}}{\sqrt{1-\left(\dfrac{\lambda}{\lambda_c}\right)^2}} = Z_{TEM}\frac{\lambda_g}{\lambda} = \eta\frac{\lambda_g}{\lambda} \tag{11-8}$$

式中，$\varepsilon = \varepsilon_r\varepsilon_0$、$\mu = \mu_r\mu_0$ 分别为波导中介质的介电常数和磁导率。$Z_{TEM} = \eta = \sqrt{\mu/\varepsilon}$ 为 TEM 模的波阻抗。

5. 截止状态

当 $f < f_c$ 或 $\lambda > \lambda_c$ 时，矩形波导中的截止场有以下特点：

（1）当传播常数 $\gamma = a = \sqrt{k_c^2 - k^2}$ 为正数时，场沿 z 方向按 $e^{-\alpha z}$ 作指数衰减，即场沿 z 方向呈交变衰减的状态。

（2）当 $\lambda \to \lambda_c$ 时，$v_p \to \infty$，$\lambda_g \to \infty$，$v_g \to 0$；反之，当 $\lambda > \lambda_c$ 时，v_p、λ_g、v_g 均为虚数，没有意义。

（3）当 $\lambda \to \lambda_c$ 时，$Z_{TE} \to \infty$，$Z_{TM} \to 0$；反之，当 $\lambda > \lambda_c$ 时，Z_{TE}、Z_{TM} 均为虚数，Z_{TE} 呈感性，Z_{TM} 呈容性。

磁场与电场的相位相差 90°，根据坡印廷矢量可知，波导中的场沿横向呈驻波分布，沿 z 方向没有能量分布。这相当于在波导横向发生了谐振，所以这种状态也可称为波导的横向谐振状态。

11.2.2 矩形波导尺寸的选择

在给定的工作频带内只传输主模，并且有足够大的功率容量，损耗也要尽可能小，这是矩形波导尺寸选择的一般原则。

从上述可知，矩形波导的主模是 TE_{10} 模，为保证其处于传输状态，应使

$$\lambda < (\lambda_c)_{TE_{10}} = 2a \tag{11-9}$$

但是，为了只传输 TE_{10} 模，必须要抑制 TE_{20} 模和 TE_{01} 模，为此应使

$$\lambda > (\lambda_c)_{TE_{20}} = a \tag{11-10}$$

$$\lambda > (\lambda_c)_{TE_{01}} = 2b \tag{11-11}$$

由上述可以得到

$$\frac{\lambda}{2} < a < \lambda \tag{11-12}$$

$$0 < b < \frac{\lambda}{2} \tag{11-13}$$

为了获得较大的功率容量，避免出现高次模式，应使

$$a < \lambda < 1.8a \tag{11-14}$$

因为功率容量与 b 成正比，所以 b 应选得大些，才能获得较大的功率容量。但是还要考虑到抑制高次模式，一般选择

$$b = 0.5a \tag{11-15}$$

而损耗要尽可能小，则

$$\frac{\lambda}{2a} \leqslant 0.7 \tag{11-16}$$

$$\frac{b}{a} = 0.5 \tag{11-17}$$

所以矩形波导的尺寸选择条件为

$$a = 0.7\lambda \tag{11-18}$$
$$b = (0.4 \sim 0.5)a \tag{11-19}$$

通常情况下，波导的窄边尺寸大约为宽边尺寸的一半，即 $b = a/2$，这是保证频带宽度下达到最大功率容量的一种选择。当 $b > a/2$ 时，波导的工作频带会变窄；当 $b < a/2$ 时，功率容量下降，而且工作频带也不增加。但是也有选择上述这两种特殊情况的，在大功率情况下，工作频带要求不太高时，为提高功率容量，选择 $b > a/2$，这种波导称为加高波导；在小功率情况下，为减轻重量，减小体积，有时也选择 $b < a/2$，这种波导称为扁波导。

11.2.3　单元模型及电磁仿真

本小节采用标准尺寸 WR62 型矩形波导，仿真模型如图 11-2 所示，其中长为 $N = 17.799$ mm，宽为 $M = 7.899$ mm。在 TE_{10} 模式下，截止频率为

$$f = \frac{1}{2a\sqrt{\mu_0 \varepsilon_0}} = \frac{3 \times 10^8}{2 \times 15.799 \times 10^{-3}} = 9.49 \text{ GHz} \tag{11-20}$$

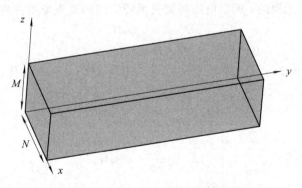

图 11-2　WR62 矩形波导仿真模型图

采用 HFSS 软件对其空间电磁行为进行仿真，将垂直于 x 轴的前、后两个面和垂直于 z 轴的上、下两个面设为 PEC 边界条件，垂直于 y 轴的左、右两个面设为波端口，其仿真结果如图 11-3 所示。从图中可以看出，在 9.49 GHz 截止频率向下，波导传输系数 S_{21} 呈迅速衰减状态。

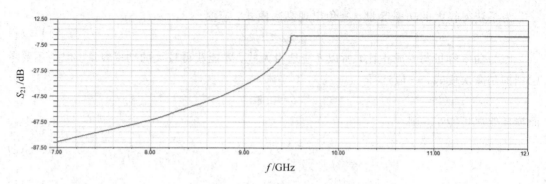

图 11-3　矩形波导传输系数图

11.3　基于电磁超材料小型化矩形波导的设计

11.3.1　理论分析

传统的矩形波导只有在横截面宽度大于工作波长一半的条件下，相应频率的电磁波才会传播，这是受到截止频率的限制。在截止频率以下，电磁波的传播常数是虚数，并且幅度按指数规律衰减，因此电磁波不能按照常规的方式在矩形波导中传播。这时的矩形波导相当于一个等离子体，有着负介电常数的环境。如果把能够产生负磁导率的谐振环填充到矩形波导中，便可以构造出一个具有负介电常数和负磁导率的双负环境，而波导在双负环境中是可以导通的。这时的波导以后向波的形式传播，能够出现通带，波导的尺寸不再受波长的限制，有利于波导设计的小型化。

下面推导波导中填充了谐振环，即波导在双负的环境中能够导通，并且能够以后向波的形式传播，设此时的 $\varepsilon=-m$，$\mu=-n$。

因为波导区间是无源的，所以电磁场满足无源空间的麦克斯韦方程，有

$$\nabla\times\boldsymbol{E}=-\mathrm{j}\omega\boldsymbol{H} \tag{11-21}$$

$$\nabla\times\boldsymbol{H}=\mathrm{j}\omega\boldsymbol{E} \tag{11-22}$$

将 $E(x, y, z)=E(x, y)\mathrm{e}^{-\gamma z}$、$H(x, y, z)=H(x, y)\mathrm{e}^{-\gamma z}$ 代入式(11-21)和式(11-22)，得

$$\begin{cases} \dfrac{\partial E_z}{\partial y}+\gamma E_y=m\mathrm{j}\omega H_x \\[2mm] -\gamma E_x-\dfrac{\partial E_z}{\partial x}=m\mathrm{j}\omega H_y \\[2mm] \dfrac{\partial E_y}{\partial x}-\dfrac{\partial E_x}{\partial y}=m\mathrm{j}\omega H_z \\[2mm] \dfrac{\partial H_z}{\partial y}+\gamma H_y=-n\mathrm{j}\omega E_x \\[2mm] -\gamma H_x-\dfrac{\partial H_z}{\partial x}=-n\mathrm{j}\omega E_y \\[2mm] \dfrac{\partial H_y}{\partial x}-\dfrac{\partial H_x}{\partial y}=-n\mathrm{j}\omega E_z \end{cases} \tag{11-23}$$

通过式(11-23)，可与纵向场相关的表达式为

$$\begin{cases} E_x = -\dfrac{1}{\gamma^2+k^2}\left(-m\mathrm{j}\omega\dfrac{\partial H_z}{\partial y}+\gamma\dfrac{\partial E_x}{\partial x}\right) \\[2mm] E_y = \dfrac{1}{\gamma^2+k^2}\left(-m\mathrm{j}\omega\dfrac{\partial H_z}{\partial x}-\gamma\dfrac{\partial E_z}{\partial y}\right) \\[2mm] H_x = \dfrac{1}{\gamma^2+k^2}\left(-n\mathrm{j}\omega\dfrac{\partial E_z}{\partial y}-\gamma\dfrac{\partial H_z}{\partial x}\right) \\[2mm] H_y = -\dfrac{1}{\gamma^2+k^2}\left(-n\mathrm{j}\omega\dfrac{\partial E_z}{\partial x}+\gamma\dfrac{\partial H_z}{\partial y}\right) \end{cases} \tag{11-24}$$

对于 TE_{10} 波，$E_z=0$，$H_z\neq0$，则式(11-24)可以简化为

$$\begin{cases} E_x = \dfrac{m\gamma}{\gamma^2+k^2}\dfrac{\partial H_z}{\partial y} \\[2mm] E_y = -\dfrac{m\gamma}{\gamma^2+k^2}\dfrac{\partial H_z}{\partial x} \\[2mm] H_x = -\dfrac{\gamma}{\gamma^2+k^2}\dfrac{\partial H_z}{\partial x} \\[2mm] H_y = -\dfrac{\gamma}{\gamma^2+k^2}\dfrac{\partial H_z}{\partial y} \end{cases} \tag{11-25}$$

由亥姆霍兹方程得

$$\left(\frac{\partial^2}{\partial x^2}+\frac{\partial^2}{\partial y^2}+\frac{\partial^2}{\partial z^2}+k^2\right)H_z=0 \tag{11-26}$$

将 $H_z(x,y,z)=h_z(x,y)\mathrm{e}^{-\gamma z}$ 代入式(11-26)得

$$\left(\frac{\partial^2}{\partial x^2}+\frac{\partial^2}{\partial y^2}+\frac{\partial^2}{\partial z^2}+k_0^2\right)h_z=0 \tag{11-27}$$

其中，$k_0^2=k^2+\gamma^2$ 设为截止波数，k_0 称为临界波数。

令 $h_z(x,y)=X(x)Y(y)$，将其代入式(11-27)得

$$Y(y)\frac{\mathrm{d}X^2}{\mathrm{d}x^2}+X(x)\frac{\mathrm{d}Y^2}{\mathrm{d}y^2}+k_0^2X(x)Y(y)=0 \tag{11-28}$$

将式(11-28)化简得

$$\frac{1}{X}\frac{\mathrm{d}X^2}{\mathrm{d}x^2}+\frac{1}{Y}\frac{\mathrm{d}Y^2}{\mathrm{d}y^2}+k_0^2=0 \tag{11-29}$$

$$-\frac{1}{X}\frac{\mathrm{d}X^2}{\mathrm{d}x^2}=\frac{1}{Y}\frac{\mathrm{d}Y^2}{\mathrm{d}y^2}+k_0^2 \tag{11-30}$$

设 k_x、k_y 为分离常数，有

$$\frac{\mathrm{d}X^2}{\mathrm{d}x^2}+K^2X=0 \tag{11-31}$$

$$\frac{\mathrm{d}Y^2}{\mathrm{d}y^2}+K^2Y=0 \tag{11-32}$$

$$k_x^2+k_y^2=k_0^2 \tag{11-33}$$

则 h_z 的通解可以写为

$$h_z(x,y)=(A_1\cos k_x x+B_1\sin k_x x)(A_2\cos k_y y+B_2\sin k_y y) \tag{11-34}$$

式中，A_1、A_2、B_1、B_2 均为常数。

波导的电场分量为

$$\begin{cases} E_x = \dfrac{m\mathrm{j}\omega}{\gamma^2 + k^2} k_y (A_1 \cos k_x x + B_1 \sin k_x x)(-A_2 \sin k_y y + B_2 \cos k_y y) \\ E_y = \dfrac{n\mathrm{j}\omega}{\gamma^2 + k^2} k_x (-A_1 \sin k_x x + B_1 \cos k_x x)(A_1 \cos k_y y + B_2 \sin k_y y) \end{cases} \tag{11-35}$$

假设矩形波导是在填充普通材料的介质中传播的，设此时的 $\varepsilon = m$、$\mu = n$，推导过程同上，得出结论为

$$\begin{cases} E_x = -\dfrac{m\mathrm{j}\omega}{\gamma^2 + k^2} k_y (A_1 \cos k_x x + B_1 \sin k_x x)(-A_2 \sin k_y y + B_2 \cos k_y y) \\ E_y = -\dfrac{n\mathrm{j}\omega}{\gamma^2 + k^2} k_x (-A_1 \sin k_x x + B_1 \cos k_x x)(A_1 \cos k_y y + B_2 \sin k_y y) \end{cases} \tag{11-36}$$

由此可见，矩形波导在介电常数和磁导率为双负值的环境中是可以传播的，而且电场方向与填充普通材料的电场方向相反。

11.3.2　对等嵌入谐振环的电磁响应特性

引入对等嵌入谐振环填充矩形波导，其仿真模型如图 11-4(a)所示。谐振环单元的具体尺寸为：$D_1 = 0.5$ mm，$D_2 = 0.25$ mm；PCB 介质基板板长 $N_1 = 10.1$ mm，$M_1 = 7$ mm，$M_2 = 4$ mm；介电常数为 2.65，如图 11-4(b)所示。

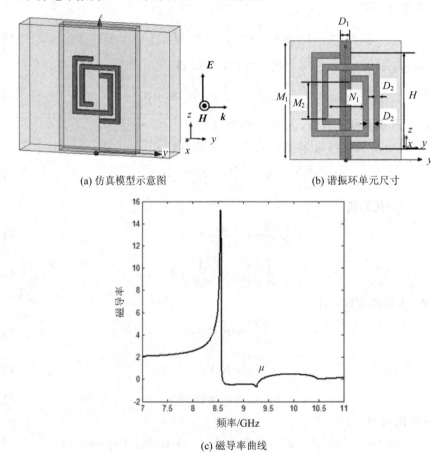

(a) 仿真模型示意图　　　　　　　　(b) 谐振环单元尺寸

(c) 磁导率曲线

图 11-4　对等嵌入谐振环仿真模型及等效磁导率

为了减小 PCB 板对矩形波导截止频率的影响,采用介电常数接近于 1 的纸蜂窝板来作为 PCB 板,而且为了结果更为准确,将 PCB 板尺寸改为和 WR62 型波导同一高度即 7.899 mm。将对等嵌入谐振环放入 2.257 mm×10 mm×7.899 mm 的空气盒子中进行电磁仿真,仿真模型如图 11 - 4(a)所示。与 x 轴垂直的前、后两个面设为 PHC 边界,与 y 轴垂直的左、右两个面设为波端口激励,与 z 轴垂直的上、下两个面设置为 PEC 边界。经过仿真后,通过 NRW 参数反演法提取的磁导率如图 11 - 4(c)所示,从图中可以看出,在 8.6 GHz~9.37 GHz 频段内的磁导率为负值。

11.3.3　对等嵌入谐振环填充截止波导及电磁仿真

将谐振环沿 x 轴方向间隔 2.257 mm、沿 y 轴方向间隔 10 mm 排成 7×7 阵列,周期性地填充到 WR62 型矩形波导中,其仿真模型如图 11 - 5 所示。

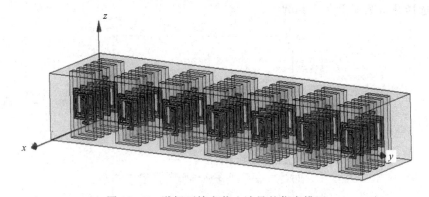

图 11 - 5　谐振环填充截止波导的仿真模型

经 HFSS 仿真后,波导的传输系数 S_{21} 如图 11 - 6 所示。从图中可以看出,在截止频率 9.49 GHz 以下,在 8.98 GHz~9.36 GHz 频段内再次出现通带。但是,由于谐振环之间存在耦合的问题,而且谐振结构之间并不连续,因此传输通带中有波纹。由此可见,将谐振环填充到截止的波导中,波导在截止频率以下能够出现通带。这表明填充谐振环后,在截止频率以下,波导能够以后向波的方式传播,波导的尺寸不再受到波长的限制。

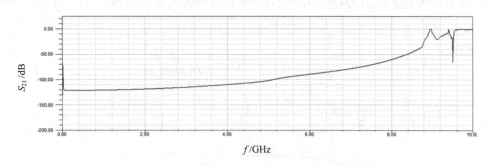

图 11 - 6　填充谐振环后的截止波导传输系数图

11.4　对等嵌入谐振环填充导通波导的设计

与上述将谐振环填充到截止波导中的设计相比较,我们改进对等嵌入谐振环的工作频段至波导的截止频率以上,并将谐振环填充到导通的波导中,观察波导的传输特性。

11.4.1 负磁导率频段大于波导截止频率的谐振环设计

因为谐振环的负磁导率特性受开口宽度、周期单元间隔、高度等一系列因素的影响,所以我们可以通过调整这些参数来增大对等嵌入谐振环的谐振频率,使其工作频段位于波导的截止频率之上。

(1)对等嵌入谐振环的开口宽度为 $D_1 = 0.5$ mm。增大和减小该开口宽度后,负磁导率工作区间的比较如图 11 – 7 所示。当 $D_1 = 0.5$ mm 时,在 8.6 GHz～9.37 GHz 频段内的磁导率为负值;当 $D_1 = 0.2$ mm 时,在 8.39 GHz～9.14 GHz 频段内的磁导率为负值;当 $D_1 = 1$ mm 时,在 8.91 GHz～9.81 GHz 频段内的磁导率为负值。由此可见,随着开口宽度的增大,开口区域的电容随之减小,谐振频率也随之增大,负磁导率频段便向高频方向移动。最终选择开口宽度 $D_1 = 1$ mm。

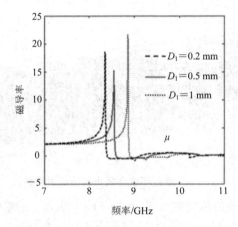

图 11 – 7　开口宽度对谐振环工作频率的影响

(2)上述谐振环的周期单元间隔即仿真时空气盒子的前后间距为 $L = 2.257$ mm。增大和减小该周期单元间隔后,负磁导率工作区间的比较如图 11 – 8 所示。选择 $D_1 = 1$ mm,当 $L = 2.257$ mm 时,在 8.91 GHz～9.81 GHz 频段内的磁导率为负值;当 $L = 1.97$ mm 时,

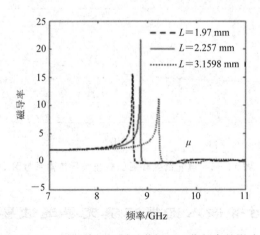

图 11 – 8　周期单元间隔对谐振环工作频率的影响

在 8.77 GHz～9.64 GHz 频段内的磁导率为负值；当 $L=3.1598$ mm 时，在 9.3 GHz～10.13 GHz 频段内的磁导率为负值。由此可见，随着周期单元间隔的增大，谐振频率也随之增大，负磁导率频段向高频方向移动。最终选择开口宽度 $D_1=1$ mm，周期单元间隔 $L=3.1598$ mm。

　　(3) 如图 11-4(b)所示，谐振环的高度为 $H=4.1$ mm。增大和减小谐振环的高度后，负磁导率工作区间的比较如图 11-9 所示。选择 $D_1=1$ mm ，$L=3.1598$ mm，当 $H=4.1$ mm 时，在 9.3 GHz～10.13 GHz 频段内的磁率率为负值；当 $H=3.9$ mm 时，在 9.8 GHz～10.71 GHz 频段内的磁导率为负值；当 $H=4.3$ mm 时，在 8.9 GHz～9.74 GHz 频段内的磁导率为负值。由此可见，随着谐振环高度的减小，谐振频率反而增大。最终通过比较得出，当 $D_1=1$ mm、$L=3.1598$ mm、$H=3.9$ mm 时谐振频率最大，谐振环的负磁导率频段位于波导的截止频率 9.49 GHz 以上。

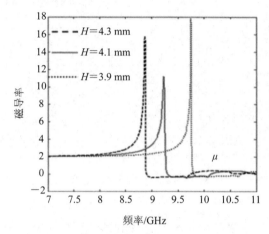

图 11-9　谐振环高度对谐振环工作频率的影响

11.4.2　改进的对等嵌入谐振环填充导通波导的电磁仿真

　　将改进的谐振环沿 x 轴方向间隔 3.1598 mm、沿 y 轴方向间隔 10 mm 排成 5×5 阵列，填充到导通的波导中，如图 11-10 所示。

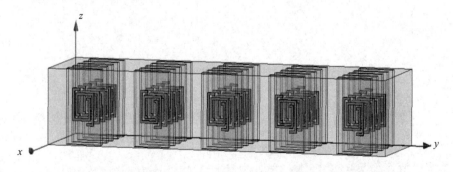

图 11-10　改进的对等嵌入谐振环填充导通波导的仿真模型

　　仿真后的波导传输系数如图 11-11 所示。从图中可以看出，在 9.8 GHz～10.71 GHz 频段内(负磁导率频段)导通的波导中出现了禁带。这是由于矩形波导中如果填充介质，必须构造介电常数和磁导率都为负值或都为正值的环境，那么电磁波才能在波导中传播，电磁波是不能在介电常数和磁导率为单负值的环境中传播的。

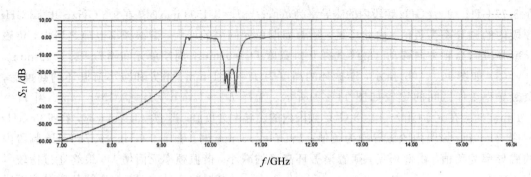

图 11 - 11　填充改进谐振环后的导通波导传输系数图

第 12 章　基于电磁带隙的阻带天线设计

电磁带隙（Electromagnetic Band Gap，EBG）的概念起源于光子晶体（Photonic Crystal）。1987 年，分别来自美国 Bell 实验室的 E. Yablonovitch 和普林斯顿大学的 S. John 各自独立地提出了光子晶体这一新型的概念。他们发现，光子在某些介电常数周期性变化的材料中经过，其运动时会引起光能量谱的离散化，即在某个频段范围内，光子偏振态并不能正常传播通过，这样的频段被称为光子带隙（PBG）；而这种介电常数周期性变化的新型材料则被称为光子晶体。但是，对于实际的工业应用，由于光波段对应的波长太短，因此加工工艺要求很高，广泛推广光子晶体的应用难度很大。为了缓解这个问题，根据光波和微波同属于电磁波谱这一事实，它们都遵循麦克斯韦方程，所以光波段的结构可以按照一定的缩比关系，让尺寸扩展到微波频段（300 MHz～300 GHz），也就是降低了加工的精度要求，使光子晶体的广泛应用有了成熟的加工工艺基础。

工作在微波频段的光子晶体，一般被称为电磁晶体（Electromagnetic Crystal）、微波光子晶体（Microwave Photonic Crystal）或电磁带隙。1990 年，E. Yablonovitch 教授等人制作了世界上首个工作在微波频段上且具有全方位禁带的一种介质型 EBG 结构，其禁带的频率范围是 10 GHz～13 GHz。与光子晶体类似，电磁带隙指的是能在某个频段内对电磁波的传播特性产生影响的一种人造结构。其表现出的特性有：

（1）相位带隙特性，即若以电磁带隙表面所在平面作为相位参考面，当入射平面波的角度垂直时，其对应的反射波将伴随频率产生从负 180°到正 180°的连续变化。反射电磁波相位为负 90°到正 90°之间的频段一般可以定义为相位带隙或同相反射相位带隙。

（2）频率带隙特性，即电磁带隙在某个频段会产生禁带，阻止该频段内电磁波的传播，而对该频段外的电磁波传播特性影响很小。这个频段一般可以定义为表面波带隙、禁带或频率带隙。

自从 2002 年美国联邦通信委员会（Federal Communications Commission，FCC）定义了 3.1 GHz～10.6 GHz 频段超宽带的民用频段以来，天线作为 UWB（超宽带）系统的重要组成部分，一直是广大研究人员的关注重点。但是，在 UWB 系统中，也会同时存在一些窄带系统，如 WiMAX（3.4 GHz～3.7 GHz）、C‑Band（3.7 GHz～4.2 GHz）、WLAN（5.15 GHz～5.35 GHz/5.725 GHz～5.825 GHz），且这些窄带系统和 UWB 天线存在重合的工作频段，因此容易造成互相干扰。为了解决这个问题，最简单而直接的方法是在 UWB 系统中添加滤波器，但是这种方法会增加系统制作成本。因此，本章主要介绍利用电磁带隙的频率带隙特性设计的一款阻带天线。

12.1 电磁带隙结构设计

设计一种新型的"十字蘑菇"型 EBG 结构。在正方形的贴片上，围绕中心蚀刻四个矩形槽，贴片中心为一个穿透介质板的孔，并填充铜，使贴片和接地板连接起来。介质基板选择介电常数为 $\varepsilon_r=4.4$ 的 FR4，其厚度为 $h=1$ mm。EBG 结构如图 12-1(a)所示，金属柱的半径为 $r=0.3$ mm，正方形贴片的边长为 $L=5.9$ mm，蚀刻的矩形槽尺寸 $L_1 \times L_2$ 为 2.2 mm×0.7 mm，微带馈线的宽度为 a，与贴片的距离为 e。EBG 结构的等效电路图如图 12-1(b)所示。

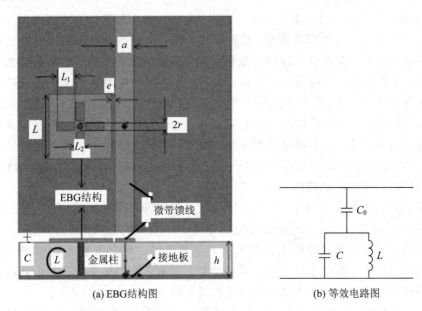

(a) EBG 结构图　　　　　　　　(b) 等效电路图

图 12-1　EBG 结构设计图

为进一步对电磁带隙结构进行讨论与分析，以便对下一步的天线设计打下基础，现选择基于电磁场有限元法的三维电磁仿真软件 Ansoft HFSS 对电磁带隙结构与微带馈线间距和微带馈线的宽度进行分析。EBG 结构与微带馈线间距对 S_{21} 值的影响如图 12-2 所示。

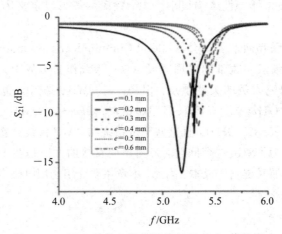

图 12-2　EBG 结构与微带馈线间距对 S_{21} 值的影响

由图 12-2 可知，电磁带隙结构与微带馈线间距越小，其禁带效应也越好。随着 e 值的增大，S_{21} 曲线的最低值也上升，并且最低值也向更高的频率偏移。

微带馈线的宽度 a 对 EBG 结构 S_{21} 值的影响如图 12-3 所示。

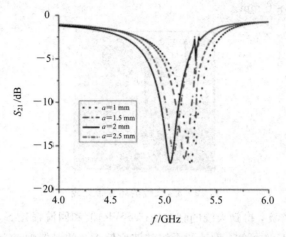

图 12-3　微带馈线的宽度 a 对 EBG 结构 S_{21} 值的影响

由图 12-3 可知，微带馈线的宽窄对 EBG 的禁带效应所在频段的影响比微带馈线与 EBG 间距的影响要迟缓，其基本趋势是随着微带馈线的变宽，S_{21} 值的最低点先向低频后向高频偏移，而对 S_{21} 值最低值的大小影响不大。进一步对参数进行优化调整，保持"十字蘑菇"型 EBG 结构的尺寸不变，选择电磁带隙结构与微带馈线间距为 $e=0.1$ mm，微带馈线的宽度为 $a=1.8$ mm。最终仿真得到的 S_{21} 值如图 12-4 所示。

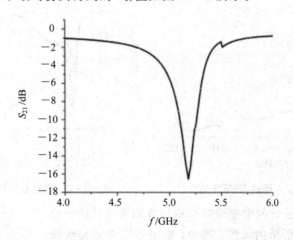

图 12-4　电磁带隙结构 S_{21} 值

12.2　实验结果分析

12.2.1　阻带天线设计

根据以上所设计的电磁带隙结构参数，进行超宽带天线设计，如图 12-5 所示。天线基板材料选择介电常数为 4.4 的 FR4，厚度为 $h=1$ mm，尺寸 $L_0 \times L_0$ 为 40 mm×40 mm，接地板的高度 $w=20$ mm，微带馈线宽为 $a=1.8$ mm，负载阻抗为 50 Ω。辐射贴片的形状是一个半圆（位于上方）连接一个矩形，半圆的半径 $R=12$ mm，矩形的长等于半圆的直径（即 $2R=24$ mm）、宽为 $d=6$ mm。

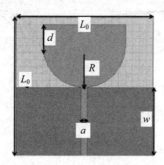

图 12-5 设计的超宽带天线

经过 HFSS 软件仿真，得到天线的驻波比（VSWR）值和回波损耗 S_{11} 值分别如图 12-6 和图 12-7 所示。由图 12-6 可知，设计的天线驻波比低于 2 的最低频点为 2.53 GHz，最高频点超过 12 GHz。由图 12-7 可知，天线的回波损耗低于 -10 dB 的最低频点为 2.55 GHz，最高频点也在 12 GHz 以上。可见所设计的天线带宽覆盖了 3.1 GHz~10.6 GHz 频段，符合设计要求。

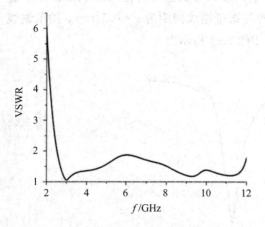

图 12-6 超宽带天线的 VSWR 值

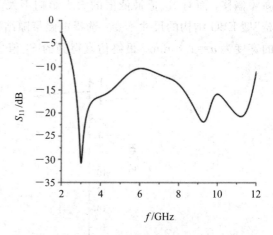

图 12-7 超宽带天线回波损耗 S_{11} 值

将图 12-1 中所设计的电磁带隙结构加载到所设计的天线上，得到如图 12-8 所示的天线。其中，电磁带隙单元与天线微带馈线间距为 e，该单元距离接地板上沿的距离为 k。通过 HFSS 软件仿真，电磁带隙单元与天线微带馈线间距 e 的变化对天线驻波比 VSWR 值的影响如图 12-9 所示。

从图 12-9 分析可知，电磁带隙单元与天线微带馈线间距越远，电磁带隙单元的禁带特性变差，导致了天线在该频段的阻带效果也变差，甚至当 $e=1.3$ mm 时，天线的 VSWR 值在 2 GHz~12 GHz 整个频段内都小于 2。

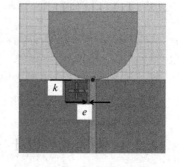

图 12-8 阻带天线设计图

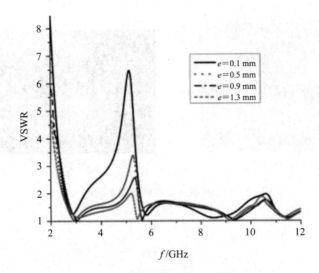

图 12 - 9　e 值对天线 VSWR 值的影响

电磁带隙单元距离接地板上沿的距离 k 对天线 VSWR 值的影响如图 12 - 10 所示，由图中可知，k 的值若不恰当，即 EBG 单元距离天线接地板上沿的距离不恰当，天线在 4 GHz～5.6 GHz 的频段同样会产生效果相差无几的阻带，但是也在其他频段产生寄生效应，除了 $k=0$，其他天线的 VSWR 值在 8.3 GHz～10.1 GHz 频段都大于 2，这种效果并非设计所希望得到的。

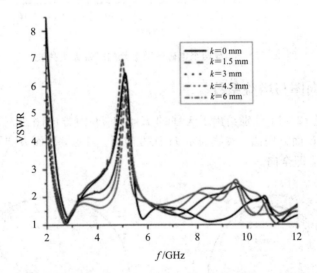

图 12 - 10　k 值对天线 VSWR 值的影响

为了进一步提升天线的阻带效果，在保持天线的其他参数不变的情况下，在天线关于 x 轴对称处再加载一个尺寸一样的电磁带隙单元，得到如图 12 - 11 所示的天线。天线仿真和实物测试得到的 VSWR 值如图 12 - 12 所示。由图 12 - 12 可知，在 4.9 GHz～6 GHz 频段范围内，天线的驻波比大于 2，其峰值达 9.6。可见，双阻带结构对天线阻带特性的提升效果明显。

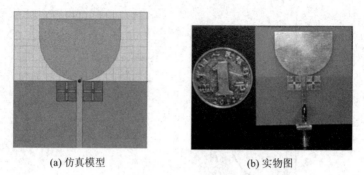

(a) 仿真模型   (b) 实物图

图 12-11　加载两个电磁带隙单元的天线

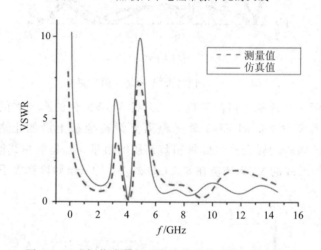

图 12-12　加载两个电磁带隙单元的阻带天线驻波比

12.2.2　天线方向图与增益系数

图 12-13 和图 12-14 分别给出了天线的 E 面和 H 面方向图及三维辐射方向图。图 12-14中虚线表示 E 面方向图，实线表示 H 面方向图。可见，E 面方向图为近"8"的形状，而 H 面为近"O"形，即全向。

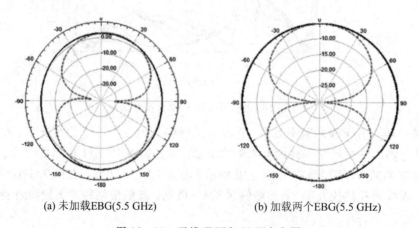

(a) 未加载EBG(5.5 GHz)   (b) 加载两个EBG(5.5 GHz)

图 12-13　天线 E 面和 H 面方向图

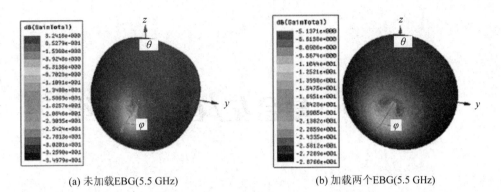

(a) 未加载EBG(5.5 GHz)　　　　　　　　(b) 加载两个EBG(5.5 GHz)

图 12-14　天线的三维辐射方向图

　　天线在 3 GHz～12 GHz 内的增益曲线如图 12-15 所示。天线在整个频带范围内，方向图图形的相似度很高。在阻带范围外，增益与初始天线相差不大，且都能保持在 3 dB 以上；而在阻带范围内，天线的增益下降十分明显，且加载了两个电磁带隙单元的天线比加载一个电磁带隙单元增益下降更为明显，阻带天线的设计效果明显增强。

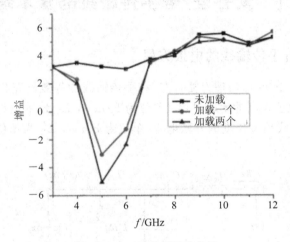

图 12-15　天线的增益曲线

第13章 复合左/右手传输线

复合左/右手传输线是电磁超材料的传输线实现形式,具有左手材料的主要特征。当电磁波在复合左/右手传输线中传输时,在某个频率范围内其传播特性呈现左手特性,而在其他范围内呈现右手特性,其适中的插入损耗和宽带特性在微波工程上有重要应用。本章介绍复合左/右手传输线的基本理论、构造机理和实现途径。

13.1 复合左/右手传输线的基本理论

13.1.1 复合左/右手传输线的电报方程

一段微分长度为 Δz 的均匀理想复合左/右手传输线的等效电路模型如图 13-1 所示,图中的 C_L' 为双导线单位长度的串联电容(单位为 F/m),L_L' 为单位长度的并联电感(单位为 H/m),C_R' 为双导线单位长度的并联电容(单位为 F/m),L_R' 为单位长度的串联电感(单位为 H/m)。

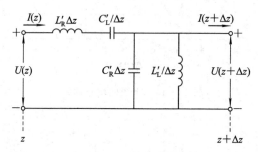

图 13-1 理想复合左/右手传输线等效电路模型

采用相量表示,根据基尔霍夫电压定律得

$$U(z) = I(z)\left[\frac{1}{\mathrm{j}\omega \dfrac{C_L'}{\Delta z}} + \mathrm{j}\omega L_R'\Delta z\right] + U(z+\Delta z) \tag{13-1}$$

将式(13-1)中各项除以 Δz 整理得

$$\frac{U(z+\Delta z)-U(z)}{\Delta z} = -I(z)\left(\frac{1}{\mathrm{j}\omega C_L'} + \mathrm{j}\omega L_R'\right) \tag{13-2}$$

在 $\Delta z \to 0$ 的极限情况下,式(13-2)变为以下微分方程形式:

$$\frac{\mathrm{d}U(z)}{\mathrm{d}z} = -I(z)\left(\frac{1}{\mathrm{j}\omega C_L'} + \mathrm{j}\omega L_R'\right) = -\mathrm{j}\left(\omega L_R' - \frac{1}{\omega C_L'}\right)I(z) \tag{13-3}$$

令

$$Z' = \mathrm{j}\left(\omega L'_\mathrm{R} - \frac{1}{\omega C'_\mathrm{L}}\right) \tag{13-4}$$

则式(13-3)简化为

$$\frac{\mathrm{d}U(z)}{\mathrm{d}z} = -Z' I(z) \tag{13-5}$$

同理，根据基尔霍夫电流定律得

$$\frac{\mathrm{d}I(z)}{\mathrm{d}z} = -Y' U(z) \tag{13-6}$$

式中

$$Y' = j\left(\omega C'_\mathrm{R} - \frac{1}{\omega L'_\mathrm{L}}\right) \tag{13-7}$$

式(13-5)与式(13-6)共同构成理想复合左/右手传输线的标准传输线方程，也称为电报方程。

13.1.2 传输线中的电压和电流

微分方程式(13-5)和式(13-6)是两个一阶耦合方程，求导并整理得到标准的二阶微分方程为

$$\frac{\mathrm{d}^2 U(z)}{\mathrm{d}z^2} - \gamma^2 U(z) = 0 \tag{13-8}$$

$$\frac{\mathrm{d}^2 I(z)}{\mathrm{d}z^2} - \gamma^2 I(z) = 0 \tag{13-9}$$

其中，传播常数

$$\gamma^2 = -\left(\omega L'_\mathrm{R} - \frac{1}{\omega C'_\mathrm{L}}\right)\left(\omega C'_\mathrm{R} - \frac{1}{\omega L'_\mathrm{L}}\right) \tag{13-10}$$

为便于讨论，定义变量如下：

$$\omega'_\mathrm{R} = \frac{1}{\sqrt{L'_\mathrm{R} C'_\mathrm{R}}} \tag{13-11a}$$

$$\omega'_\mathrm{L} = \frac{1}{\sqrt{L'_\mathrm{L} C'_\mathrm{L}}} \tag{13-11b}$$

$$\kappa = L'_\mathrm{R} C'_\mathrm{L} + L'_\mathrm{L} C'_\mathrm{R} \tag{13-11c}$$

串、并联谐振频率分别为

$$\omega_\mathrm{se} = \frac{1}{\sqrt{L'_\mathrm{R} C'_\mathrm{L}}} \tag{13-12a}$$

$$\omega_\mathrm{sh} = \frac{1}{\sqrt{L'_\mathrm{L} C'_\mathrm{R}}} \tag{13-12b}$$

方程式(13-8)、式(13-9)的行波解为

$$U(z) = U^+(z)\mathrm{e}^{-\gamma z} + U^-(z)\mathrm{e}^{+\gamma z} \tag{13-13}$$

$$I(z) = I^+(z)\mathrm{e}^{-\gamma z} + I^-(z)\mathrm{e}^{+\gamma z} \tag{13-14}$$

式(13-13)和式(13-14)是沿 z 轴方向传输线的通解。对式(13-13)求导，得

$$\frac{\mathrm{d}U(z)}{\mathrm{d}z} = -\gamma U^+(z)\mathrm{e}^{-\gamma z} + \gamma U^-(z)\mathrm{e}^{+\gamma z} \tag{13-15}$$

并由式(13-13)和式(13-3)得 $I(z)$ 中参数 $I^+(z)$ 和 $I^-(z)$ 分别为

$$I^+(z) = \frac{\gamma U^+}{\mathrm{j}\left(\omega L_R' - \dfrac{1}{\omega C_L'}\right)} \tag{13-16}$$

$$I^-(z) = \frac{\gamma U^-}{\mathrm{j}\left(\omega L_R' - \dfrac{1}{\omega C_L'}\right)} \tag{13-17}$$

则复合左/右手(CRLH)传输线的特性阻抗为

$$Z_c = \frac{U^+}{I^+} = -\frac{U^-}{I^-} = \sqrt{\frac{\omega L_R' - \dfrac{1}{\omega C_L'}}{\omega C_R' - \dfrac{1}{\omega L_L'}}} = Z_L \sqrt{\frac{\left(\dfrac{\omega}{\omega_{se}}\right)^2 - 1}{\left(\dfrac{\omega}{\omega_{sh}}\right)^2 - 1}} \tag{13-18}$$

式中，$Z_L = \sqrt{L_L'/C_L'}$ 为纯左手传输线的特性阻抗，在 $\omega_{sh} < \omega_{se}$ 时的特性阻抗曲线如图 13-2 所示。特性阻抗在串、并联谐振频率处分别存在一个零点和极点：

$$\begin{cases} Z_c(\omega = \omega_{se}) = 0 & \tag{13-19a} \\ Z_c(\omega = \omega_{sh}) = \infty & \tag{13-19b} \end{cases}$$

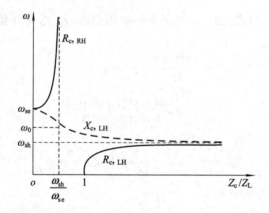

图 13-2　复合左/右手传输线的特性阻抗曲线

在 $\min(\omega_{se}, \omega_{sh})$ 到 $\max(\omega_{se}, \omega_{sh})$ 的频率范围内，CRLH 传输线的特性阻抗为虚数，同时由于特性阻抗是频率的函数，故 CRLH 传输线只能在一定的频率范围实现匹配。

CRLH 传输线的传播常数为

$$\gamma = \alpha + \mathrm{j}\beta = \mathrm{j}s(\omega)\sqrt{\left(\frac{\omega}{\omega_R'}\right)^2 + \left(\frac{\omega_L'}{\omega}\right)^2 - k\omega_L'^2} \tag{13-20}$$

其中，"手性"符号函数

$$s(\omega) = \begin{cases} -1, & \omega < \min(\omega_{se}, \omega_{sh}) \\ +1, & \omega > \max(\omega_{se}, \omega_{sh}) \end{cases}$$

对式(13-20)求导，得最大衰减频率为

$$\omega_0 = \sqrt{\omega_R' \omega_L'} = \frac{1}{\sqrt[4]{L_R' C_R' L_L' C_L'}} \tag{13-21}$$

CRLH 传输线的导波波长为

$$\lambda_g = \frac{2\pi}{|\beta|} = \frac{2\pi}{\sqrt{(\omega/\omega_R')^2 + (\omega_L'/\omega)^2 - k\omega_L'^2}} \tag{13-22}$$

电磁波的相速和群速分别为

$$v_p = \frac{\omega}{\beta} = s(\omega) \frac{\omega}{\sqrt{(\omega/\omega_R')^2 + (\omega_L'/\omega)^2 - k\omega_L'^2}} \tag{13-23}$$

$$v_g = \left(\frac{\mathrm{d}\beta}{\mathrm{d}\omega}\right)^{-1} = \frac{|\omega\omega_R'^{-2} - \omega^{-3}\omega_L'^2|}{\sqrt{(\omega/\omega_R')^2 + (\omega_L'/\omega)^2 - k\omega_L'^2}} \tag{13-24}$$

纯左手传输线与(非平衡)CRLH 传输线的相速和群速比较曲线如图 13-3 所示。纯右手传输线中 $v_g = v_p = \omega_R'$；而在纯左手传输线中，$v_g = -v_p = -\omega^2/\omega_L'$。

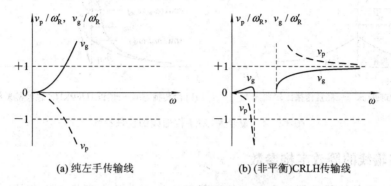

(a) 纯左手传输线   (b) (非平衡)CRLH传输线

图 13-3 相速度和群速度比较图

下面根据频率的大小分为以下三种情况讨论：

(1) 当 $\omega > \max(\omega_{se}, \omega_{sh})$ 时，有

$$\gamma = \mathrm{j}\sqrt{\left(\omega L_R' - \frac{1}{\omega C_L'}\right)\left(\omega C_R' - \frac{1}{\omega L_L'}\right)} = \mathrm{j}\beta \tag{13-25}$$

式中

$$\beta = \sqrt{\left(\omega L_R' - \frac{1}{\omega C_L'}\right)\left(\omega C_R' - \frac{1}{\omega L_L'}\right)} > 0 \tag{13-26}$$

显然，$\partial\omega/\partial\beta > 0(v_g > 0)$ 和 $v_p = \omega/\beta > 0$，v_p 和 v_g 的方向相同，为右手传输线特性，其折射率 $n = c_0\beta/\omega > 0$。

(2) 当 $\omega < \min(\omega_{se}, \omega_{sh})$ 时，有

$$\gamma = -\mathrm{j}\sqrt{\left(\omega L_R' - \frac{1}{\omega C_L'}\right)\left(\omega C_R' - \frac{1}{\omega L_L'}\right)} = \mathrm{j}\beta \tag{13-27}$$

$$\beta = -\sqrt{\left(\omega L_R' - \frac{1}{\omega C_L'}\right)\left(\omega C_R' - \frac{1}{\omega L_L'}\right)} < 0 \tag{13-28}$$

显然，$\partial\omega/\partial\beta > 0(v_g > 0)$ 和 $v_p = \omega/\beta < 0$，v_p 和 v_g 的方向相反，这就是复合左/右手传输线的后向波传播特性，其折射率 $n = c_0\beta/\omega < 0$。

(3) 当 $\max(\omega_{se}, \omega_{sh}) > \omega > \min(\omega_{se}, \omega_{sh})$ 时，有

$$\alpha = \sqrt{-\left(\omega L_R' - \frac{1}{\omega C_L'}\right)\left(\omega C_R' - \frac{1}{\omega L_L'}\right)} \tag{13-29}$$

$$\beta = 0 \tag{13-30}$$

电磁波不能传播，处于抑制频带，这是复合左/右手传输线独有的特性。

复合左/右手传输线的色散特性如图 13-4 所示，图中下标"RH"为 CRLH 传输的右手特性频率段，下标"LH"为 CRLH 传输线的左手特性频率段。图 13-4(a)所示为沿传播方

向$+z$、$-z$能量传播比较曲线；图$13-4(b)$所示为沿传播方向$+z$的PLH（纯左手）和PRH（纯右手）传输线能量传播比较曲线。

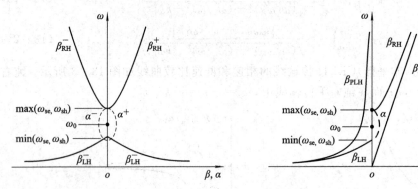

(a) 沿传播方向$+z$、$-z$能量传播比较曲线　　　　(b) 沿传播方向$+z$的PLH和PRH传输线能量传播比较曲线

图$13-4$　复合左/右手传输线的色散特性

13.1.3　传输线的等效本构参数

复合左/右手传输线的等效介电常数和等效磁导率在某个频段内为负值，而在其他频段为正值，图$13-1$中所示等效电路的等效介电常数和等效磁导率是多少？根据媒质的传播常数与介电常数、磁导率的关系得

$$\left(\omega L_{\mathrm{R}}' - \frac{1}{\omega C_{\mathrm{L}}'}\right)\left(\omega C_{\mathrm{R}}' - \frac{1}{\omega L_{\mathrm{L}}'}\right) = \omega^2 \mu \varepsilon \tag{13-31}$$

介质的内阻抗为$\eta = Z_0$，波阻抗$Z_{\mathrm{w}} = \eta = \omega\mu/\beta$，等效介电常数和等效磁导率分别为

$$\varepsilon = \varepsilon(\omega) = C_{\mathrm{R}}' - \frac{1}{\omega^2 L_{\mathrm{L}}'} \tag{13-32}$$

$$\mu = \mu(\omega) = L_{\mathrm{R}}' - \frac{1}{\omega^2 C_{\mathrm{L}}'} \tag{13-33}$$

式中，$\mu = \mu_{\mathrm{r}}\mu_0$，$\varepsilon = \varepsilon_{\mathrm{r}}\varepsilon_0$。

复合左/右手传输线的本构参数曲线如图$13-5$所示。

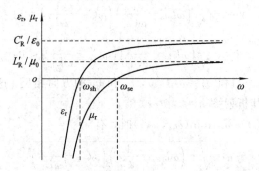

图$13-5$　复合左/右手传输线的本构参数曲线

式$(13-32)$和式$(13-33)$说明：

(1) 复合左/右手传输线可以通过理想的电感和电容来实现。

(2) 在高频范围内，等效参数趋向于呈现纯右手传输线的非色散等效参数特性，即

$$\mu(\omega \rightarrow \infty) = L'_R, \ \varepsilon(\omega \rightarrow \infty) = C'_R$$

（3）在低频范围内，等效参数趋向于呈现纯左手传输线的色散等效参数特性，即

$$\mu(\omega \rightarrow 0) = \frac{-1}{\omega^2 C'_L}, \ \varepsilon(\omega \rightarrow 0) = \frac{-1}{\omega^2 L'_L}$$

（4）复合左/右手传输线满足色散介质的熵条件：

$$W = \frac{\partial(\omega \varepsilon)}{\partial \omega} E^2 + \frac{\partial(\omega \mu)}{\partial \omega} H^2 = \left(C'_R + \frac{1}{\omega^2 L'_L} \right) E^2 + \left(L'_R + \frac{1}{\omega^2 C'_L} \right) H^2 > 0 \qquad (13-34)$$

当 $\omega < \omega_{se}$ 时，$\mu(\omega)$ 为负值；而当 $\omega < \omega_{sh}$ 时，$\varepsilon(\omega)$ 为负值。因此，当 $\omega_{se} \neq \omega_{sh}$ 时，存在频率范围 $[\min(\omega_{se}, \omega_{sh}), \max(\omega_{se}, \omega_{sh})]$——频带间隙，$\mu$、$\varepsilon$ 中仅有一个为负值。在频带间隙中，传播常数 $\beta = \mathrm{j}\mathrm{Im}(n)k_0$，衰减常数 $\alpha = \mathrm{j}\mathrm{Im}(n)k_0$。不难发现，如果 $\omega_{sh} < \omega_{se}$，在频带间隙内仅 μ 为负值，称为磁隙；如果 $\omega_{se} < \omega_{sh}$，在频带间隙内仅 ε 为负值，称为电隙。

复合左/右手传输线的等效折射率为

$$n = n(\omega) = \sqrt{\mu_r \varepsilon_r} = c_0 \sqrt{\mu \varepsilon} = c_0 \frac{s(\omega)}{\omega} \sqrt{\left(\frac{\omega}{\omega_R} \right)^2 + \left(\frac{\omega_L}{\omega} \right)^2 - k \omega_L^2} \qquad (13-35)$$

式中，n 在跃迁频率处为零，对应无穷大相速和无穷大导波波长。n 与 TEM 波的传播常数 β 存在如下关系：

$$\beta = nk_0 = n \frac{\omega}{c_0} \qquad (13-36)$$

复合左/右手传输线等效折射率的关系曲线如图 13-6 所示。不难发现，当频率接近 ω_{se}、ω_{sh} 时，等效折射率远远小于 1，电磁波的相速 $v_p = c_0/n$ 可能大于光速——超光速传播，这实际上指的是电磁波相位的传播是超光速的。

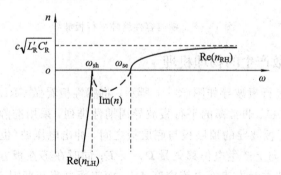

图 13-6　复合左/右手传输线的等效折射率曲线

13.2　复合左/右手传输线的构造机理

通过前面分析复合左/右手传输线 LC 网络的传播特性，不难理解复合左/右手传输线的后向波特性。那么复合左/右手传输线中负介电常数和负磁导率产生的物理机理究竟是什么？本节将从微带线的电磁场分布分析入手，从物理机理上阐述串联电容是如何产生负磁导率、并联电感如何产生负介电常数的。为便于理解，这里仅讨论平行板波导 TEM 模的情形，并假定波导在 x 方向和 z 方向上无限长、厚度足够薄（在 y 方向上的厚度为 h），高阶 TE、TM 模截止。

本节将根据并联感性板的平行板波导(参见图 13-7)介绍负介电常数产生的物理机理；然后根据串联容性间隙的平行板波导(参见图 13-8)介绍负磁导率产生的物理机理；最后根据同时具有并联感性板和串联容性间隙的平行板波导(参见图 13-8)介绍复合左/右手传输线同时产生负介电常数和负磁导率的物理机理。

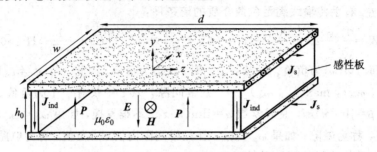

图 13-7 周期性并联感性板的平行板波导

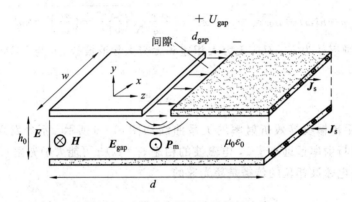

图 13-8 横向容性缝隙平行板波导

13.2.1 负介电常数产生的物理机理

负载为感性板的平行板波导如图 13-7 所示，将感性板看做 CRLH 传输线中的并联电感。假设长度为 $d(d \ll \lambda)$、非常薄的平行板波导周期性排列，采用准静态近似法分析该结构的电磁场特性。在平行板波导的顶层板与底层板之间，冲击电压波(也可等效为垂直方向上的电场密度 E)在 y 方向上产生电位移矢量 $\boldsymbol{D}_0 = \varepsilon_0 \boldsymbol{E}$；同时在感性板方向上，平行板的顶层板与底层板之间的电势差激发表面电流密度 $\boldsymbol{J}_{\text{ind}}$，而表面电流密度则产生与 $\boldsymbol{D}_0$ 方向相反的电极化强度 $\boldsymbol{P}$，如果 $\boldsymbol{P}$ 能够抵消 $\boldsymbol{D}_0$，则等效介电常数就有可能为负值。

下面通过严密的数学推导详细分析负介电常数产生的物理机理。为便于讨论，定义感性板上表面阻抗 Z_{ind} 为整个感性板的电场切线分量与磁场切线分量的比值，其大小为单位面积的电阻。宽度为 w 的感性板 x 方向上的表面阻抗为 $Z_s h_0 / w$。感性板激发的表面电流密度 $\boldsymbol{J}_{\text{ind}}$ 为

$$\boldsymbol{J}_{\text{ind}} = -\frac{E\hat{\boldsymbol{y}}}{Z_{\text{ind}}} \tag{13-37}$$

由于电流板为感性的，表面阻抗 $Z_{\text{ind}} = \text{j}\omega L$，因此式(13-37)可以表示为

$$\boldsymbol{J}_{\text{ind}} = \frac{E}{\text{j}\omega L} = -\frac{E\hat{\boldsymbol{y}}}{\text{j}\omega L} \tag{13-38}$$

因此，感性板可以通过周期性分布的、表面电流为 J_ind 的电流板阵列替代，如图 13-9 所示。由于 d 远远小于波长 λ，因此电流板阵列在整个平行板波导上可以看做连续电流密度。有

$$J=\frac{J_\text{ind}}{d} \tag{13-39}$$

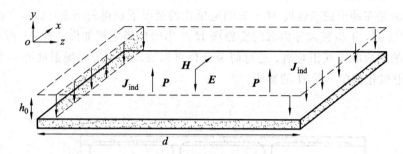

图 13-9　表面电流为 J_ind 周期性排列感性板替代的平行板波导

其连续电流密度示意图如图 13-10 所示。根据安培环路定律得

$$\nabla\times\boldsymbol{H}=\text{j}\omega\varepsilon_0\boldsymbol{E}+\boldsymbol{J} \tag{13-40}$$

消去 $\boldsymbol{J}$，得

$$\nabla\times\boldsymbol{H}=\text{j}\omega\left(\varepsilon_0\boldsymbol{E}-\frac{\boldsymbol{E}}{\omega^2 Ld}\right) \tag{13-41}$$

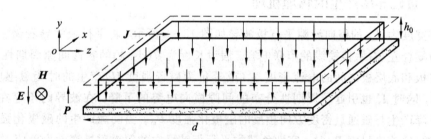

图 13-10　平行板波导内的连续电流密度示意图

因此，感性负载平行板波导内部的总电位移矢量为

$$\boldsymbol{D}_\text{t}=\left(\varepsilon_0-\frac{1}{\omega^2 Ld}\right)\boldsymbol{E} \tag{13-42}$$

其等效介电常数为

$$\varepsilon=\varepsilon_0-\frac{1}{\omega^2 Ld} \tag{13-43}$$

则平行板波导产生的电极化强度（单位体积的电矩）为

$$\boldsymbol{P}=-\frac{\boldsymbol{E}}{\omega^2 Ld}=\frac{E\hat{\boldsymbol{y}}}{\omega^2 Ld} \tag{13-44}$$

观察式(13-42)，不难发现电极化率为

$$\chi_\text{e}=-\frac{1}{\varepsilon_0\omega^2 Ld}<0 \tag{13-45}$$

这是因为产生的电极化与电通量密度（$\boldsymbol{D}_0=\varepsilon_0\boldsymbol{E}$）的方向相反。而

$$D = \varepsilon E = \varepsilon_0 E + P = (1 + \chi_e)\varepsilon_0 E \tag{13-46}$$

因此，在某个频率段，当 $\chi_e \leqslant -1$ 时，等效介电常数 $\varepsilon = (1 + \chi_e)\varepsilon_0$ 为负值。直觉上，电极化强度 P 克服 D_0 的影响，即 P 要远远大于 D_0 是不太可能的，但实际上这是常见的，如无源谐振器内部的场强远远大于初始的激励。因此，等效介电常数可以通过改变感性板的电感 L 调节等效介电常数。

上述讨论是在冲击磁场强度 H 不影响电极化的情况下获得的结论，实际上根据法拉第定律，当 $d \ll \lambda$ 时，平行板波导内部时变磁场 H 产生的环形电流如图 13-11 所示，感性板垂直方向上的感应电流互相对消。通过简单分析可以发现，冲击磁场强度并不能产生电偶极矩，因此电极化强度不受 H 的影响。

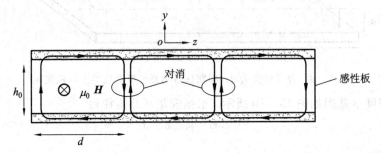

图 13-11　冲击磁场强度 H 产生的电流对消现象示意图

13.2.2　负磁导率产生的物理机理

间隙宽度为 d_{gap} 的横向缝隙平行板波导如图 13-8 所示，将平行板波导看做主传输线，则间隙为复合左/右手传输线的串联电容。假设长度为 $d(d \ll \lambda)$ 的容性间隙周期性分布，波导的顶层板和底层板之间的电流密度 J_s（或等价为磁场强度 H）产生的时变磁感应强度为 $B_0 = \mu_0 H$，同时 J_s 也引起了周期性分布的间隙横向电势的下降，在波导内不存在扰动时，电势的下降产生与磁通量密度方向相反的磁极化强度 P_m。当间隙产生的磁极化强度 P_m 克服（虚拟的）磁感应强度 B_0 时，容性负载的平行板波导内的等效磁导率就为负值。

下面通过严密的数学推导，详细讨论负磁导率产生的物理机理。间隙上的电压为

$$U_{gap} = \frac{J_s}{j\omega C} \tag{13-47}$$

式中，J_s 为平行板波导内的电流密度；C 为 x 方向上单位宽度的电容（单位为 pF/m）。根据保角变换理论得

$$C = \frac{2\varepsilon_0}{\pi}\text{arcsh}\left(\frac{d}{d_{gap}}\right) \tag{13-48}$$

由法拉第定律知，电流密度 J_s 等价于平行板波导内的平均磁场强度 H，则式（13-47）可以表示为

$$U_{gap} = \frac{H}{j\omega C} \tag{13-49}$$

对图 13-12 所示容性间隙平行板波导横截面应用法拉第定律得

$$\int_{C_1} E \cdot dl = \int_{l_1+l_2} E \cdot dl + \int_{l_3} E \cdot dl = -j\omega\mu_0 \int_{A_1} H \cdot dA \tag{13-50}$$

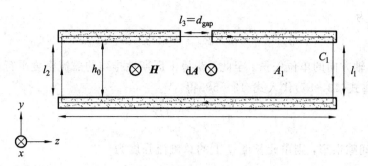

图 13-12 容性间隙平行板波导横截面

根据式(13-49)，对式(13-50)关于 l_3 的电场的线积分为

$$\int_{l_1+l_2} \boldsymbol{E} \cdot \mathrm{d}\boldsymbol{l} = -\mathrm{j}\omega\mu_0 \int_{A_1} \boldsymbol{H} \cdot \mathrm{d}\boldsymbol{A} - \frac{\boldsymbol{H}}{\mathrm{j}\omega C} \tag{13-51}$$

由于 h_0、d 远小于波长 λ，U_{gap} 在整个单元模型($A_1 = h_0 d$)横截面上是均匀的，则

$$\int_{l_1+l_2} \boldsymbol{E} \cdot \mathrm{d}\boldsymbol{l} = \int_{A_1} \left(-\mathrm{j}\omega\mu_0 \boldsymbol{H} - \frac{\boldsymbol{H}}{\mathrm{j}\omega C h_0 d} \right) \cdot \mathrm{d}\boldsymbol{A} \tag{13-52}$$

与法拉第定律分析磁导率 μ_0 和磁流密度 $\boldsymbol{J}_{\mathrm{ms}}$(参见图 13-13)的平行板波导的形式相同，我们有

$$\int_{l_1+l_2} \boldsymbol{E} \cdot \mathrm{d}\boldsymbol{l} = \int_{A_1} (-\mathrm{j}\omega\mu_0 \boldsymbol{H} - \boldsymbol{J}_{\mathrm{ms}}) \cdot \mathrm{d}\boldsymbol{A} \tag{13-53}$$

因此磁流密度为

$$\boldsymbol{J}_{\mathrm{ms}} = \frac{\boldsymbol{H}}{\mathrm{j}\omega C h_0 d} = \frac{H\hat{\boldsymbol{x}}}{\mathrm{j}\omega C h_0 d} \tag{13-54}$$

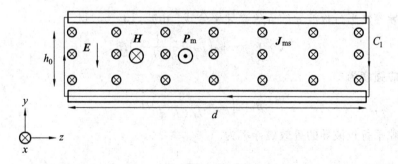

图 13-13 平行板波导中的磁导率 μ_0 和磁流密度 $\boldsymbol{J}_{\mathrm{ms}}$ 示意图

式(13-52)和式(13-53)的微分形式分别为

$$\nabla \times \boldsymbol{E} = -\mathrm{j}\omega\mu_0 \boldsymbol{H} - \frac{\boldsymbol{H}}{\mathrm{j}\omega C h_0 d} \tag{13-55}$$

$$\nabla \times \boldsymbol{E} = -\mathrm{j}\omega\mu_0 \boldsymbol{H} - \boldsymbol{J}_{\mathrm{ms}} \tag{13-56}$$

根据等效原理，可以建立容性间隙与 $\boldsymbol{J}_{\mathrm{ms}}$ 的更为直观的关系，将容性间隙上的电场强度 $E_{\mathrm{gap}} = U_{\mathrm{gap}}/d_{\mathrm{gap}}$ 代入式(13-49)得

$$\boldsymbol{E}_{\mathrm{gap}} = \frac{H\hat{\boldsymbol{z}}}{\mathrm{j}\omega C d_{\mathrm{gap}}} \tag{13-57}$$

容性间隙可以用覆盖在理想电导体上等效磁表面电流密度 $\boldsymbol{J}_{\mathrm{m, slot}}$ 表示，如图 13-14 所

示，$J_{m,slot}$ 的值为

$$J_{m,slot} = -\hat{n} \times E_{gap}\hat{z} = \hat{y} \times E_{gap}\hat{z} = E_{gap}\hat{x} \qquad (13-58)$$

式中，$\hat{n}$ 为一y 轴方向的单位矢量。至此，获得了周期性排列的磁流密度平行板波导的电磁场分布情况，将式(13-57)代入式(13-58)得

$$M_{m,slot} = \frac{H\hat{x}}{j\omega C d_{gap}} \qquad (13-59)$$

假定容性间隙很窄，则单元长度 d 上的总磁流强度为

$$I_m = J_{m,slot}d_{gap} = \frac{H\hat{x}}{j\omega C} \qquad (13-60)$$

由于 $d \ll \lambda$，因此连续磁流密度为

$$J_{ms} = \frac{I_m}{h_0 d} = \frac{H\hat{x}}{j\omega C h_0 d} \qquad (13-61)$$

由于该处式(13-54)与式(13-61)相同，因此也就等于对式(13-54)作出了进一步的物理解释。

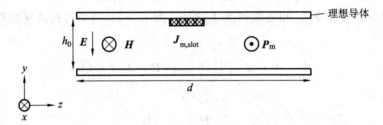

图 13-14 感应电流通过磁场密度 H 碰撞产生的对消现象示意图

下面推导容性平行板波导的等效磁导率公式。由式(13-55)得

$$\nabla \times E = -j\omega \left(\mu_0 - \frac{1}{\omega^2 C h_0 d}\right)H \qquad (13-62)$$

总磁感应强度为

$$B_t = \left(\mu_0 - \frac{1}{\omega^2 C h_0 d}\right)H \qquad (13-63)$$

容性间隙平行板波导的等效磁导率为

$$\mu = \mu_0 - \frac{1}{\omega^2 C h_0 d} \qquad (13-64)$$

由容性间隙引起的磁极化强度为

$$P_m = -\frac{H}{\mu_0 \omega^2 C h_0 d} \qquad (13-65)$$

因此

$$B_t = \mu H = \mu_0 (H + P_m) = (1 + \chi_m)\mu_0 H \qquad (13-66)$$

式中，χ_m 为磁化率。所以容性间隙平行板波导的等效磁化率为

$$\chi_m = -\frac{1}{\mu_0 \omega^2 C h_0 d} < 0 \qquad (13-67)$$

在某个频段，当 $\chi_m < -1$ 时，等效磁导率 $\mu = (1 + \chi_m)\mu_0$ 为负值，说明等效磁导率与间隙

电容有关，上述讨论的前提是冲击电场强度 E 不影响磁极化。实际上，当 $d \ll \lambda$ 时，间隙周围 y 方向上的磁场分量相互抵消（又称对消），仅仅激励了 z 方向上的磁场分量，如图 13-15 所示，因而 y 方向的磁场分量不可能与间隙产生耦合作用，对磁极化强度没有影响。

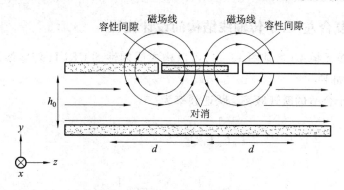

图 13-15　相邻容性间隙产生电场的垂直分量相互抵消示意图

13.2.3　负磁导率和负介电常数产生的物理机理

前面分别分析了并联电感能够产生负的电极化强度，而串联电容却能产生负的磁极化强度。冲击时变电场 E 激励容性间隙上的电流产生与电位移矢量 D_0 方向相反的电极化强度 P；类似地，冲击时变磁场 H 激励感性板方向上的磁流产生与磁感应强度 B_0 方向相反的磁极化强度 P_m。当 $\chi_m < -1$ 时，缝隙波导产生负磁导率；而当 $\chi_e < -1$ 时，感性波导能够产生负的介电常数。因此如果将感性板和容性间隙同时加工制作在一个平行板波导上，感应的电流和磁流互不影响，那么有可能在某个频段同时产生负磁导率和负介电常数。

相邻感性板产生的磁场互相抵消，其示意图如图 13-16 所示，沿感性板方向的电流密度 J_{ind} 不能在负载平行板之间产生时变的磁通量，因而也不能在缝隙周围产生电动势，使感性板上电流与容性间隙上磁流并不存在磁耦合作用，感性板辐射的电场是垂直方向（y 方向），而容性间隙产生的磁流为水平方向（z 方向），因此感应产生的电偶极矩和磁偶极矩不仅是磁解耦的，而且也是电解耦的。

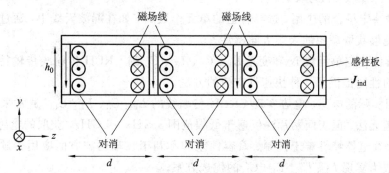

图 13-16　相邻感性板产生的磁场互相抵消示意图

13.3　一维复合左/右手传输线的设计与实现

在大多数情况下，平衡结构（$\omega_{se} = \omega_{sh}$）CRLH 传输线具有不存在禁带等特点而更适合实际应用。本节将讨论平衡结构 CRLH 传输线的设计过程，但由于设计、加工等原因引入的误差，不可避免地造成 CRLH 传输线存在某种程度的不平衡性，可以根据非平衡结构 CRLH 传输线理论进行分析。

13.3.1 一维复合左/右手传输线结构的设计流程

由 LC 网络单元模型(参见图 13-1)可以构成周期性的 CRLH 传输线。CRLH 传输线结构的设计过程如下：

(1) 选择一个合适的跃迁频率。跃迁频率为

$$\omega_0 = \frac{1}{\sqrt[4]{L_R C_R L_L C_L}} = \sqrt{\omega_R \omega_L} = \sqrt{\omega_{se} \omega_{sh}} \qquad (13-68)$$

式中

$$\omega_R = \frac{1}{\sqrt{L_R C_R}}, \quad \omega_L = \frac{1}{\sqrt{L_L C_L}}$$

$$\omega_{se} = \frac{1}{\sqrt{L_R C_L}}, \quad \omega_{sh} = \frac{1}{\sqrt{L_L C_R}}$$

跃迁频率 ω_0 的作用与其应用场合有关，但通常为工作频带的中心频率。

(2) 根据阻抗匹配条件式 $Z_c = Z_L = Z_R$，确定端口阻抗。端口阻抗为

$$Z_R = \sqrt{\frac{L_R}{C_R}} = Z_0, \quad Z_L = \sqrt{\frac{L_L}{C_L}} = Z_0 \qquad (13-69)$$

(3) 受技术应用需求(如带宽)的限制，平衡结构 CRLH 传输线的带宽是从高通左手特性截止频率 ω_{cL} 到低通右手特性截止频率 ω_{cR}。这些截止频率为

$$\omega_{cR} = \omega_R \left| 1 - \sqrt{1 + \frac{\omega_L}{\omega_R}} \right|, \quad \omega_{cL} = \omega_R \left(1 + \sqrt{1 + \frac{\omega_L}{\omega_R}} \right) \qquad (13-70)$$

而非平衡结构 CRLH 传输线的左右手特性截止频率的形式更复杂。截止频率与单元结构的个数无关，仅与 LC 参数有关。由分形带宽 $\mathrm{FBW} = 2(\omega_{cR} - \omega_{cL})/(\omega_{cR} + \omega_{cL})$ 方程决定四个未知变量 L_R、C_R、L_L、C_L 的取值。

(4) 针对特定场合的应用，选择合适的单元个数 N，如在漏波天线中，通过适当调整单元的个数就能够获取理想的天线方向特性。

(5) 分析已确定单元数 N 和变量 L_R、C_R、L_L、C_L 的 CRLH 传输线传输特性，为评估所设计器件的性能提供了一种快速且有效的方法。

(6) 利用实际的电感、电容实现 CRLH 传输线的 L_R、C_R、L_L、C_L，通常采用表面贴片法和分布式组元法。但表面贴片法仅适于低频范围 3 GHz～6 GHz，获取的电感、电容值不连续，同时存在电器特性难于控制、兼容性差和不利于在辐射波方面应用等缺点，导致分布式组元法成为实现 L_R、C_R、L_L、C_L 的优选方案。

(7) 确定所设计电感和电容的加工方式和制作形式。例如，电感可以通过螺旋或简单条状截线的微带线实现，而电容则可通过交指结构(多线耦合系统交叉连接形成的结构)或"金属—绝缘物—金属"的结构实现。但是，目前还没有精确计算分布式电感、电容的公式，因此在前面计算的基础上需要通过多次全波仿真，逐步优化、调整微带线的尺寸和结构，使所设计的分布式电容、电感数值比较精确。

（8）均匀 CRLH 传输线的 LC 参数分别为

$$L'_R = \frac{L_R}{p}, \ L'_L = L_L \cdot p$$

$$C'_R = \frac{C_R}{p}, \ C'_L = C_L \cdot p$$

(13-71)

式中，p 为单元的物理长度。确定 CRLH 传输线的参数后，就可以根据近似均匀的传输线理论来分析其特性。

13.3.2 一维复合左/右手传输线结构 LC 参数分析

微带线实现的一维复合左/右手传输线结构如图 13-17 所示，该结构最早由 C. Calox 等人提出，并通过交指电容和过孔接地的短截线实现，随后引起了众多科研工作者的广泛关注。单元模型可通过两个阻抗支路 $2C_L$、$L_R/2$ 和导纳支路 C_R、L_L 组成的 T 型网络实现，其等效电路如图 13-18 所示。L_L、C_L 分别由交指电容和短截线产生，L_R、C_R 则分别由交指电容和短接线的寄生效应产生。频率越高，L_R、C_R 的寄生效应越明显。寄生电感 L_R 是由沿交指方向电流流动产生的磁通量引起的，而寄生电容 C_R 是由在微带线和接地板存在的平行电压导致的。CRLH 传输线暴露在空气中，其色散特性位于快波（$v_p = \omega/\beta > \omega/k_0 = c_0$）区域，利用辐射波具有的该特性能够设计成高性能的漏波天线；在导波应用中，则可通过空气中微带线的阻抗（$Z_{c0}^{空气} = \sqrt{\mu_0/\varepsilon_0} = 376.7 \ \Omega$）的匹配实现电磁辐射的最小化。

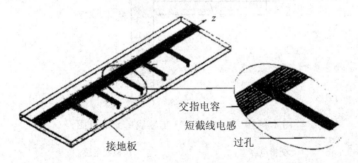

图 13-17 微带线复合左/右手传输线结构

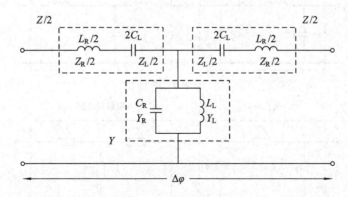

图 13-18 对称复合左/右手传输线的 LC 网络单元模型等效电路

下面讨论电感 L_L 与电容 C_L 的近似计算公式。短截线的输入阻抗为

$$Z_{in}^{si} = jZ_c^{si}\tan(\beta^{si}l^{si})$$

(13-72)

式中，Z_c^{si}、β^{si} 和 l^{si} 分别为特性阻抗、传播常数和短截线的长度。短截线产生的电感在低频时近似计算公式为

$$L_L \approx \frac{Z_c^{si}}{\omega} \tan(\beta^{si} l^{si}) \tag{13-73}$$

与频率有关。交指电容的经验计算公式为

$$C_L \approx (\varepsilon_r + 1) l^{ic} [(N-3)A_1 + A_2] \quad (\text{pF}) \tag{13-74}$$

式中

$$A_1 = 4.409 \tanh\left[0.55\left(\frac{h}{\omega^{ic}}\right)^{0.45}\right] \times 10^{-6} \quad (\text{pF}/\mu\text{m})$$

$$A_2 = 9.92 \tanh\left[0.52\left(\frac{h}{\omega^{ic}}\right)^{0.45}\right] \times 10^{-6} \quad (\text{pF}/\mu\text{m})$$

式中，l^{ic}、ω^{ic}、h 分别为电容的长度、总宽度和介质板的厚度。式(13-73)和式(13-74)仅能作为初始设计的参考依据，为了比较精确地获取图13-17所示微带 CRLH 传输线的单元 LC 参数 L_R、C_R、L_L、C_L 的数值，考虑图13-19所示的 CRLH 传输线单元，其等效电路如图13-20(a)所示；图13-20(b)为用于提取 LC 值的辅助 T-Π 网络。

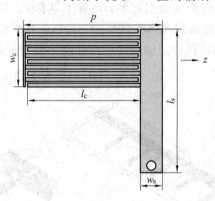

图 13-19 一维 CRLH 传输线单元示意图

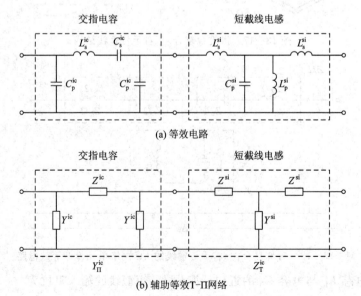

(a) 等效电路

(b) 辅助等效 T-Π 网络

图 13-20 单元结构 LC 参数的提取等效模型

　　首先，通过全波仿真或测量法分别获取交指电容和短截线电感的散射参数，为此需在器件的每一末端增加一小段微带线，消除同轴连接器到微带线由于结构的不连续产生的高次模。由于复合左/右手传输线最主要的特性与相位有关，因而通过恰当地选择参考面的位置，消除额外的微带线产生的相移是必要的。实际中，如果这两条传输线的长度为 l_1 和 l_2，其传输参数为

$$S_{21}^d = S_{21}^{\text{sim/meas}} e^{-j\Delta\varphi^{\mu\text{strip}}} \tag{13-75}$$

式中，$\Delta\varphi^{\mu\text{strip}} = -k_0\sqrt{\varepsilon_{\text{eff}}}(l_1+l_2)$；$\varepsilon_{\text{eff}}$ 为传输线的等效介电常数。因此，如果不能有效地区分测量和仿真额外增加传输线的影响，末端增加的传输线将可能产生错误的单元模型，从而导致实际 CRLH 传输线相位滞后。

　　根据微波网络理论，交指电容和短截线电感的散射矩阵可以转换为导纳或阻抗矩阵，图 13-20 对应的 T 型电路或 Π 型电路的矩阵 Y_{Π}^{ic}、Z_{T}^{ic} 分别为

$$\boldsymbol{Y}_{\Pi}^{\text{ic}} = \begin{bmatrix} Y_{11}^{\text{ic}} & Y_{12}^{\text{ic}} \\ Y_{21}^{\text{ic}} & Y_{22}^{\text{ic}} \end{bmatrix} = \begin{bmatrix} \dfrac{1}{Z^{\text{ic}}} + Y^{\text{ic}} & -\dfrac{1}{Z^{\text{ic}}} \\ -\dfrac{1}{Z^{\text{ic}}} & \dfrac{1}{Z^{\text{ic}}} + Y^{\text{ic}} \end{bmatrix} \tag{13-76}$$

$$\boldsymbol{Z}_{\text{T}}^{\text{ic}} = \begin{bmatrix} Z_{11}^{\text{si}} & Z_{12}^{\text{si}} \\ Z_{21}^{\text{si}} & Z_{22}^{\text{si}} \end{bmatrix} = \begin{bmatrix} \dfrac{1}{Z^{\text{si}}} + Y^{\text{si}} & -\dfrac{1}{Y^{\text{si}}} \\ -\dfrac{1}{Y^{\text{si}}} & \dfrac{1}{Z^{\text{si}}} + Y^{\text{si}} \end{bmatrix} \tag{13-77}$$

式中

$$\left\{ Z^{\text{ic}} = j\left[\omega L_s^{\text{ic}} - \dfrac{1}{\omega C_s^{\text{ic}}}\right], \quad Y^{\text{ic}} = j\omega C_p^{\text{ic}} \right. \tag{13-78a}$$

$$\left\{ Y^{\text{si}} = j\left[\omega C_p^{\text{si}} - \dfrac{1}{\omega L_p^{\text{si}}}\right], \quad Z^{\text{si}} = j\omega L_s^{\text{si}} \right. \tag{13-78b}$$

　　其次，对比图 13-20(a) 和图 13-20(b) 得 LC 参数：

$$\left\{ C_p^{\text{ic}} = \dfrac{(Y_{11}^{\text{ic}})^{-1} + (Y_{21}^{\text{ic}})^{-1}}{j\omega} \right. \tag{13-79a}$$

$$\left\{ L_s^{\text{ic}} = \dfrac{1}{2j\omega}\left[\omega\dfrac{\partial(1/Y_{21}^{\text{ic}})}{\partial\omega} - \dfrac{1}{Y_{21}^{\text{ic}}}\right] \right. \tag{13-79b}$$

$$\left\{ C_s^{\text{ic}} = \dfrac{1}{j\omega}\left[\omega\dfrac{\partial(1/Y_{21}^{\text{ic}})}{\partial\omega} + \dfrac{1}{Y_{21}^{\text{ic}}}\right] \right. \tag{13-79c}$$

和

$$\left\{ L_s^{\text{si}} = \dfrac{(Z_{11}^{\text{si}})^{-1} + (Z_{21}^{\text{si}})^{-1}}{j\omega} \right. \tag{13-80a}$$

$$\left\{ C_p^{\text{si}} = \dfrac{1}{2j\omega}\left[\omega\dfrac{\partial(1/Z_{21}^{\text{si}})}{\partial\omega} + \dfrac{1}{Z_{21}^{\text{si}}}\right] \right. \tag{13-80b}$$

$$\left\{ L_p^{\text{si}} = \dfrac{2}{j\omega}\left[\omega\dfrac{\partial(1/Z_{21}^{\text{si}})}{\partial\omega} + \dfrac{1}{Z_{21}^{\text{si}}}\right] \right. \tag{13-80c}$$

　　最后，忽略小电感量 L_s^{si}，可得 CRLH 传输线的四个 LC 参数的值为

$$\left\{ L_{\text{R}} = L_s^{\text{ic}} \right. \tag{13-81a}$$

$$\left\{ C_{\text{R}} = 2C_p^{\text{ic}} + C_p^{\text{si}} \right. \tag{13-81b}$$

$$\left\{ L_{\text{L}} = L_p^{\text{si}} \right. \tag{13-81c}$$

$$\left\{ C_{\text{L}} = C_s^{\text{ic}} \right. \tag{13-81d}$$

需要指出的是，上述参数的提取过程充分考虑了散射矩阵 S、导纳矩阵 Y 和阻抗矩阵 Z，因此提取复合左/右手传输线 LC 参数值的过程是一种严格、精确描述沿 CRLH 传输线传播的电磁波幅度和相位行为的算法。而且，复合左/右手传输线 LC 参数的提取过程与频率有关，不同的频率点提取的 LC 参数可能存在微小的差异，因而要合理选择提取的频率点，最佳频率选择是跃迁频率 ω_0。

13.4 谐振型复合左/右手传输线

谐振型复合左/右手传输线的概念于 2003 年首先出现，F. Martin 等人通过在印刷电路板的金属基板和导带上刻蚀 SRR 环实现谐振型复合左/右手传输线，传输线产生磁场所激励的谐振环和金属导带一起构成了并联和串联阻抗，从而在低频段呈现左手传输特性、在高频段呈现右手传输特性，形成谐振型复合左/右手传输线。

谐振型复合左/右手传输线通常包括谐振环结构、互补谐振环结构等，即采用 SRR 环（开路谐振环）、CSRR 环（互补开路谐振环）等作为传统传输线负载实现特定的传输特性。谐振型复合左/右手传输线由于采用亚波长谐振单元，因此其单元结构紧凑、尺寸较小，从而可以大大减小微波器件的尺寸。而且大多数基于谐振型复合左/右手传输线的微波器件的传播特性不相关、电特性可控，使得基于谐振型复合左/右手传输线的新型微波部件设计成为可能。

13.4.1 谐振环结构复合左/右手传输线

F. Martin 等人提出的谐振环结构复合左/右手传输线如图 13-21(a) 所示，该结构利用共面波导技术在基板的背面即狭缝下面刻蚀 SRR 环结构，这样可使信号到地的金属连接带以周期性位于 SRR 环结构之上。SRR 环结构的宽度、空隙、线宽均为 0.2 mm，内环半径为 1.3 mm，相邻 SRR 环的间距为 5 mm，基板采用厚度为 0.49 mm 的 Arlon250-LX-0913-43-11。SRR 环结构存在并联带，作为并联电感在截止频率 f_c 下呈现负介电常数特性，截止频率与并联带的周期和宽度有关，故只要 f_c 大于 SRR 环谐振频率，就会呈现介电常数和磁导率均为负值的频段。通常在位于大于 SRR 谐振频率的某个窄带中，信号的传输不仅是允许的，而且是后向波传输。图 13-21(b) 中同时给出了谐振环结构复合左/右手传输线的频率响应曲线，其中虚线为仿真值，实线为实测值。显然，仿真值与实测值吻合得非常好，同时也证实了并联带不存在时通带将变成阻带的结论。

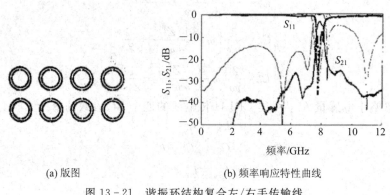

(a) 版图　　　　　　　　(b) 频率响应特性曲线

图 13-21　谐振环结构复合左/右手传输线

图 13-21(a)所示谐振环结构复合左/右手传输线的等效电路如图 13-22(a)所示，其中 C 为传输线电容，L_p 为传输线和地之间的接触电感，L 为传输线电感，谐振环由特征参数为 C_s 和 L_s 的谐振电路模拟，M 为谐振环与传输线之间的互感系数。谐振频率为

$$\omega_p = \frac{1}{\sqrt{CL_p}} \tag{13-82}$$

角频率为

$$\omega_s = \sqrt{\frac{1}{2C_s'L} + \frac{1}{L_s'C_s'}} \tag{13-83}$$

色散关系为

$$\cos(\beta l) = 1 - \frac{1}{2}LC\omega^2 \left(1 - \frac{\omega_p^2}{\omega^2}\right) \left[1 - \frac{1}{2LC_s'\omega^2 \left(1 - \frac{\omega_0^2}{\omega^2}\right)}\right] \tag{13-84}$$

布洛赫阻抗为

$$Z_B(\omega) = \sqrt{\frac{Z_s(\omega)Z_p(\omega)/2}{1 + \frac{Z_s(\omega)}{2Z_p(\omega)}}} \tag{13-85}$$

式中，$Z_s(\omega)$、$Z_p(\omega)$ 分别为单元结构的串联、并联阻抗。左手特性频段的上、下限分别为

$$f_H = \frac{1}{2\pi}\sqrt{\frac{1}{2C_s'L} + \frac{1}{L_s'C_s'}} \tag{13-86}$$

$$f_L = \frac{1}{2\pi}\sqrt{\frac{1}{C_s'(2L + 8L_p)} + \frac{1}{L_s'C_s'}} \tag{13-87}$$

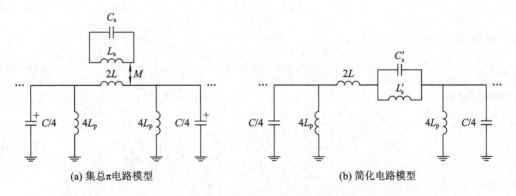

(a) 集总π电路模型　　　　　　　　　　　　　　(b) 简化电路模型

图 13-22　谐振环结构复合左/右手传输线等效电路

13.4.2　互补谐振环结构复合左/右手传输线

　　谐振环结构复合左/右手传输线的构造机理是通过 SRR 结构主模式轴向时变磁场激发的，而由对偶性和互补性可知，互补谐振环结构复合左/右手传输线的构造机理是 CSSR 结构的电耦合，故需要平行于谐振环的轴向电场。因此，可将 CSRR 结构刻蚀在接地(平)板上(接近于导电带)或在导电带上(假设有足够的空间)，这样 CSRR 结构激发所要求的条件绝大多数的常规传输线如微带线均能满足，使得 CSRR 结构成为应用最广泛的谐振结构。

　　最简单的常用的互补谐振环结构单元是把微带线容性栅格和 CSRR 环结构结合起来，谐振环刻蚀在容性栅格对应的基板处，谐振环通过传输线耦合到基板的电场产生激励，如

图 13-23(a)所示。图中 CSRR 环结构的宽度、线宽均为 0.3 mm，条带宽为 1.2 mm，内环半径为 1.6 mm，相邻 CSRR 环距离间隔为 6 mm，基板采用 $\varepsilon_r = 10.2$、厚度为 1.27 mm 的 Rogers/ RO3010(Rogers 是指加拿大罗杰斯通信公司，RO3010 为基板材料型号)，$f_0 = 3.5$ GHz。测量的频率响应特性曲线如图 13-23(b)所示。

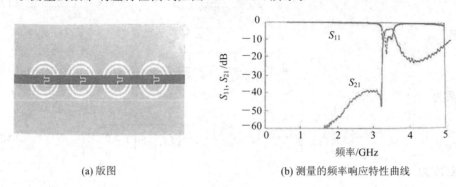

(a) 版图   (b) 测量的频率响应特性曲线

图 13-23   互补谐振环结构复合左/右手传输线

互补谐振环结构复合左/右手传输线等效电路如图 13-24 所示。左手特性频段的上、下限分别为

$$f_L = \frac{1}{2\pi} \frac{1}{\sqrt{L_c \left(C_c + \dfrac{4}{\dfrac{1}{C_g} + \dfrac{4}{C}} \right)}} \tag{13-88}$$

$$f_H = \frac{1}{2\pi} \frac{1}{\sqrt{L_c C_c}} \tag{13-89}$$

跃迁频率为

$$f_z = \frac{1}{2\pi} \frac{1}{\sqrt{L_c (C + C_c)}} \tag{13-90}$$

布洛赫阻抗为

$$Z_B = \sqrt{\frac{L}{C_c} \frac{\left(1 - \dfrac{\omega_s^2}{\omega^2}\right)}{\left(1 + \dfrac{\omega_s^2}{\omega^2}\right)} - \frac{L^2 \omega^2}{4} \left(1 - \frac{\omega_s^2}{\omega^2}\right) + \frac{L}{C} \left(1 - \frac{\omega_s^2}{\omega^2}\right)} \tag{13-91}$$

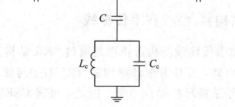

图 13-24   互补谐振环结构复合左/右手传输线等效电路

附录 1　移位算子时域有限差分法

　　航空工业、地下探测、生物电磁学、微波电路等领域中需要研究色散介质的电磁特性。时域有限差分(FDTD)法是研究色散介质电磁特性的有力工具。针对色散介质 FDTD 算法普遍存在通用性差、数学过程繁琐等问题，葛德彪教授科研团队提出移位算子时域有限差分(Shift Operator Finite Difference Time Domain，SO - FDTD)法，使该算法成为适用于一般色散介质模型(德拜(Debye)模型、洛仑兹(Lorentz)模型、德鲁(Drude)模型)电磁特性分析的通用算法。魏兵教授团队给出了适应于该算法的色散介质 UPML 吸收边界。进一步地，可将 SO - FDTD 算法推广到各向异性色散介质的情形，结合坐标转换给出外场方向任意情形下磁化等离子体和磁化铁氧体电磁特性计算的通用方法；另外，将该算法应用于薄层厚度小于一个 FDTD 元胞不同色散介质薄层问题的处理，采用薄层介质参数例如介电常数、电导率、极化强度等加权平均得到采样点等效介质参数的方法，改善计算精度和提高算法的稳定性。用移位算子法处理薄层等效介质参数得到通用的时域表达式；将 SO - FDTD 算法推广应用于色散介质混合模型以及色散介质薄涂层电磁问题的处理，并且取得成功。该算法为复杂色散介质电磁特性的分析提供了一种有力的工具。

1. 常见色散介质模型及其介电常数表达式

常见三种线性、各向同性色散介质的模型的介电常数的表达式如下：

(1) 德拜模型(Debye Model)：

$$\varepsilon(\omega) = \varepsilon_\infty + \sum_{p=1}^{P} \frac{\varepsilon_{s,p} - \varepsilon_{\infty,p}}{1 + j\omega\tau_p} \equiv \varepsilon_\infty + \sum_{p=1}^{P} \frac{\Delta\varepsilon_p}{1 + j\omega\tau_p} \tag{F1-1}$$

其中，$\Delta\varepsilon_p = \varepsilon_{s,p} - \varepsilon_{\infty,p}$，$\varepsilon_{s,p}$ 为静态或零频时的相对介电系数，$\varepsilon_{\infty,p}$ 为无穷大频率时的相对介电常数；τ_p 为极点驰豫时间。

(2) 洛仑兹模型(Lorentz Model)：

$$\varepsilon(\omega) = \varepsilon_\infty + \sum_{p=1}^{P} \frac{\Delta\varepsilon_p \omega_p^2}{\omega_p^2 + 2j\omega\delta_p - \omega^2} \tag{F1-2}$$

其中，$\Delta\varepsilon_p$ 含义同上；ω_p 为极点频率；δ_p 为阻尼系数。

(3) 德鲁模型(Drude Model)：

$$\varepsilon(\omega) = \varepsilon_\infty - \sum_{p=1}^{P} \frac{\omega_p^2}{\omega_p^2 - j\omega\gamma_p} \tag{F1-3}$$

其中，ω_p 为德鲁极点频率；γ_p 为极点驰豫时间的倒数。

可以证明(参见附录 2)，上述几种色散介质模型中的相对介电常数 $\varepsilon_r(\omega)$ 均可以写成以下有理分式函数形式，即

$$\varepsilon_r(\omega) = \frac{\sum_{n=0}^{N} p_n \ (j\omega)^n}{\sum_{n=0}^{N} q_n \ (j\omega)^n} \tag{F1-4}$$

2. 用移位算子法处理色散介质的本构关系

设频域中介质的本构关系(以 x 分量为例)为

$$D_x = \varepsilon_0 \varepsilon_r(\omega) E_x \tag{F1-5}$$

若介电常数 $\varepsilon_r(\omega)$ 可以写成以 $j\omega$ 为自变量的分式多项式(即式的形式),利用频域到时域的算子转换关系 $j\omega \rightarrow \partial/\partial t$,得到时域本构关系为

$$D_x(t) = \varepsilon_0 \varepsilon_r(\partial/\partial t) E_x(t) \tag{F1-6}$$

其中,$\varepsilon_r(\partial/\partial t)$ 为相对介电系数的时域算子形式

$$\varepsilon_r(\partial/\partial t) = \frac{\sum_{n=0}^{N} p_n \ (\partial/\partial t)^n}{\sum_{n=0}^{N} q_n \ (\partial/\partial t)^n} \tag{F1-7}$$

将式(F1-7)代入(F1-6)式,并将分母上的求导运算移到等号左边可得

$$\left[\sum_{n=0}^{N} q_n \ (\partial/\partial t)^n \right] D_x(t) = \varepsilon_0 \left[\sum_{n=0}^{N} p_n \ (\partial/\partial t)^n \right] E_x(t) \tag{F1-8}$$

式(F1-8)是时域中含时间导数算子的本构关系,这是一个微分方程。

为得到方程在时域的递推计算式,下面讨论时间导数算子在离散时域中的形式。设函数

$$y(t) = \partial f(t)/\partial t \tag{F1-9}$$

上式在 $(n+1/2)\Delta t$ 的中心差分近似为

$$\frac{(y^{n+1} + y^n)}{2} = \frac{(f^{n+1} - f^n)}{\Delta t} \tag{F1-10}$$

其中上式等号左端取平均值近似。引进离散时域的移位算子 z_t,定义为

$$z_t f^n = f^{n+1} \tag{F1-11}$$

亦即移位算子的作用相当于使离散时域数列的 n 时刻值移位到函数在 $n+1$ 时刻的值。合并式(F1-10)和式(F1-11)可得

$$y^n = \left(\frac{2}{\Delta t} \right) \left[\frac{z_t - 1}{z_t + 1} \right] f^n \tag{F1-12}$$

比较式(F1-9)和(F1-12)式有

$$\partial/\partial t \rightarrow \left(\frac{2}{\Delta t} \right) \left[\frac{z_t - 1}{z_t + 1} \right] \tag{F1-13}$$

可以证明,高阶时间导数的移位算子形式为(参见附录3)

$$(\partial/\partial t)^n \rightarrow \left\{ \left(\frac{2}{\Delta t} \right) \left[\frac{z_t - 1}{z_t + 1} \right] \right\}^n \tag{F1-14}$$

整理得到离散时域的本构关系,为了简化,以下令 $h = 2/\Delta t$。

$$\left[\sum_{l=0}^{N} q_l \left\{ h \left[\frac{z_t - 1}{z_t + 1} \right] \right\}^l \right] D_x^n = \varepsilon_0 \left[\sum_{l=0}^{N} p_l \left\{ h \left[\frac{z_t - 1}{z_t + 1} \right] \right\}^l \right] E_x^n \tag{F1-15}$$

将上式两边乘 $(z_t + 1)^N$ 得

$$\Big[\sum_{l=0}^{N} q_l h^l (z_t + 1)^{N-l} (z_t - 1)^l\Big] D_x^n = \varepsilon_0 \Big[\sum_{l=0}^{N} p_l h^l (z_t + 1)^{N-l} (z_t - 1)^l\Big] E_x^n \qquad (F1-16)$$

式(F1-16)称为离散时域含移位算子的本构关系。

3. 与 SO - FDTD 法相对应的色散介质通用吸收边界

前面给出了一种适用于各种常见色散介质模型的通用时域计算方法——移位算子时域有限差分法(SO - FDTD),本节给出建立在各向异性完全匹配层(Uniaxial Perfect Match Layer,UPML)吸收边界的基础之上适应于 SO - FDTD 计算的通用吸收边界。首先,由单轴各向异性介质所满足的场方程出发,并根据相位匹配原理以得到介质中的色散关系和无反射条件。然后,结合频域到时域的转换关系和色散介质相对介电常数可用 $j\omega$ 的分式多项式表示的特点,给出一种适用于常见色散介质模型,包括德拜模型、洛仑兹模型、德鲁模型等的通用 UPML 吸收边界。

1) 色散介质 UPML 的通用时域公式

UPML 吸收边界中,由单轴各向异性介质所满足的场方程出发,根据相位匹配原理可得到各向异性介质中的色散关系。适当地选取单轴各向异性介质的本构参数,可以使各向异性介质成为无反射的完全匹配层。然后,引入匹配矩阵处理计算域中的棱边和角顶区对电磁波的吸收问题。本附录对上述问题的处理与通常 UPML 吸收边界的相同,在此不再赘述。

UPML 吸收边界中平面区、棱边区和角顶区的参数设置情况有所不同,以下推导针对角顶区 UPML 的情形(此时,介电常数可表示为 $\varepsilon = \varepsilon_1 \cdot \mathrm{diag}(s_y s_z / s_x, s_x s_z / s_y, s_x s_y / s_z)$,$s_x$、$s_y$、$s_z$ 为匹配矩阵中的元素),适当简化后可用于棱边区或平面区的情形。与吸收层相邻介质的介电常数和磁导率 ε_1、μ_1 可取以下形式:

$$\begin{cases} s_x = \kappa_x + \dfrac{\sigma_x}{j\omega\varepsilon_0} \\[2mm] s_y = \kappa_y + \dfrac{\sigma_y}{j\omega\varepsilon_0} \\[2mm] s_z = \kappa_z + \dfrac{\sigma_z}{j\omega\varepsilon_0} \end{cases} \qquad (F1-17)$$

各向异性介质麦克斯韦旋度方程(无源)在时谐场的情形为

$$\begin{cases} \nabla \times \boldsymbol{H} = j\omega\boldsymbol{\varepsilon} \cdot \boldsymbol{E} \\ \nabla \times \boldsymbol{E} = -j\omega\boldsymbol{\mu} \cdot \boldsymbol{H} \end{cases} \qquad (F1-18)$$

设与 UPML 相邻的色散介质的介电常数为 $\varepsilon_1(\omega) = \varepsilon_0 \varepsilon_r(\omega)$,其中 $\varepsilon_r(\omega)$ 为相对介电常数,引入中间变量 $\boldsymbol{P}$,有

$$P_x = \varepsilon_0 \varepsilon_r(\omega) \Big(\frac{s_z}{s_x}\Big) E_x \qquad ①$$

$$P_y = \varepsilon_0 \varepsilon_r(\omega) \Big(\frac{s_x}{s_y}\Big) E_y \qquad ②$$

$$P_z = \varepsilon_0 \varepsilon_r(\omega) \Big(\frac{s_y}{s_z}\Big) E_z \qquad ③$$

式①可写为

$$\begin{bmatrix} \partial H_z/\partial y - \partial H_y/\partial z \\ \partial H_x/\partial z - \partial H_z/\partial x \\ \partial H_y/\partial x - \partial H_x/\partial y \end{bmatrix} = j\omega \begin{bmatrix} s_y & 0 & 0 \\ 0 & s_z & 0 \\ 0 & 0 & s_x \end{bmatrix} \begin{bmatrix} P_x \\ P_y \\ P_z \end{bmatrix} \qquad (F1-19)$$

选取 UPML 的参数并利用频域到时域的转换关系 $j\omega \rightarrow \partial/\partial t$，将其过渡为时域公式得

$$\begin{bmatrix} \partial H_z/\partial y - \partial H_y/\partial z \\ \partial H_x/\partial z - \partial H_z/\partial x \\ \partial H_y/\partial x - \partial H_x/\partial y \end{bmatrix} = \frac{\partial}{\partial t} \begin{bmatrix} \kappa_y & 0 & 0 \\ 0 & \kappa_z & 0 \\ 0 & 0 & \kappa_x \end{bmatrix} \begin{bmatrix} P_x \\ P_y \\ P_z \end{bmatrix} + \frac{1}{\varepsilon_0} \begin{bmatrix} \sigma_y & 0 & 0 \\ 0 & \sigma_z & 0 \\ 0 & 0 & \sigma_x \end{bmatrix} \begin{bmatrix} P_x \\ P_y \\ P_z \end{bmatrix} \quad \text{(F1 - 20)}$$

其中分量式（为节省篇幅，以下分析均以 x 分量为例，y 和 z 分量公式类似）为

$$\frac{\partial H_z}{\partial y} - \frac{\partial H_y}{\partial z} = \kappa_y \frac{\partial P_x}{\partial t} + \left(\frac{\sigma_y}{\varepsilon_0} \right) P_x \quad \text{(F1 - 21)}$$

显然，该方程式与通常麦克斯韦方程直角坐标系中的分量式相似。引入中间变量 $\boldsymbol{D}$ 有

$$D_x = \frac{P_x}{\varepsilon_r(\omega)} \quad \text{(F1 - 22)}$$

此时有

$$D_x = \varepsilon_0 \left(\frac{s_z}{s_x} \right) E_x \quad \text{(F1 - 23)}$$

将式（F1-17）代入式（F1-23）得

$$\left(\kappa_x + \frac{\sigma_x}{(j\omega\varepsilon_0)} \right) D_x = \varepsilon_0 \left(\kappa_z + \frac{\sigma_z}{j\omega\varepsilon_0} \right) E_x \quad \text{(F1 - 24)}$$

同样地，利用频域到时域的转换关系 $j\omega \rightarrow \partial/\partial t$，可得式（F1-24）对应的时域形式为

$$\kappa_x \frac{\partial D_x}{\partial t} + \frac{\sigma_x}{\varepsilon_0} D_x = \varepsilon_0 \left(\kappa_z \frac{\partial E_x}{\partial t} + \frac{\sigma_z}{\varepsilon_0} E_x \right) \quad \text{(F1 - 25)}$$

该式为 $\boldsymbol{D}$ 和 $\boldsymbol{E}$ 满足的一阶偏微分方程。

前面已证明，常见色散介质模型包括德拜模型、洛仑兹模型和德鲁模型等的相对介电常数 $\varepsilon_r(\omega)$ 均可以写成有理分式函数形式，即

$$\varepsilon_r(\omega) = \frac{\sum\limits_{n=0}^{N} p_n \cdot (j\omega)^n}{\sum\limits_{n=0}^{N} q_n \cdot (j\omega)^n} \quad \text{(F1 - 26)}$$

其中，p_n 和 q_n 为多项式系数，N 为整数。将式（F1-26）代入式（F1-22）得

$$\left[\sum_{n=0}^{N} q_n \cdot (j\omega)^n \right] P_x = \left[\sum_{n=0}^{N} p_n \cdot (j\omega)^n \right] D_x \quad \text{(F1 - 27)}$$

上式的时域形式为

$$\sum_{n=0}^{N} q_n \left(\frac{\partial^n P_x}{\partial t^n} \right) = \sum_{n=0}^{N} p_n \left(\frac{\partial^n D_x}{\partial t^n} \right) \quad \text{(F1 - 28)}$$

这是一个 N 阶偏微分方程，N 与吸收边界相邻的介质类型有关。通常情形下，工程实际应用中的是一阶或二阶微分方程。例如单极点德拜模型为 $N=1$ 时的情形；而非磁等离子体、双极点德拜模型、单极点洛仑兹模型和单极点德鲁模型为 $N=2$ 时的情形。当 $N=2$ 时，式（F1-28）可写为

$$q_0 P_x + q_1 \left(\frac{\partial P_x}{\partial t} \right) + q_2 \left(\frac{\partial^2 P_x}{\partial t^2} \right) = p_0 D_x + p_1 \left(\frac{\partial D_x}{\partial t} \right) + p_2 \left(\frac{\partial^2 D_x}{\partial t^2} \right) \quad \text{(F1 - 29)}$$

2）色散介质通用吸收边界的 FDTD 实现

要实现递推计算，需要根据 FDTD 算法的空间离散方式 Yee 元胞对偏微分方程进行离散并得到时域递推公式。

（1）磁场强度到中间变量 P 的递推（$H \rightarrow P$）。

取 P 的采样点（又称取样点）和电场 E 的采样点相同，离散可得

$$P_x^{n+1}\left(i+\frac{1}{2}, j, k\right) = \text{CAX}(m) \cdot P_x^n\left(i+\frac{1}{2}, j, k\right) + \text{CBX}(m) \cdot$$

$$\left[\frac{\left[H_z^{n+1/2}\left(i+\frac{1}{2}, j+\frac{1}{2}, k\right) - H_z^{1/2}\left(i+\frac{1}{2}, j-\frac{1}{2}, k\right)\right]}{\Delta y} - \right.$$

$$\left.\frac{\left[H_y^{n+1/2}\left(i+\frac{1}{2}, j, k+\frac{1}{2}\right) - H_y^{n+1/2}\left(i+\frac{1}{2}, j, k-\frac{1}{2}\right)\right]}{\Delta z}\right] \qquad (F1-30)$$

式中系数

$$\begin{cases} \text{CAX}(m) = \dfrac{1 - \dfrac{\sigma_y(m)\Delta t}{2\varepsilon_0 \kappa_y(m)}}{1 + \dfrac{\sigma_y(m)\Delta t}{2\varepsilon_0 \kappa_y(m)}} \\[6mm] \text{CBX}(m) = \dfrac{\dfrac{\Delta t}{\kappa_y(m)}}{1 + \dfrac{\sigma_y(m)\Delta t}{2\varepsilon_0 \kappa_y(m)}} \end{cases} \qquad (F1-31)$$

式中，$m = (i+1/2, j, k)$，表示空间采样点。

（2）中间变量 P 到中间变量 D 的递推（$P \rightarrow D$）。

取 D 的采样点和 P 的采样点相同，利用一阶、二阶微分的中心差分近似离散可得

$$D_x^{n+1}(m) = PD_1 \cdot P_x^{n+1}(m) + PD_2 \cdot P_x^n(m) + PD_3 \cdot P_x^{n-1}(m)$$
$$+ PD_4 \cdot D_x^n(m) + PD_5 \cdot D_x^{n-1}(m) \qquad (F1-32)$$

式中，m 的含义与式（F1-31）中相同，表示节点位置。

$$\begin{cases} PD_1 = \dfrac{q_0 \dfrac{(\Delta t)^2}{2} + q_1 \Delta t + q_2}{p_0 \dfrac{(\Delta t)^2}{2} + p_1 \Delta t + p_2} \\[6mm] PD_2 = \dfrac{q_0 \dfrac{(\Delta t)^2}{2} - q_1 \Delta t - 2q_2}{p_0 \dfrac{(\Delta t)^2}{2} + p_1 \Delta t + p_2} \\[6mm] PD_3 = \dfrac{q_2}{p_0 \dfrac{(\Delta t)^2}{2} + p_1 \Delta t + p_2} \\[6mm] PD_4 = -\dfrac{p_0 \dfrac{(\Delta t)^2}{2} - p_1 \Delta t - 2p_2}{p_0 \dfrac{(\Delta t)^2}{2} + p_1 \Delta t + p_2} \\[6mm] PD_5 = -\dfrac{p_2}{p_0 \dfrac{(\Delta t)^2}{2} + p_1 \Delta t + p_2} \end{cases} \qquad (F1-33)$$

（3）中间变量 D 到电场强度 E 的递推（$D \rightarrow E$）。

利用中心差分近似离散式可得

$$E_x^{n+1} = DEX_1 \cdot D_x^{n+1} + DEX_2 \cdot D_x^n + DEX_3 \cdot E_x^n \qquad (F1-34)$$

式中

$$\begin{cases} DEX_1 = \varepsilon_0 \dfrac{\kappa_x/\Delta t + \sigma_x/2\varepsilon_0}{\kappa_z/\Delta t + \sigma_z/2\varepsilon_0} \\[3mm] DEX_2 = -\varepsilon_0 \dfrac{\kappa_x/\Delta t - \sigma_x/2\varepsilon_0}{\kappa_z/\Delta t + \sigma_z/2\varepsilon_0} \\[3mm] DEX_3 = \dfrac{\kappa_z/\Delta t - \sigma_z/2\varepsilon_0}{\kappa_z/\Delta t + \sigma_z/2\varepsilon_0} \end{cases} \qquad (F1-35)$$

这样，利用式(F1-30)可以实现磁场强度 H 到中间变量 P 的 FDTD 迭代，利用式(F1-32)可以实现中间变量 P 到中间变量 D 的 FDTD 迭代，利用式(F1-34)可以实现中间变量 D 到电场强度 E 的 FDTD 迭代。这里设色散介磁导率 μ_1 为常数，与频率无关。此时从 E 到 H 的迭代式与通常 FDTD 的迭代式相同。

4. SO-FDTD 法应用于磁化铁氧体和磁化等离子体电磁问题

在外加恒定磁场的情形下，磁化铁氧体导磁率张量和磁化等离子体的介电常数张量有相似的特征，在用 SO-FDTD 法处理时方法类似。下面以磁化铁氧体为例给出 FDTD 中外场任意时，磁化铁氧体电磁散射问题的处理方式。磁化等离子体介电常数张量的处理方法类似，限于篇幅不再给出。

1）实验室坐标系中磁化铁氧体的磁导率张量

(1) 外磁场坐标系($x'y'z'$ 坐标系)中的磁导率张量。

对磁化铁氧体，以外加磁场 H_0 的方向为 z' 轴，建立外磁场坐标系为 $x'y'z'$，则在 $x'y'z'$ 坐标系中，磁化铁氧体的相对磁导率张量 $\boldsymbol{\mu}'_r$ 为

$$\mu'_r(\omega) = \begin{bmatrix} \mu_{x'x'}(\omega) & \mu_{x'y'}(\omega) & 0 \\ \mu_{x'y'}(\omega) & \mu_{y'y'}(\omega) & 0 \\ 0 & 0 & \mu_{z'z'}(\omega) \end{bmatrix} = \begin{bmatrix} \mu_r & j\mu_{rg} & 0 \\ -j\mu_{rg} & \mu_r & 0 \\ 0 & 0 & \mu_{rz} \end{bmatrix} \qquad (F1-36)$$

其中

$$\begin{cases} \mu_r = 1 + \dfrac{W\omega_m}{W^2 - \omega^2} \\[3mm] \mu_{rg} = \dfrac{\omega\omega_m}{W^2 - \omega^2} \\[3mm] \mu_{rz} = 1 \end{cases} \qquad (F1-37)$$

式中，$W = \omega_0 + j\omega\alpha$，$\omega_0 = \gamma H_0$，$H_0$ 为外加磁场强度的幅值，$\gamma = 1.76 \times 10^7 \, \text{rad/Oe} \cdot \text{s}$ 为旋磁比，α 为阻尼因子；$\omega_m = \gamma 4\pi M_s$，$M_s$ 为饱和磁化率。当 H_0 沿 z' 轴负向时，只需将式(F1-36)中的 μ_{rg} 换成相反数即可。令

$$\mu_g = j\mu_{rg} \qquad (F1-38)$$

有

$$\overline{\overline{\mu}}'_r(\omega) = \begin{bmatrix} \mu_r & \mu_g & 0 \\ -\mu_g & \mu_r & 0 \\ 0 & 0 & \mu_{rz} \end{bmatrix} \qquad (F1-39)$$

(2) 实验室坐标系(FDTD 坐标系)中的磁导率张量。

将 $x'y'z'$ 坐标系绕 z' 轴旋转 θ_t 角得 xyz 坐标系，$z'//z$，如图 F1-1 所示。则相对磁导

率张量在 $x'y'z'$ 坐标系中的值 $\boldsymbol{\mu}'_r$ 和其在 xyz 坐标系中的值 $\boldsymbol{\mu}_r$ 之间存在以下关系：

$$\boldsymbol{\mu}_r = \boldsymbol{U}_1 \cdot \boldsymbol{\mu}'_r \cdot \boldsymbol{U}_1^T \tag{F1-40}$$

其中

$$\boldsymbol{U}_1 = \begin{bmatrix} \cos\theta_t & \sin\theta_t & 0 \\ -\sin\theta_t & \cos\theta_t & 0 \\ 0 & 0 & 1 \end{bmatrix} \tag{F1-41}$$

将式(F1-36)～式(F1-39)代入式(F1-40)可得

$$\boldsymbol{\mu}_r = \begin{bmatrix} \mu_r & \mu_g & 0 \\ -\mu_g & \mu_r & 0 \\ 0 & 0 & \mu_{rz} \end{bmatrix} = \boldsymbol{\mu}'_r \tag{F1-42}$$

因此，对磁化铁氧体，其 $x'y'z'$ 坐标系的 x'、y' 轴可在与外磁场 $\boldsymbol{H}_0(z')$ 垂直的平面上任意选择。

设实验室坐标系(FDTD 坐标系)为 xyz 坐标系，外磁场 $\boldsymbol{H}_0(z')$ 方向角为 (θ_t, φ_t)，如图 F1-2 所示。

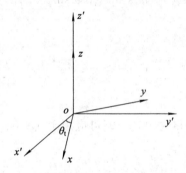

图 F1-1 $x'y'z'$ 坐标系和 xyz 坐标系($z'//z$)

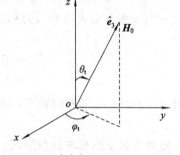

图 F1-2 $x'y'z'$ 坐标系和 xyz 坐标系

将外磁场坐标系($x'y'z'$ 坐标系)的三个相互正交的单位矢量记为 $\hat{\boldsymbol{e}}_1$、$\hat{\boldsymbol{e}}_2$ 和 $\hat{\boldsymbol{e}}_3$，则有

$$\begin{cases} \hat{\boldsymbol{e}}_3 \cdot \hat{\boldsymbol{z}} = \cos\theta_t \\ \hat{\boldsymbol{e}}_3 \cdot \hat{\boldsymbol{x}} = \sin\theta_t\cos\varphi_t \\ \hat{\boldsymbol{e}}_3 \cdot \hat{\boldsymbol{y}} = \sin\theta_t\sin\varphi_t \end{cases} \tag{F1-43}$$

当 $\theta \neq 0$ 时，选取 $\hat{\boldsymbol{e}}_1$，使

$$\hat{\boldsymbol{e}}_1 = \frac{\hat{\boldsymbol{e}}_3 \times \hat{\boldsymbol{z}}}{\sin\theta_t} \tag{F1-44}$$

即 $\hat{\boldsymbol{e}}_1$ 垂直于 $\boldsymbol{H}_0$ 和 $\hat{\boldsymbol{z}}$ 决定的平面。可以证明，$x'y'z'$ 坐标系中 $\boldsymbol{\mu}'_r$ 的和 xyz 系中的 $\boldsymbol{\mu}_r$ 有如下关系：

$$\boldsymbol{\mu}'_r = \boldsymbol{U}_2 \cdot \boldsymbol{\mu}_r \cdot \boldsymbol{U}_2^T \tag{F1-45}$$

即

$$\boldsymbol{\mu}_r = \boldsymbol{U}_2^T \cdot \boldsymbol{\mu}'_r \cdot \boldsymbol{U}_2 \tag{F1-46}$$

其中

$$\boldsymbol{U}_2 = \begin{bmatrix} \sin\varphi_t & -\cos\varphi_t & 0 \\ \cos\theta_t\cos\varphi_t & \cos\theta_t\sin\varphi_t & -\sin\theta_t \\ \sin\theta_t\cos\varphi_t & \sin\theta_t\sin\varphi_t & \cos\theta_t \end{bmatrix} \tag{F1-47}$$

U_2^T 表示U_2 的转置阵，U_2 是幺正矩阵。

将式(F1-39)和式(F1-47)代入式(F1-46)，可得

$$\boldsymbol{\mu}_r = \begin{bmatrix} \mu_{xx} & \mu_{xy} & \mu_{xz} \\ \mu_{yx} & \mu_{yy} & \mu_{yz} \\ \mu_{zx} & \mu_{zy} & \mu_{zz} \end{bmatrix} \tag{F1-48}$$

其中

$$\begin{cases} \mu_{xx} = \mu_r (\sin^2 \varphi_t + \cos^2 \theta_t \cos^2 \varphi_t) + \mu_{rz} (\sin^2 \theta_t \cos^2 \varphi_t) \\ \mu_{xy} = -\mu_r (\sin^2 \theta_t \sin\varphi_t \cos\varphi_t) + \mu_g (\cos\theta_t) + \mu_{rz} (\sin^2 \theta_t \sin\varphi_t \cos\varphi_t) \\ \mu_{xz} = -\mu_r (\sin\theta_t \cos\theta_t \cos\varphi_t) - \mu_g (\sin\theta_t \sin\varphi_t) + \mu_{rz} (\sin\theta_t \cos\theta_t \cos\varphi_t) \\ \mu_{yx} = -\mu_r (\sin^2 \theta_t \sin\varphi_t \cos\varphi_t) - \mu_g (\cos\theta_t) + \mu_{rz} (\sin^2 \theta_t \sin\varphi_t \cos\varphi_t) \\ \mu_{yy} = \mu_r (\cos^2 \theta_t \sin^2 \varphi_t + \cos^2 \varphi_t) + \mu_{rz} (\sin^2 \theta_t \sin^2 \varphi_t) \\ \mu_{yz} = -\mu_r (\sin\theta_t \cos\theta_t \sin\varphi_t) + \mu_g (\sin\theta_t \cos\varphi_t) + \mu_{rz} (\sin\theta_t \cos\theta_t \sin\varphi_t) \\ \mu_{zx} = -\mu_r (\sin\theta_t \cos\theta_t \cos\varphi_t) + \mu_g (\sin\theta_t \sin\varphi_t) + \mu_{rz} (\sin\theta_t \cos\theta_t \cos\varphi_t) \\ \mu_{zy} = -\mu_r (\sin\theta_t \cos\theta_t \sin\varphi_t) - \mu_g (\sin\theta_t \cos\varphi_t) + \mu_{rz} (\sin\theta_t \cos\theta_t \sin\varphi_t) \\ \mu_{zz} = \mu_r (\sin^2 \theta_t) + \mu_{rz} (\cos^2 \theta_t) \end{cases} \tag{F1-49}$$

当 $\theta_t = 0$、π 时，由式(F1-48)和式(F1-49)得

$$\bar{\bar{\mu}}_r = \begin{bmatrix} \mu_r & \pm\mu_g & 0 \\ -(\pm\mu_g) & \mu_r & 0 \\ 0 & 0 & \mu_{rz} \end{bmatrix} \tag{F1-50}$$

恰好是 $\boldsymbol{H}_0 // \hat{z}$ 和 $\boldsymbol{H}_0 // -\hat{z}$ 时的情况，所以式(F1-48)和式(F1-49)可应用于 $\theta_t = 0$、π 时的情况。

(3) 磁导率张量的有理分数形式。

由式(F1-36)～式(F1-39)可得$\bar{\bar{\mu}}'$各元素的有理分数形式：

$$\mu_{x'x'}(\omega) = \mu_{y'y'}(\omega) = \mu_r(\omega) = \frac{\sum\limits_{n=0}^{N} p_n (j\omega)^n}{\sum\limits_{n=0}^{N} q_n (j\omega)^n} \tag{F1-51}$$

$$\mu_{x'y'}(\omega) = -\mu_{y'x'}(\omega) = \mu_g(\omega) = \frac{\sum\limits_{n=0}^{N} p_{x'y'n} (j\omega)^n}{\sum\limits_{n=0}^{N} q_n (j\omega)^n} \tag{F1-52}$$

$$\mu_{z'z'}(\omega) = \mu_{rz}(\omega) = \frac{\sum\limits_{n=0}^{N} p_{z'n} (j\omega)^n}{\sum\limits_{n=0}^{N} q_n (j\omega)^n} \tag{F1-53}$$

其中

$$N = 2, \quad \begin{cases} q_0 = \omega_0^2 \\ p_0 = \omega_0^2 + \omega_0 \omega_m \\ p_{x'y'0} = 0 \\ p_{z'0} = q_0 \end{cases}, \quad \begin{cases} q_1 = 2\alpha\omega_0 \\ p_1 = 2\alpha\omega_0 + \alpha\omega_m \\ p_{x'y'1} = \omega_m \\ p_{z'1} = q_1 \end{cases}, \quad \begin{cases} q_2 = \alpha^2 + 1 \\ p_2 = \alpha^2 + 1 \\ p_{x'y'2} = 0 \\ p_{z'2} = q_2 \end{cases} \tag{F1-54}$$

由式(F1-51)～式(F1-53)可以计算实验室坐标系下相对磁导率张量各元素的有理分式，而且它们的分母仍相同，这也利于后面的 SO-FDTD 迭代计算。

2）FDTD 计算公式

（1）磁化铁氧体中 Maxwell 方程的差分离散。

磁化铁氧体中的 Maxwell 方程组和相关方程为

$$\frac{\partial \boldsymbol{E}}{\partial t} = \frac{(\nabla \times \boldsymbol{H})}{\varepsilon_0} \tag{F1-55}$$

$$\frac{\partial \boldsymbol{B}}{\partial t} = -\nabla \times \boldsymbol{E} \tag{F1-56}$$

$$\boldsymbol{B}(\omega) = \mu_0 \, \boldsymbol{\mu}_r(\omega) \cdot \boldsymbol{H}(\omega) \tag{F1-57}$$

式中，$\boldsymbol{\mu}_r$ 是在 FDTD 坐标系（xyz 坐标系）中磁化铁氧体的相对磁导率张量。在 xyz 坐标系中式(F1-55)和式(F1-56)写为

$$\begin{cases} \dfrac{\partial E_x}{\partial t} = \left[\left(\dfrac{\partial H_z}{\partial y} \right) - \left(\dfrac{\partial H_y}{\partial z} \right) \right] / \varepsilon_0 \\[3mm] \dfrac{\partial E_y}{\partial t} = \left[\left(\dfrac{\partial H_x}{\partial z} \right) - \left(\dfrac{\partial H_z}{\partial x} \right) \right] / \varepsilon_0 \\[3mm] \dfrac{\partial E_z}{\partial t} = \left[\left(\dfrac{\partial H_y}{\partial x} \right) - \left(\dfrac{\partial H_x}{\partial y} \right) \right] / \varepsilon_0 \end{cases} \tag{F1-58}$$

以及

$$\begin{cases} \dfrac{\partial B_x}{\partial t} = -\left[\left(\dfrac{\partial E_z}{\partial y} \right) - \left(\dfrac{\partial E_y}{\partial z} \right) \right] \\[3mm] \dfrac{\partial B_y}{\partial t} = -\left[\left(\dfrac{\partial E_x}{\partial z} \right) - \left(\dfrac{\partial E_z}{\partial x} \right) \right] \\[3mm] \dfrac{\partial B_z}{\partial t} = -\left[\left(\dfrac{\partial E_y}{\partial x} \right) - \left(\dfrac{\partial E_x}{\partial y} \right) \right] \end{cases} \tag{F1-59}$$

对式(F1-58)和式(F1-59)中共 6 个分量式按照 FDTD 离散的方法进行离散。注意，$\boldsymbol{B}$ 的各空间分量取样点及时间取样与 $\boldsymbol{H}$ 的情况一致。离散后可得

$$\begin{aligned} E_x^{n+1}\left(i+\frac{1}{2}, j, k\right) = E_x^n\left(i+\frac{1}{2}, j, k\right) \\ + c\Delta t\left[\frac{\widetilde{H}_z^{n+1/2}\left(i+\frac{1}{2}, j+\frac{1}{2}, k\right) - \widetilde{H}_z^{n+1/2}\left(i+\frac{1}{2}, j-\frac{1}{2}, k\right)}{\Delta y} \right. \\ \left. - \frac{\widetilde{H}_y^{n+1/2}\left(i+\frac{1}{2}, j, k+\frac{1}{2}\right) - \widetilde{H}_y^{n+1/2}\left(i+\frac{1}{2}, j, k-\frac{1}{2}\right)}{\Delta z} \right] \end{aligned}$$

$$\tag{F1-60}$$

限于篇幅其他分量的递推式在此不再列出。

（2）饱和磁化铁氧体的时域本构关系。

根据式(F1-49)和式(F1-54)，式(F1-57)中 $\boldsymbol{\mu}_r$ 的各元素可写成有理分数形式：

$$\mu_{\alpha\beta}(\omega) = \frac{\displaystyle\sum_{n=0}^{N} p_{\alpha\beta n}\,(\mathrm{j}\omega)^n}{\displaystyle\sum_{n=0}^{N} q_n\,(\mathrm{j}\omega)^n} \quad (\alpha, \beta = x, y, z, \ N = 2) \tag{F1-61}$$

其中，q_n 的值参见式(F1-54)，$p_{\alpha\beta n}$ 的值可由式(F1-49)和式(F1-54)计算得到。

利用频域到时域的转换关系 $j\omega \to \partial/\partial t$，将式(F1-61)代入式(F1-57)得：

$$\boldsymbol{B}(t) = \mu_0 \, \boldsymbol{\mu}_r \left(\frac{\partial}{\partial t}\right) \cdot \boldsymbol{H}(t) \tag{F1-62}$$

分量式为

$$B_\alpha(t) = \mu_0 \sum_{\beta=x}^{z} \left[\left[\frac{\sum_{n=0}^{2} p_{\alpha\beta n} \left(\frac{\partial}{\partial t}\right)^n}{\sum_{n=0}^{2} q_n \left(\frac{\partial}{\partial t}\right)^n} \right] H_\beta(t) \right] \quad (\alpha = x, y, z) \tag{F1-63}$$

即

$$\left(\sum_{n=0}^{2} q_n \left(\frac{\partial}{\partial t}\right)^n\right) B_\alpha(t) = \mu_0 \sum_{\beta=x}^{z} \left[\left(\sum_{n=0}^{2} p_{\alpha\beta n} \left(\frac{\partial}{\partial t}\right)^n\right) H_\beta(t) \right] \quad (\alpha = x, y, z) \tag{F1-64}$$

式(F1-64)是时域中含时间导数算子的本构关系。

同样地，采用移位算子处理可以得到离散时域的本构关系为

$$
\begin{cases}
\left[\sum_{l=0}^{2} q_l h^l \, (z_t+1)^{2-l} \, (z_t-1)^l\right] B_x^{n+1/2} = \mu_0 \Bigg\{ \left[\sum_{l=0}^{2} p_{xxl} h^l \, (z_t+1)^{2-l} \, (z_t-1)^l\right] H_x^{n+1/2} \\
\qquad\qquad + \left[\sum_{l=0}^{2} p_{xyl} h^l \, (z_t+1)^{2-l} \, (z_t-1)^l\right] H_y^{n+1/2} \\
\qquad\qquad + \left[\sum_{l=0}^{2} p_{xzl} h^l \, (z_t+1)^{2-l} \, (z_t-1)^l\right] H_z^{n+1/2} \Bigg\} \\[2mm]
\left[\sum_{l=0}^{2} q_l h^l \, (z_t+1)^{2-l} \, (z_t-1)^l\right] B_y^{n+1/2} = \mu_0 \Bigg\{ \left[\sum_{l=0}^{2} p_{yxl} h^l \, (z_t+1)^{2-l} \, (z_t-1)^l\right] H_x^{n+1/2} \\
\qquad\qquad + \left[\sum_{l=0}^{2} p_{yyl} h^l \, (z_t+1)^{2-l} \, (z_t-1)^l\right] H_y^{n+1/2} \\
\qquad\qquad + \left[\sum_{l=0}^{2} p_{yzl} h^l \, (z_t+1)^{2-l} \, (z_t-1)^l\right] H_z^{n+1/2} \Bigg\} \\[2mm]
\left[\sum_{l=0}^{2} q_l h^l \, (z_t+1)^{2-l} \, (z_t-1)^l\right] B_z^{n+1/2} = \mu_0 \Bigg\{ \left[\sum_{l=0}^{2} p_{zxl} h^l \, (z_t+1)^{2-l} \, (z_t-1)^l\right] H_x^{n+1/2} \\
\qquad\qquad + \left[\sum_{l=0}^{2} p_{zyl} h^l \, (z_t+1)^{2-l} \, (z_t-1)^l\right] H_y^{n+1/2} \\
\qquad\qquad + \left[\sum_{l=0}^{2} p_{zzl} h^l \, (z_t+1)^{2-l} \, (z_t-1)^l\right] H_z^{n+1/2} \Bigg\}
\end{cases}
\tag{F1-65}
$$

式(F1-65)可称为离散时域含移位算子的本构关系。

5. 基于 SO-FDTD 的色散薄层节点修正算法

对于厚度小于一个元胞尺度的电小尺寸色散介质薄层问题，采用将元胞内电位移矢量和磁感应强度加权平均的方法，求得薄层所在元胞内修正点处的等效介质参数。然后根据常见色散介质模型(包括德拜模型、洛仑兹模型、德鲁模型等)的介电常数和磁导率可以表示为 $j\omega$ 分式多项式的特点，结合频域到时域的转换关系和移位算子(Shift Operator，SO)

方法得到了修正点处的时域本构关系,进而获得时域递推计算式。该方法同时能处理电色散和磁色散薄层问题,便于编制处理常见色散介质薄层问题的通用三维程序。同样地,将这一方法应用于色散介质混合模型薄层问题的分析,其分析思路与本节内容类似,限于篇幅不再给出处理细节,仅在后面给出相应的算例。

1) 节点修正算法的基本思想

在 FDTD 计算中,电磁场的空间采样均按照 Yee 元胞的方式进行,如图 F1-3 所示。由于受稳定性条件的限制,因此 FDTD 方法在很多情况下对网格不可能划分过细,通常的 FDTD 方法无法处理介质薄层厚度小于空间离散网格尺寸的情形如图 F1-3。在节点修正算法中,FDTD 元胞被分为两种类型。一种是正常元胞,其中电场和磁场取样点的参数取该元胞的介质参数即可(如图 F1-3 中左侧的深色长方体元胞);另一种为需要修正的元胞(如图 F1-3 右侧的长方体元胞),这类元胞需要计算出节点处的等效介质参数以模拟薄层的贡献。

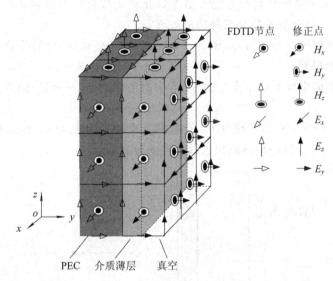

图 F1-3 金属衬底色散介质薄层节点修正示意图

可见,电场和磁场修正点处等效介质参数的计算是节点修正方法的关键问题之一。对于非色散介质,得到修正点处的等效介质参数后直接代入修正点的递推计算公式即可。色散介质的参数随着频率变化而变化,得到的等效介质参数也随频率变化。而 FDTD 计算在时域进行,因而需要利用修正点处的频域本构关系得到时域递推计算公式。

2) 修正点处的等效复介电常数和复磁导率

在 FDTD 计算中,电场节点的修正与等效复介电常数有关,而磁场节点的修正与等效复磁导率有关。下面分别给出电场和磁场修正点处等效电磁参数的计算方法。

(1) 色散介质薄层处于真空中的情形。

当色散介质薄层处于真空当中时,若薄层厚度不满一个 FDTD 元胞,则可以利用将电位移矢量或磁感应强度在一个元胞内求平均值的方法得到修正点处的等效介质参数。设薄层在一个元胞中所占的体积比为 α(整个元胞的体积计为 1),则其元胞中总电位移矢量和总磁感应强度可以表示为

$$\begin{cases} \boldsymbol{D} = \alpha\varepsilon_0\varepsilon_r(\omega)\boldsymbol{E} + (1-\alpha)\varepsilon_0\boldsymbol{E} \\ \boldsymbol{B} = \alpha\mu_0\mu_r(\omega)\boldsymbol{H} + (1-\alpha)\mu_0\boldsymbol{H} \end{cases} \qquad (F1-66)$$

其中，ε_0 为真空介电常数；$\varepsilon_r(\omega)$ 和 $\mu_r(\omega)$ 分别表示色散介质薄层的相对介电常数和相对磁导率；$\boldsymbol{E}$ 和 $\boldsymbol{H}$ 分别表示电场强度和磁场强度。式(F1-66)可写为

$$\begin{cases} \boldsymbol{D} = \varepsilon_0\varepsilon_{r,\,ave}(\omega)\boldsymbol{E} \\ \boldsymbol{B} = \mu_0\mu_{r,\,ave}(\omega)\boldsymbol{H} \end{cases} \qquad (F1-67)$$

其中

$$\begin{cases} \varepsilon_{r,\,ave}(\omega) = \alpha[\varepsilon_r(\omega)-1]+1 \\ \mu_{r,\,ave}(\omega) = \alpha[\mu_r(\omega)-1]+1 \end{cases} \qquad (F1-68)$$

$\varepsilon_{r,\,ave}$、$\mu_{r,\,ave}$ 分别为电场和磁场修正点处的等效参数。

（2）理想导体基底上的色散介质薄层。

对于理想导体基底上的色散介质薄层，磁场取样点处的等效参数可以采用上述方法获得；而电场取样点采用简单平均的方法求出等效介质参数进行节点修正的效果并不好。在此电场修正点处的等效介质参数分两种情形处理：

① PEC 表面法向电场对应节点（图 F1-3 中的电场的 y 分量）的等效介质参数依然采用（1）中的方法平均得到。

② PEC 表面切向电场对应节点（图 F1-3 中的电场的 x、z 分量）的等效介质参数用如下方法得到。

图 F1-4 是图 F1-3 的二维截面图。设色散介质薄层厚度为 d，在 y 轴方向空间离散网格的尺寸为 Δy，$y=0$ 是理想导体和色散介质的分界面。

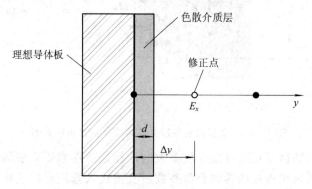

图 F1-4　导体表面附近切向电场节点的修正

显然，$y=0$ 处的切向电场为零，设理想导体表面附近的切向场（图 F1-3 中场的 x、z 分量）在 $0<y<2\Delta y$ 区域内是线性分布的，以 x 分量为例有

$$E_x(y) = \frac{y}{\Delta y}E_x\big|_1 \qquad (F1-69)$$

其中，$E_x(y)$ 为理想导体附近的电场 x 分量；$E_x|_1$ 是导体表面右侧一个网格处的电场强度的 x 分量。下面讨论 $0<d\leqslant\Delta y/2$ 和 $\Delta y/2<d<\Delta y$ 两种情形下的等效介质参数的选取。

① 当 $0<d\leqslant\Delta y/2$ 时，用金属表面附近电场修正点左、右各一个元胞（共两个元胞，如图 F1-4 所示）电位移矢量平均求得修正点处的等效介质参数。

$$D_x\big|_1 = \frac{1}{2\Delta y}\int_0^{2\Delta y}\varepsilon(\omega,\,y)\frac{y}{\Delta y}E_x\big|_1\mathrm{d}y$$

$$= \frac{1}{2\Delta y}\int_0^d \varepsilon_0\varepsilon_r(\omega)\frac{y}{\Delta y}E_x\big|_1\mathrm{d}y + \frac{1}{2\Delta y}\int_d^{2\Delta y}\varepsilon_0\frac{y}{\Delta y}E_x\big|_1\mathrm{d}y$$

$$= \varepsilon_0\varepsilon_{r,\,ave}(\omega)E_x\big|_1 \tag{F1-70}$$

其中，等效复介电常数

$$\varepsilon_{r,\,ave}[d,\varepsilon_r(\omega)] = 1 + \frac{d^2}{4\Delta y^2}[\varepsilon_r(\omega)-1] \tag{F1-71}$$

式中，$\varepsilon_r(\omega)$ 为色散介质薄层的相对介电常数。

② 当 $\Delta y/2 < d < \Delta y$ 时，用金属表面附近电场修正点处左、右边各半个元胞内电位移矢量平均值的方法求得修正点处的等效介质参数。

$$D_x\big|_1 = \frac{1}{\Delta y}\int_{\frac{\Delta y}{2}}^{\frac{3\Delta y}{2}}\varepsilon(\omega,y)\frac{y}{\Delta y}E_x\big|_1\mathrm{d}y$$

$$= \frac{1}{\Delta y}\int_{\frac{\Delta y}{2}}^d \varepsilon_0\varepsilon_r(\omega)\frac{y}{\Delta y}E_x\big|_1\mathrm{d}y + \frac{1}{\Delta y}\int_y^{\frac{3\Delta y}{2}}\varepsilon_0\frac{y}{\Delta y}E_x\big|_1\mathrm{d}y$$

$$= \varepsilon_0\varepsilon_{r,\,ave}[d,\varepsilon_r(\omega)]E_x\big|_1 \tag{F1-72}$$

其中，等效相对等效复介电常数

$$\varepsilon_{r,\,ave}[d,\varepsilon_r(\omega)] = \frac{9-\varepsilon_r(\omega)}{8} + \frac{d^2}{2\Delta y^2}[\varepsilon_r(\omega)-1] \tag{F1-73}$$

3) 修正点处的时域迭代计算式

对于色散介质来说，上面得到的频域等效介质参数是频率的函数。此时，所得到的本构关系在时域成为卷积关系，这给用 FDTD 计算色散介质中波的散射和传播带来困难。FDTD 法中色散介质的处理途径有递归卷积法、z 变换法、电流密度卷积法和辅助差分方程法等。这些方法往往要针对不同的色散介质模型推导相应的递推公式，涉及的算法通用性较差。下面采用移位算子时域有限差分（SO-FDTD）法给出任意色散介质模型的时域递推计算公式。

常见的三种线性、各向同性色散介质模型的介电常数和磁导率表达式如下：

(1) 德拜模型（Debye Model）：

$$\begin{cases} \varepsilon(\omega) = \varepsilon_\infty + \displaystyle\sum_{p=1}^p \frac{\varepsilon_{s,\,p}-\varepsilon_{\infty,\,p}}{1+\mathrm{j}\omega\tau_{e,\,p}} \equiv \varepsilon_\infty + \sum_{p=1}^p \frac{\Delta\varepsilon_p}{1+\mathrm{j}\omega\tau_{e,\,p}} \\[4mm] \mu(\omega) = \mu_\infty + \displaystyle\sum_{p=1}^p \frac{\mu_{s,\,p}-\mu_{\infty,\,p}}{1+\mathrm{j}\omega\tau_{m,\,p}} \equiv \mu_\infty + \sum_{p=1}^p \frac{\Delta\mu_p}{1+\mathrm{j}\omega\tau_{m,\,p}} \end{cases} \tag{F1-74}$$

其中，$\Delta\varepsilon_p = \varepsilon_{s,\,p}-\varepsilon_{\infty,\,p}$；$\Delta\mu_p = \mu_{s,\,p}-\mu_{\infty,\,p}$；$\varepsilon_{s,\,p}$、$\mu_{s,\,p}$ 分别为静态或零频时的相对介电常数和相对磁导率；$\varepsilon_{\infty,\,p}$、$\mu_{\infty,\,p}$ 分别为无穷大频率时的相对介电常数和磁导率；$\tau_{e,\,p}$、$\tau_{m,\,p}$ 分别为电极点和磁极点的驰豫时间。

(2) 洛仑兹模型（Lorentz Model）：

$$\begin{cases} \varepsilon(\omega) = \varepsilon_\infty + \displaystyle\sum_{p=1}^p \frac{\Delta\varepsilon_p\omega_{e,\,p}^2}{\omega_{e,\,p}^2 + 2\mathrm{j}\omega\delta_{e,\,p} - \omega^2} \\[4mm] \mu(\omega) = \mu_\infty + \displaystyle\sum_{p=1}^p \frac{\Delta\mu_p\omega_{m,\,p}^2}{\omega_{m,\,p}^2 + 2\mathrm{j}\omega\delta_{m,\,p} - \omega^2} \end{cases} \tag{F1-75}$$

其中，$\Delta\varepsilon_p$、$\Delta\mu_p$ 含义同式（F1-74）；$\omega_{e,\,p}$、$\omega_{m,\,p}$ 分别为电极点频率与磁极点频率；$\delta_{e,\,p}$、$\delta_{m,\,p}$ 分别为电阻尼系数与磁阻尼系数。

（3）德鲁模型(Drude Model)：

$$
\begin{cases}
\varepsilon(\omega) = \varepsilon_\infty - \sum_{p=1}^{p} \dfrac{\omega_{e,p}^2}{\omega_{e,p}^2 - j\omega\gamma_{e,p}} \\[4mm]
\mu(\omega) = \mu_\infty - \sum_{p=1}^{p} \dfrac{\omega_{m,p}^2}{\omega_{m,p}^2 - j\omega\gamma_{m,p}}
\end{cases}
\tag{F1-76}
$$

其中，$\omega_{e,p}$、$\omega_{m,p}$为德鲁电极点与磁极点频率；$\gamma_{e,p}$、$\gamma_{m,p}$为电极点与磁极点弛豫时间的倒数。

可以证明，上述几种色散介质模型中的相对介电常数 $\varepsilon_r(\omega)$ 和相对磁导率 $\mu_r(\omega)$ 均可以写成 $j\omega$ 的有理分式函数形式。同样地，不难证明式(F1-68)、式(F1-71)和式(F1-73)的 $\varepsilon_{r,ave}(\omega)$、$\mu_{r,ave}(\omega)$ 也可写成 $j\omega$ 的分式函数形式：

$$
\begin{cases}
\varepsilon_{r,ave}(\omega) = \dfrac{\displaystyle\sum_{n=0}^{N} p_{ne}\,(j\omega)^n}{\displaystyle\sum_{n=0}^{N} q_{ne}\,(j\omega)^n} \\[6mm]
\mu_{r,ave}(\omega) = \dfrac{\displaystyle\sum_{n=0}^{N} p_{nm}\,(j\omega)^n}{\displaystyle\sum_{n=0}^{N} q_{nm}\,(j\omega)^n}
\end{cases}
\tag{F1-77}
$$

式中，$P_{ne}(j\omega)^n$ 和 $q_{ne}(j\omega)^n$ 表示关于 $(j\omega)$ 的 n 次多项式关系。此时，色散介质的频域本构关系可以表示为

$$
\begin{cases}
\boldsymbol{D} = \varepsilon_0 \left(\dfrac{\displaystyle\sum_{n=0}^{N} p_{ne}\,(j\omega)^n}{\displaystyle\sum_{n=0}^{N} q_{ne}\,(j\omega)^n} \right) \boldsymbol{E} \\[6mm]
\boldsymbol{B} = \mu_0 \left(\dfrac{\displaystyle\sum_{n=0}^{N} p_{nm}\,(j\omega)^n}{\displaystyle\sum_{n=0}^{N} q_{nm}\,(j\omega)^n} \right) \boldsymbol{H}
\end{cases}
\tag{F1-78}
$$

在这种情形下，可以利用移位算子法得到(F1-78)式对应的时域本构关系，进一步地，可以获得时域递推关系式为

$$
\begin{cases}
\left[\displaystyle\sum_{n=0}^{N} q_{ne} \left(\dfrac{\partial}{\partial t} \right)^n \right] \boldsymbol{D} = \varepsilon_0 \left[\displaystyle\sum_{n=0}^{N} p_{ne} \left(\dfrac{\partial}{\partial t} \right)^n \right] \boldsymbol{E} \\[5mm]
\left[\displaystyle\sum_{n=0}^{N} q_{nm} \left(\dfrac{\partial}{\partial t} \right)^n \right] \boldsymbol{B} = \mu_0 \left[\displaystyle\sum_{n=0}^{N} p_{nm} \left(\dfrac{\partial}{\partial t} \right)^n \right] \boldsymbol{H}
\end{cases}
\tag{F1-79}
$$

引进离散时域的移位算子 z_t，定义为

$$
z_t f^n = f^{n+1}
\tag{F1-80}
$$

该移位算子的作用相当于使离散时域数列的 n 时刻值移位到函数在 $n+1$ 时刻的值。可以证明，对时间偏导的移位算子形式为

$$
\left(\dfrac{\partial}{\partial t} \right)^n \quad \rightarrow \quad \left\{ \left(\dfrac{2}{\Delta t} \right) \left[\dfrac{(z_t - 1)}{(z_t + 1)} \right] \right\}^n
\tag{F1-81}
$$

将式(F1-14)代入式(F1-79)并整理得到离散时域的本构关系。为了简化，以下令 $h = 2/\Delta t$，Δt 是计算中的时间离散间隔，以 x 分量为例，有

$$
\begin{cases}
\left[\sum_{l=0}^{N} q_{le} h^{l} \, (z_{t}+1)^{N-l} \, (z_{t}-1)^{l}\right] D_{x}^{n} = \varepsilon_{0}\left[\sum_{l=0}^{N} p_{le} h^{l} \, (z_{t}+1)^{N-l} \, (z_{t}-1)^{l}\right] E_{x}^{n} \\[4mm]
\left[\sum_{l=0}^{N} q_{lm} h^{l} \, (z_{t}+1)^{N-l} \, (z_{t}-1)^{l}\right] B_{x}^{n} = \varepsilon_{0}\left[\sum_{l=0}^{N} p_{lm} h^{l} \, (z_{t}+1)^{N-l} \, (z_{t}-1)^{l}\right] H_{x}^{n}
\end{cases}
\tag{F1-82}
$$

式(F1-16)是修正点处离散时域含移位算子的本构关系。通常情形下，工程实际中 N 取 1 或 2。例如，单极点德拜模型为 $N=1$ 时的情形，而非磁等离子体、双极点德拜模型、单极点洛仑兹模型和单极点德鲁模型为 $N=2$ 时的情形。

当 $N=2$ 时，可得从 $\boldsymbol{D}$ 到 $\boldsymbol{E}$ 和从 $\boldsymbol{B}$ 到 $\boldsymbol{H}$ 的递推计算公式为

$$
\begin{cases}
E_{x}^{n+1} = \dfrac{\left[a_{0e}\left(\dfrac{D_{x}^{n+1}}{\varepsilon_{0}}\right)+a_{1e}\left(\dfrac{D_{x}^{n}}{\varepsilon_{0}}\right)+a_{2e}\left(\dfrac{D_{x}^{n-1}}{\varepsilon_{0}}\right)-b_{1e}E_{x}^{n}-b_{2e}E_{x}^{n-1}\right]}{b_{0e}} \\[6mm]
H_{x}^{n+1} = \dfrac{\left[a_{0m}\left(\dfrac{B_{x}^{n+1}}{\mu_{0}}\right)+a_{1m}\left(\dfrac{B_{x}^{n}}{\mu_{0}}\right)+a_{2m}\left(\dfrac{B_{x}^{n-1}}{\mu_{0}}\right)-b_{1m}H_{x}^{n}-b_{2m}H_{x}^{n-1}\right]}{b_{0m}}
\end{cases}
\tag{F1-83}
$$

其中

$$
\begin{cases}
a_{0e} = q_{0e}+q_{1e}h+q_{2e}h^{2}, \; a_{1e} = 2q_{0e}-2q_{2e}h^{2}, \; a_{2e} = q_{0e}-q_{1e}h+q_{2e}h^{2} \\[2mm]
b_{0e} = p_{0e}+p_{1e}h+p_{2e}h^{2}, \; b_{1e} = 2p_{0e}-2p_{2e}h^{2}, \; b_{2e} = p_{0e}-p_{1e}h+p_{2e}h^{2} \\[2mm]
a_{0m} = q_{0m}+q_{1m}h+q_{2m}h^{2}, \; a_{1m} = 2q_{0m}-2q_{2m}h^{2}, \; a_{2m} = q_{0m}-q_{1m}h+q_{2m}h^{2} \\[2mm]
b_{0m} = p_{0m}+p_{1m}h+p_{2m}h^{2}, \; b_{1m} = 2p_{0m}-2p_{2m}h^{2}, \; b_{2m} = p_{0m}-p_{1m}h+p_{2m}h^{2}
\end{cases}
\tag{F1-84}
$$

6. 色散介质混合模型的通用 FDTD 方法

上述方法针对常见的三种色散介质模型，即德拜模型、洛仑兹模型和德鲁模型进行讨论。当实际介质的介电常数需要用这三种介质模型的某种线性组合表示时，涉及的算法将变得更为复杂。这里将 SO-FDTD 进一步推广，使其适于色散介质混合模型电磁计算的需要。首先，证明常见的三种色散介质模型、即德拜模型、洛仑兹模型和德鲁模型线性组合的介电常数可以写成以 $j\omega$ 为自变量的分式多项式形式；然后，利用移位算子法处理混合介质模型的频域本构关系，给出色散介质混合模型的通用 FDTD 递推表达式；最后，介绍色散介质混合模型的计算实例。时谐因子取 $e^{j\omega t}$。

1) 色散介质混合模型的分式多项式形式

色散介质的混合模型指色散介质的本构参数，如相对介电常数可以写成常见的三种色散介质模型(即德拜(Debye)模型、洛仑兹(Lorentz)模型和德鲁(Drude)模型)线性组合的形式。

$$
\begin{aligned}
\varepsilon_{r}(\omega) = & A \cdot \left(\varepsilon_{\infty,\,\text{Debye}} + \sum_{p=1}^{P} \frac{\Delta\varepsilon_{p,\,\text{Debye}}}{1+j\omega\tau_{p,\,\text{Debye}}}\right) \\
& + B \cdot \left(\varepsilon_{\infty,\,\text{Lorentz}} + \sum_{p=1}^{P} \frac{\Delta\varepsilon_{p,\,\text{Lorentz}}\,\omega_{p,\,\text{Lorentz}}^{2}}{\omega_{p,\,\text{Lorentz}}^{2} + 2j\omega\delta_{p,\,\text{Lorentz}} - \omega^{2}}\right) \\
& + C \cdot \left(\varepsilon_{\infty,\,\text{Drude}} - \sum_{p=1}^{P} \frac{\omega_{p,\,\text{Drude}}^{2}}{\omega^{2} - j\omega\gamma_{p,\,\text{Drude}}}\right) \\
= & \, A \cdot \varepsilon_{r,\,\text{Debye}}(\omega) + B \cdot \varepsilon_{r,\,\text{Lorentz}}(\omega) + C \cdot \varepsilon_{r,\,\text{Drude}}(\omega)
\end{aligned}
\tag{F1-85}
$$

其中，A、B 和 C 是线性组合式中各种模型的权重系数；$\varepsilon_{r,\,\text{Debye}}(\omega)$、$\varepsilon_{r,\,\text{Lorentz}}(\omega)$ 和 $\varepsilon_{r,\,\text{Drude}}(\omega)$ 分别表示德拜(Debye)模型、洛仑兹(Lorentz)模型和德鲁(Drude)模型的相对介电常数；

$\Delta\varepsilon_{p,\,\text{Debye}}=\varepsilon_{s,\,p,\,\text{Debye}}-\varepsilon_{\infty,\,p,\,\text{Debye}}$，$\Delta\varepsilon_{p,\,\text{Lorentz}}=\varepsilon_{s,\,p,\,\text{Lorentz}}-\varepsilon_{\infty,\,p,\,\text{Lorentz}}$，$\Delta\varepsilon_{p,\,\text{Drude}}=\varepsilon_{s,\,p,\,\text{Drude}}-\varepsilon_{\infty,\,p,\,\text{Drude}}$，$\varepsilon_{s,\,p,\,\text{Debye}}$、$\varepsilon_{s,\,p,\,\text{Lorentz}}$ 和 $\varepsilon_{s,\,p,\,\text{Drude}}$ 为静态或零频时的相对介电常数，$\varepsilon_{\infty,\,p,\,\text{Debye}}$、$\varepsilon_{\infty,\,p,\,\text{Lorentz}}$ 和 $\varepsilon_{\infty,\,p,\,\text{Drude}}$ 为无穷大频率时的相对介电常数；$\tau_{p,\,\text{Debye}}$ 为极点驰豫时间；$\delta_{p,\,\text{Lorentz}}$ 为阻尼系数；$\gamma_{p,\,\text{Drude}}$ 为极点驰豫时间的倒数；$\omega_{p,\,\text{Debye}}$、$\omega_{p,\,\text{Lorentz}}$ 和 $\omega_{p,\,\text{Drude}}$ 为极点频率。

德拜模型、洛仑兹模型和德鲁模型中的介电常数均可以写成以 $j\omega$ 为自变量的分式多项式形式，即

$$\begin{cases}\varepsilon_{\text{r},\,\text{Debye}}(\omega)=\dfrac{\sum\limits_{n=0}^{N}p_{n,\,\text{Debye}}\,(j\omega)^{n}}{\sum\limits_{n=0}^{N}q_{n,\,\text{Debye}}\,(j\omega)^{n}} \\[3em] \varepsilon_{\text{r},\,\text{Lorentz}}(\omega)=\dfrac{\sum\limits_{m=0}^{M}p_{m,\,\text{Lorentz}}\,(j\omega)^{m}}{\sum\limits_{m=0}^{M}q_{m,\,\text{Lorentz}}\,(j\omega)^{m}} \\[3em] \varepsilon_{\text{r},\,\text{Drude}}(\omega)=\dfrac{\sum\limits_{k=0}^{K}p_{k,\,\text{Drude}}\,(j\omega)^{k}}{\sum\limits_{k=0}^{K}q_{k,\,\text{Drude}}\,(j\omega)^{k}}\end{cases} \tag{F1-86}$$

式中，N、M、K 为展开式中最高幂次；$p_{n,\,\text{Debye}}$、$q_{n,\,\text{Debye}}$、$p_{m,\,\text{Lorentz}}$、$q_{m,\,\text{Lorentz}}$、$p_{k,\,\text{Drude}}$ 和 $q_{k,\,\text{Drude}}$ 为展开系数。

因此混合模型的相对介电常数可以表示为

$$\varepsilon_{\text{r}}(\omega)=A\cdot\varepsilon_{\text{r},\,\text{Debye}}(\omega)+B\cdot\varepsilon_{\text{r},\,\text{Lorentz}}(\omega)+C\cdot\varepsilon_{\text{r},\,\text{Drude}}(\omega)$$

$$=A\cdot\dfrac{\sum\limits_{n=0}^{N}p_{n,\,\text{Debye}}\,(j\omega)^{n}}{\sum\limits_{n=0}^{N}q_{n,\,\text{Debye}}\,(j\omega)^{n}}+B\cdot\dfrac{\sum\limits_{m=0}^{M}p_{m,\,\text{Lorentz}}\,(j\omega)^{m}}{\sum\limits_{m=0}^{M}q_{m,\,\text{Lorentz}}\,(j\omega)^{m}}+C\cdot\dfrac{\sum\limits_{k=0}^{K}p_{k,\,\text{Drude}}\,(j\omega)^{k}}{\sum\limits_{k=0}^{K}q_{k,\,\text{Drude}}\,(j\omega)^{k}} \tag{F1-87}$$

将式（F1-87）通分，通分后的式中的分子为

$$\left[A\cdot\sum_{n=0}^{N}p_{n,\,\text{Debye}}\,(j\omega)^{n}\right]\cdot\left[\sum_{m=0}^{M}q_{m,\,\text{Lorentz}}\,(j\omega)^{m}\right]\cdot\left[\sum_{k=0}^{K}q_{k,\,\text{Drude}}\,(j\omega)^{k}\right]$$

$$+\left[\sum_{n=0}^{N}q_{n,\,\text{Debye}}\,(j\omega)^{n}\right]\cdot\left[B\cdot\sum_{m=0}^{M}p_{m,\,\text{Lorentz}}\,(j\omega)^{m}\right]\left[\sum_{k=0}^{K}q_{k,\,\text{Drude}}\,(j\omega)^{k}\right]$$

$$+\left[\sum_{n=0}^{N}q_{n,\,\text{Debye}}\,(j\omega)^{n}\right]\cdot\left[\sum_{m=0}^{M}q_{m,\,\text{Lorentz}}\,(j\omega)^{m}\right]\cdot\left[C\cdot\sum_{k=0}^{K}p_{k,\,\text{Drude}}\,(j\omega)^{k}\right] \tag{F1-88}$$

若用 $P'_{n'}$、$P''_{n'}$ 和 $P'''_{n'}$ 分别表示第一项、第二项和第三项的展开系数，则式（F1-88）可写为

$$A\cdot\sum_{n'=0}^{N+M+K}P'_{n'}(j\omega)^{n'}+B\cdot\sum_{n'=0}^{N+M+K}P''_{n'}(j\omega)^{n'}+C\cdot\sum_{n'=0}^{N+M+K}P'''_{n'}(j\omega)^{n'}$$

$$=\sum_{n'=0}^{N+M+K}\left[A\cdot P'_{n'}(j\omega)^{n'}+B\cdot P''_{n'}(j\omega)^{n'}+C\cdot P'''_{n'}(j\omega)^{n'}\right]$$

$$=\sum_{n=0}^{N+M+K}P_{n}\,(j\omega)^{n} \tag{F1-89}$$

式(F1-87)通分后的分母为

$$\left[\sum_{n=0}^{N} q_{n,\text{Debye}}(j\omega)^{n}\right] \cdot \left[\sum_{m=0}^{M} q_{m,\text{Lorentz}}(j\omega)^{m}\right] \cdot \left[\sum_{k=0}^{K} q_{k,\text{Drude}}(j\omega)^{k}\right]$$

$$= \sum_{n=0}^{N+M+K} Q_{n}(j\omega)^{n} \tag{F1-90}$$

由式(F1-86)~式(F1-90)可见,色散介质混合模型的介质参数一定可以写成以 $j\omega$ 为自变量的分式多项式形式,有

$$\varepsilon_{r}(\omega) = A \cdot \varepsilon_{r,\text{Debye}}(\omega) + B \cdot \varepsilon_{r,\text{Lorentz}}(\omega) + C \cdot \varepsilon_{r,\text{Drude}}(\omega)$$

$$= \frac{\sum\limits_{n=0}^{N+M+K} P_{n}(j\omega)^{n}}{\sum\limits_{n=0}^{N+M+K} Q_{n}(j\omega)^{n}} \tag{F1-91}$$

综上所述,色散介质混合模型相对介电常数的这一特性,使得混合模型的频域本构关系式便于用 SO-FDTD 方法处理,得到 FDTD 计算所用的时域递推关系式。

2) 色散介质混合模型离散时域的本构关系式

设色散介质混合模型的频域中本构关系为

$$\boldsymbol{D}(\omega) = \boldsymbol{\varepsilon}(\omega)\boldsymbol{E}(\omega) \tag{F1-92}$$

式中,$\boldsymbol{\varepsilon}(\omega)$、$\boldsymbol{D}(\omega)$ 和 $\boldsymbol{E}(\omega)$ 分别为复数介电常数、电位移矢量和电场强度矢量。在含色散介质混合模型问题的 FDTD 计算中,想要得到从 $\boldsymbol{D}$ 到 $\boldsymbol{E}$ 的递推式,必须首先得到色散介质混合模型复数介电常数的时域表达式。

由式(F1-91)和式(F1-92),混合色散介质模型的频域本构关系可以写为

$$\boldsymbol{D}(\omega) = \frac{\sum\limits_{n=0}^{N+M+K} P_{n}(j\omega)^{n}}{\sum\limits_{n=0}^{N+M+K} Q_{n}(j\omega)^{n}}\boldsymbol{E}(\omega) \tag{F1-93}$$

利用频域到时域的算子转换关系 $j\omega \rightarrow \partial/\partial t$,可得式(F1-93)对应的时域形式为

$$\left[\sum_{n=0}^{N+M+K} Q_{n}\left(\frac{\partial}{\partial t}\right)^{n}\right]\boldsymbol{D}(t) = \varepsilon_{0}\left[\sum_{n=0}^{N+M+K} P_{n}\left(\frac{\partial}{\partial t}\right)^{n}\right]\boldsymbol{E}(t) \tag{F1-94}$$

引入移位算子 z_{t}(其作用相当于使离散时域数列的 n 时刻值移位到函数在 $n+1$ 时刻的值,即 $z_{t}f^{n}=f^{n+1}$),可得式(F1-94)含离散时域移位算子的表达式为

$$\left[\sum_{l=0}^{N+M+K} Q_{l}h^{l}(z_{t}+1)^{N+M+K-l}(z_{t}-1)^{l}\right]D^{n} = \varepsilon_{0}\left[\sum_{l=0}^{N+M+K} P_{l}h^{l}(z_{t}+1)^{N+M+K-l}(z_{t}-1)^{l}\right]E^{n}$$

$$\tag{F1-95}$$

式中,$h=2/\Delta t$,Δt 为时间离散间隔;电位移矢量 $\boldsymbol{D}$ 和电场强度 $\boldsymbol{E}$ 的右上标表示离散的时间步。式(F1-95)就是离散时域含移位算子的本构关系。

3) 色散介质混合模型离散时域的递推关系式

下面分别介绍几种工程实际中常用的色散介质混合模型的时域递推关系式:

(1) 当式(F1-95)中 $N=1$、$M=2$、$K=0$ 时,表示一阶 Debye Model 和一阶 Lorentz

$Model$ 的混合介质模型。

$$\begin{cases}
P_0 = (A \cdot \varepsilon_{\infty,\,\text{Debye}} + B \cdot \varepsilon_{\infty,\,\text{Lorentz}})\omega_{1,\,\text{Lorentz}}^2 + A \cdot \Delta\varepsilon_{1,\,\text{Debye}}\omega_{1,\,\text{Lorentz}}^2 + B \cdot \Delta\varepsilon_{1,\,\text{Lorentz}}\omega_{1,\,\text{Lorentz}}^2 \\[4pt]
P_1 = (A \cdot \varepsilon_{\infty,\,\text{Debye}} + B \cdot \varepsilon_{\infty,\,\text{Lorentz}})(2\delta_{1,\,\text{Lorentz}} + \tau_{1,\,\text{Debye}}\omega_{1,\,\text{Lorentz}}^2) \\[4pt]
\qquad + 2A \cdot \Delta\varepsilon_{1,\,\text{Debye}}\delta_{1,\,\text{Lorentz}} + B \cdot \Delta\varepsilon_{1,\,\text{Lorentz}}\omega_{1,\,\text{Lorentz}}^2\tau_{1,\,\text{Debye}} \\[4pt]
P_2 = (A \cdot \varepsilon_{\infty,\,\text{Debye}} + B \cdot \varepsilon_{\infty,\,\text{Lorentz}})(1 + 2\tau_{1,\,\text{Debye}}\delta_{1,\,\text{Lorentz}}) + A \cdot \Delta\varepsilon_{1,\,\text{Debye}} \\[4pt]
P_3 = (A \cdot \varepsilon_{\infty,\,\text{Debye}} + B \cdot \varepsilon_{\infty,\,\text{Lorentz}})\tau_{1,\,\text{Debye}} \\[4pt]
Q_0 = \omega_{1,\,\text{Lorentz}}^2 \\[4pt]
Q_1 = 2\delta_{1,\,\text{Lorentz}} + \tau_{1,\,\text{Debye}}\omega_{1,\,\text{Lorentz}}^2 \\[4pt]
Q_2 = 2\tau_{1,\,\text{Debye}}\delta_{1,\,\text{Lorentz}} + 1 \\[4pt]
Q_3 = \tau_{1,\,\text{Debye}}
\end{cases}$$

$$(\text{F1}-96)$$

(2) 当式(F1-95)中 $N=0$、$M=2$、$K=2$ 时，表示一阶 Lorentz Model 和一阶 Drude Model 的混合介质模型。

$$\begin{cases}
P_0 = -C \cdot \omega_{1,\,\text{Drude}}^2\omega_{1,\,\text{Lorentz}}^2 \\[4pt]
P_1 = -B \cdot \Delta\varepsilon_1\omega_{1,\,\text{Lorentz}}^2\gamma_{1,\,\text{Drude}} - 2C \cdot \omega_{1,\,\text{Drude}}^2\delta_{1,\,\text{Lorentz}} \\[4pt]
\qquad - \gamma_{1,\,\text{Drude}}\omega_{1,\,\text{Lorentz}}^2(B \cdot \varepsilon_{\infty,\,\text{Lorentz}} + C \cdot \varepsilon_{\infty,\,\text{Drude}}) \\[4pt]
P_2 = -(B \cdot \Delta\varepsilon_1\omega_{1,\,\text{Lorentz}}^2 + C \cdot \omega_{1,\,\text{Drude}}^2) \\[4pt]
\qquad - (2\gamma_{1,\,\text{Drude}}\delta_{1,\,\text{Lorentz}} + \omega_1^2)(B \cdot \varepsilon_{\infty,\,\text{Lorentz}} + C \cdot \varepsilon_{\infty,\,\text{Drude}}) \\[4pt]
P_3 = -(2\delta_{1,\,\text{Lorentz}} + \gamma_{1,\,\text{Drude}})(B \cdot \varepsilon_{\infty,\,\text{Lorentz}} + C \cdot \varepsilon_{\infty,\,\text{Drude}}) \\[4pt]
P_4 = -(B \cdot \varepsilon_{\infty,\,\text{Lorentz}} + C \cdot \varepsilon_{\infty,\,\text{Drude}}) \\[4pt]
Q_0 = 0 \\[4pt]
Q_1 = -\omega_1^2\gamma_{1,\,\text{Drude}} \\[4pt]
Q_2 = -(\omega_1^2 + 2\delta_{1,\,\text{Lorentz}}\gamma_{1,\,\text{Drude}}) \\[4pt]
Q_3 = -(2\delta_{1,\,\text{Lorentz}} + \gamma_{1,\,\text{Drude}}) \\[4pt]
Q_4 = -1
\end{cases}$$

$$(\text{F1}-97)$$

(3) 当式(F1-95)中 $N=1$、$M=0$、$K=2$ 时，表示一阶 Debye Model 和一阶 Drude Model 的混合介质模型。

$$\begin{cases}
P_0 = -C \cdot \omega_{1,\,\text{Drude}}^2 \\[4pt]
P_1 = -[\gamma_{1,\,\text{Drude}}(A \cdot \varepsilon_{\infty,\,\text{Debye}} + C \cdot \varepsilon_{\infty,\,\text{Drude}}) + (A \cdot \Delta\varepsilon_{1,\,\text{Debye}}\gamma_{1,\,\text{Drude}} + C \cdot \omega_{1,\,\text{Drude}}^2\tau_{1,\,\text{Debye}})] \\[4pt]
P_2 = [-A \cdot \Delta\varepsilon_{1,\,\text{Debye}} - (A \cdot \varepsilon_{\infty,\,\text{Debye}} + C \cdot \varepsilon_{\infty,\,\text{Drude}})(1 + \tau_{1,\,\text{Debye}}\gamma_{1,\,\text{Drude}})] \\[4pt]
P_3 = -(A \cdot \varepsilon_{\infty,\,\text{Debye}} + C \cdot \varepsilon_{\infty,\,\text{Drude}})\tau_{1,\,\text{Debye}} \\[4pt]
Q_0 = 0 \\[4pt]
Q_1 = -\gamma_{1,\,\text{Drude}} \\[4pt]
Q_2 = -(\tau_{1,\,\text{Debye}}\gamma_{1,\,\text{Drude}} + 1) \\[4pt]
Q_3 = -\tau_{1,\,\text{Debye}}
\end{cases}$$

$$(\text{F1}-98)$$

上述三种情形下，$N+M+K$ 的最大取值为 4。此时式(F1-95)可写为

$$
\left\{
\begin{aligned}
&\left[\sum_{l=0}^{4}Q_l h^l\ (z_t+1)^{4-l}\ (z_t-1)^l\right]D^n=\varepsilon_0\left[\sum_{l=0}^{4}P_l h^l\ (z_t+1)^{4-l}\ (z_t-1)^l\right]E^n\\
&\quad\left[Q_0 h^0\ (z_t+1)^4\ (z_t-1)^0+Q_1 h^1\ (z_t+1)^3\ (z_t-1)^1+Q_2 h^2\ (z_t+1)^2\ (z_t-1)^2\right.\\
&\qquad\left.+Q_3 h^3\ (z_t+1)^1\ (z_t-1)^3+Q_4 h^4\ (z_t+1)^0\ (z_t-1)^4\right]D^n\\
&=\varepsilon_0\left[P_0 h^0\ (z_t+1)^4\ (z_t-1)^0+P_1 h^1\ (z_t+1)^3\ (z_t-1)^1+P_2 h^2\ (z_t+1)^2\ (z_t-1)^2\right.\\
&\qquad\left.+P_3 h^3\ (z_t+1)^1\ (z_t-1)^3+P_4 h^4\ (z_t+1)^0\ (z_t-1)^4\right]E^n\\
&\quad\left[Q_0(z_t^4+4z_t^3+6z_t^2+4z_t+1)+Q_1 h(z_t^4+2z_t^3-2z_t-1)+Q_2 h^2(z_t^4-2z_t^2+1)\right.\\
&\qquad\left.+Q_3 h^3(z_t^4-2z_t^3+2z_t-1)+Q_4 h^4(z_t^4-4z_t^3+6z_t^2-4z_t+1)\right]D^n\\
&=\varepsilon_0\left[P_0(z_t^4+4z_t^3+6z_t^2+4z_t+1)+P_1 h(z_t^4+2z_t^3-2z_t-1)+P_2 h^2(z_t^4-2z_t^2+1)\right.\\
&\qquad\left.+P_3 h^3(z_t^4-2z_t^3+2z_t-1)+P_4 h^4(z_t^4-4z_t^3+6z_t^2-4z_t+1)\right]E^n
\end{aligned}
\right.
$$

$$\text{(F1-99)}$$

$$
\begin{aligned}
&\left[(Q_0+Q_1 h+Q_2 h^2+Q_3 h^3+Q_4 h^4)z_t^4+(4Q_0+2Q_1 h-2Q_3 h^3-4Q_4 h^4)z_t^3\right.\\
&\quad+(6Q_0-2Q_2 h^2+6Q_4 h^4)z_t^2+(4Q_0-2Q_1 h+2Q_3 h^3-4Q_4 h^4)z_t\\
&\quad\left.+(Q_0-Q_1 h+Q_2 h^2-Q_3 h^3+Q_4 h^4)\right]D^n\\
&=\varepsilon_0\left[(P_0+P_1 h+P_2 h^2+P_3 h^3+P_4 h^4)z_t^4\right.\\
&\quad+(4P_0+2P_1 h-2P_3 h^3-4P_4 h^4)z_t^3+(6P_0-2P_2 h^2+6P_4 h^4)z_t^2\\
&\quad\left.+(4P_0-2P_1 h+2P_3 h^3-4P_4 h^4)z_t+(P_0-P_1 h+P_2 h^2-P_3 h^3+P_4 h^4)\right]E^n
\end{aligned}
$$

$$\text{(F1-100)}$$

令

$$
\left\{
\begin{aligned}
T_0&=Q_0+Q_1 h+Q_2 h^2+Q_3 h^3+Q_4 h^4\\
T_1&=4Q_0+2Q_1 h-2Q_3 h^3-4Q_4 h^4\\
T_2&=6Q_0-2Q_2 h^2+6Q_4 h^4\\
T_3&=4Q_0-2Q_1 h+2Q_3 h^3-4Q_4 h^4\\
T_4&=Q_0-Q_1 h+Q_2 h^2-Q_3 h^3+Q_4 h^4
\end{aligned}
\right.
$$

$$\text{(F1-101)}$$

$$
\left\{
\begin{aligned}
R_0&=P_0+P_1 h+P_2 h^2+P_3 h^3+P_4 h^4\\
R_1&=4P_0+2P_1 h-2P_3 h^3-4P_4 h^4\\
R_2&=6P_0-2P_2 h^2+6P_4 h^4\\
R_3&=4P_0-2P_1 h+2P_3 h^3-4P_4 h^4\\
R_4&=P_0-P_1 h+P_2 h^2-P_3 h^3+P_4 h^4
\end{aligned}
\right.
$$

$$\text{(F1-102)}$$

则有

$$
\left[T_0 z_t^4+T_1 z_t^3+T_2 z_t^2+T_3 z_t+T_4\right]D^n=\varepsilon_0\left[R_0 z_t^4+R_1 z_t^3+R_2 z_t^2+R_3 z_t+R_4\right]E^n
$$

$$\text{(F1-103)}$$

$$
\begin{aligned}
&\left[T_0 D^{n+4}+T_1 D^{n+3}+T_2 D^{n+2}+T_3 D^{n+1}+T_4 D^n\right]\\
&=\varepsilon_0\left[R_0 E^{n+4}+R_1 E^{n+3}+R_2 E^{n+2}+R_3 E^{n+1}+R_4 E^n\right]
\end{aligned}
$$

$$\text{(F1-104)}$$

$$\left[T_0 D^n + T_1 D^{n-1} + T_2 D^{n-2} + T_3 D^{n-3} + T_4 D^{n-4} \right]$$

$$= \varepsilon_0 \left[R_0 E^n + R_1 E^{n-1} + R_2 E^{n-2} + R_3 E^{n-3} + R_4 E^{n-4} \right] \qquad \text{(F1-105)}$$

$$E^{n+1} = \frac{1}{\varepsilon_0 R_0} \left(T_0 D^{n+1} + T_1 D^n + T_2 D^{n-1} + T_3 D^{n-2} + T_4 D^{n-3} \right)$$

$$- \frac{1}{R_0} \left(R_1 E^n + R_2 E^{n-1} + R_3 E^{n-2} + R_4 E^{n-3} \right) \qquad \text{(F1-106)}$$

对于 $N + M + K \geqslant 5$ 的一般情形，式(F1-106)可写为

$$E^{n+1} = \frac{1}{R_0} \left[\sum_{l=0}^{N} T_l \left(\frac{D^{n+1-l}}{\varepsilon_0} \right) - \sum_{l=1}^{N} R_l E^{n+1-l} \right] \qquad \text{(F1-107)}$$

附录 2 三种色散介质模型的有理分式函数形式

SO-FDTD 法要求，色散介质的相对介电常数可以写成以 $j\omega$ 为自变量的有理分式函数形式。由于介电常数和相对介电常数只差一个常量 ε_0，下面用归纳法证明三种常见色散介质模型的介电常数，可以写成以 $j\omega$ 为自变量的有理分式函数形式，即

$$\varepsilon(\omega) = \frac{\sum_{n=0}^{N} p_n (j\omega)^n}{\sum_{n=0}^{N} q_n (j\omega)^n} \qquad (F2-1)$$

1. 德拜模型 (Debye Model)

$$\varepsilon(\omega) = \varepsilon_\infty + \sum_{p=1}^{P} \left[\frac{\Delta\varepsilon_p}{1 + j\omega\tau_p} \right] \qquad (F2-2)$$

证明 当 $p=1$ 时，有

$$\varepsilon_1(\omega) = \frac{(\varepsilon_\infty + \Delta\varepsilon_1) \cdot (j\omega)^0 + \tau_1\varepsilon_\infty (j\omega)^1}{(j\omega)^0 + \tau_1 (j\omega)^1} \qquad (F2-3)$$

可见式(F2-2)可以写成式(F2-1)的形式。

设当 $p=n(n \geqslant 1)$ 时，式(F2-2)可以写成式(F2-1)的形式，即

$$\varepsilon_n(\omega) = \varepsilon_\infty + \sum_{p=1}^{n} \frac{\Delta\varepsilon_n}{1 + j\omega\tau_p} = \varepsilon_0 \cdot \frac{\sum_{n=0}^{m} p_n (j\omega)^n}{\sum_{n=0}^{m} q_n (j\omega)^n} \qquad (F2-4)$$

则当 $p=n+1$ 时，有

$$\varepsilon_{n+1}(\omega) = \frac{(p_0 b + q_0 a) \cdot (j\omega)^0 + (p_1 b + p_0 c + q_1 a) \cdot (j\omega)^1}{q_0 b \cdot (j\omega)^0 + (q_1 b + q_0 c) \cdot (j\omega)^1 + (q_2 b + q_1 c) \cdot (j\omega)^2 + \cdots}$$

$$\frac{+ (p_2 b + p_1 c + q_2 a) \cdot (j\omega)^2 + \cdots + (p_m b + p_{m-1} c + q_m a) \cdot (j\omega)^m + p_m c (j\omega)^{m+1}}{+ (q_m b + q_{m-1} c) \cdot (j\omega)^m + q_m c (j\omega)^{m+1}}$$

$$(F2-5)$$

式中，$a = \Delta\varepsilon_{n+1}(j\omega)^0/\varepsilon_0$，$b = (j\omega)^0$，$c = \tau_{n+1}$。故 $\varepsilon_{n+1}(\omega)$ 也可以写成以下形式：

$$\frac{\sum_{n=0}^{m+1} p_n (j\omega)^n}{\sum_{n=0}^{m+1} q_n (j\omega)^n}$$

综上所述，无论 p 取何值，式(F2-2)都可以写成式(F2-1)的形式。

2. 洛仑兹模型（Lorentz Model）

$$\varepsilon(\omega) = \varepsilon_\infty + \frac{\sum\limits_{p=1}^{p} \Delta\varepsilon_p \omega_p^2}{\omega_p^2 + 2\mathrm{j}\omega\delta_p - \omega^2} \tag{F2-6}$$

证明　当 $p=1$ 时，有

$$\varepsilon_1(\omega) = \frac{(\varepsilon_\infty \omega_1^2 + \Delta\varepsilon_1 \omega_1^2) \cdot (\mathrm{j}\omega)^0 + 2\varepsilon_\infty \delta\,(\mathrm{j}\omega_1)^1 + \varepsilon_\infty\,(\mathrm{j}\omega)^2}{\omega_1^2\,(\mathrm{j}\omega)^0 + 2\delta\,(\mathrm{j}\omega)^1 + (\mathrm{j}\omega)^2} \tag{F2-7}$$

可见式（F2-6）以写成式（F2-1）的形式。

设当 $p=n(n \geqslant 1)$ 时，式（F2-6）以写成式（F2-1）的形式，即

$$\varepsilon_n(\omega) = \varepsilon_\infty + \sum_{p=1}^{n} \frac{\Delta\varepsilon_p \omega_p^2}{\omega_p^2 + 2\mathrm{j}\omega\delta_p - \omega^2} = \frac{\sum\limits_{n=0}^{m} p_n\,(\mathrm{j}\omega)^n}{\sum\limits_{n=0}^{m} q_n\,(\mathrm{j}\omega)^n} \tag{F2-8}$$

则当 $p=n+1$ 时，有

$$\varepsilon_{n+1}(\omega) = \frac{(p_0 b + q_0 a) \cdot (\mathrm{j}\omega)^0 + (p_1 b + p_0 c + q_1 a) \cdot (\mathrm{j}\omega)^1 + (p_2 b + p_1 c + p_0 d + q_2 a) \cdot (\mathrm{j}\omega)^2 \cdots}{q_0 b \cdot (\mathrm{j}\omega)^0 + (q_1 b + q_0 c) \cdot (\mathrm{j}\omega)^1 + (q_2 b + q_1 c + q_0 d) \cdot (\mathrm{j}\omega)^2 + \cdots}$$

$$\frac{+ (p_m b + p_{m-1} c + p_{m-2} d + q_m a) \cdot (\mathrm{j}\omega)^m + (p_m c + p_{m-1} d) \cdot (\mathrm{j}\omega)^{m+1} + p_m d\,(\mathrm{j}\omega)^{m+2}}{+ (q_m b + q_{m-1} c + q_{m-2} d) \cdot (\mathrm{j}\omega)^m + (q_m c + q_{m-1} d) \cdot (\mathrm{j}\omega)^{m+1} + q_m d\,(\mathrm{j}\omega)^{m+2}} \tag{F2-9}$$

式中，$a = \Delta\varepsilon_{n+1} \omega_{n+1}^2 / \varepsilon_0$，$b = \omega_{n+1}^2$，$c = 2\delta_{n+1}$，$d = 1$。故 $\varepsilon_{n+1}(\omega)$ 也可以写成如下形式：

$$\frac{\sum\limits_{n=0}^{m+2} p_n\,(\mathrm{j}\omega)^n}{\sum\limits_{n=0}^{m+2} q_n\,(\mathrm{j}\omega)^n}$$

综上所述，无论 p 取何值，式（F2-6）都可以写成式（F2-1）的形式。

3. 德鲁模型（Drude Model）

$$\varepsilon(\omega) = \varepsilon_\infty - \frac{\sum\limits_{p=1}^{p} \omega_p^2}{\omega_p^2 - \mathrm{j}\omega\gamma_p} \tag{F2-10}$$

证明　当 $p=1$ 时，有

$$\varepsilon_1(\omega) = \frac{(\varepsilon_\infty \omega_1^2 - \omega_1^2) \cdot (\mathrm{j}\omega)^0 - \varepsilon_\infty \gamma_1\,(\mathrm{j}\omega)^1}{\omega_1^2\,(\mathrm{j}\omega)^0 - \gamma_1\,(\mathrm{j}\omega)^1} \tag{F2-11}$$

此时式（F2-10）可以写成式（F2-1）的形式。

设当 $p=n(n \geqslant 1)$ 时，（F2-10）可以写成式（F2-1）的形式，即

$$\varepsilon_n(\omega) = \frac{\sum\limits_{n=0}^{m} p_n\,(\mathrm{j}\omega)^n}{\sum\limits_{n=0}^{m} q_n\,(\mathrm{j}\omega)^n} \tag{F2-12}$$

则当 $p=n+1$ 时，有

$$\varepsilon_{n+1}(\omega) = \frac{(p_0 b + q_0 a) \cdot (\mathrm{j}\omega)^0 + (p_1 b + p_0 c + q_1 a) \cdot (\mathrm{j}\omega)^1 + \cdots}{q_0 b \cdot (\mathrm{j}\omega)^0 + (q_1 b + q_0 c) \cdot (\mathrm{j}\omega)^1 + (q_2 b + q_1 c) \cdot (\mathrm{j}\omega)^2 + \cdots}$$

$$+ (p_2 b + p_1 c + q_2 a) \cdot (j\omega)^2 + \cdots + (p_m b + p_{m-1} c + q_m a) \cdot (j\omega)^m + p_m c\ (j\omega)^{m+1}$$
$$+ (q_m b + q_{m-1} c) \cdot (j\omega)^m + q_m c\ (j\omega)^{m+1}$$

$$(F2-13)$$

式中，$a = -\omega_{n+1}^2 (j\omega)^0 / \varepsilon_0$，$b = \omega_{n+1}^2 (j\omega)^0$，$c = -\gamma_{n+1}$。所以 $\varepsilon_{n+1}(\omega)$ 也可以写成如下形式：

$$\frac{\sum\limits_{n=0}^{m+1} p_n\ (j\omega)^n}{\sum\limits_{n=0}^{m+1} q_n\ (j\omega)^n}$$

综上所述，无论 p 取何值，式(F2-10)均可以写成式(F2-1)的形式。

附录3　高阶时间导数移位算子形式的证明

已知

$$\frac{\partial}{\partial t} \to \left(\frac{2}{\Delta t}\right)\left[\frac{z_t - 1}{z_t + 1}\right] \tag{F3-1}$$

以下用归纳法证明

$$\left(\frac{\partial}{\partial t}\right)^n \to \left\{\left(\frac{2}{\Delta t}\right)\left[\frac{z_t - 1}{z_t + 1}\right]\right\}^n \tag{F3-2}$$

证明　设函数 y 为函数 f 对时间的二阶导数

$$y(t) = \frac{\partial^2 f(t)}{\partial t^2} \tag{F3-3}$$

将式(F3-3)等号右端在 $(n+1/2)\Delta t$ 的中心差分近似为

$$y^n = \frac{f^{n+1} - 2f^n + f^{n-1}}{\Delta t^2} \tag{F3-4}$$

若将式(F3-4)等号左端函数 y 在 n 时刻的值由 $n+1$ 时刻、n 时刻和 $n-1$ 时刻的值平均得到，则式(F3-4)可以改写为

$$y^n = \frac{y^n}{2} + \frac{y^n}{2} = \frac{y^{n+1} + y^{n-1}}{4} + \frac{y^n}{2} = \frac{y^{n+1} + 2y^n + y^{n-1}}{4}$$

$$= \frac{f^{n+1} - 2f^n + f^{n-1}}{\Delta t^2} \tag{F3-5}$$

引进离散时域的移位算子 z_t，即

$$z_t f^n = f^{n+1} \tag{F3-6}$$

由式(F3-5)和式(F3-6)可得

$$y^{n-1} = \frac{4}{\Delta t^2} \frac{z_t^2 - 2z_t + 1}{z_t^2 + 2z_t + 1} f^{n-1} = \left(\frac{2}{\Delta t} \frac{z_t - 1}{z_t + 1}\right)^2 f^{n-1} \tag{F3-7}$$

可见，当 $n=2$ 时，式(F3-2)成立。

设 $n=k$ 时式(F3-2)成立，即

$$\left(\frac{\partial}{\partial t}\right)^k \to \left\{\left(\frac{2}{\Delta t}\right)\left[\frac{z_t - 1}{z_t + 1}\right]\right\}^k \tag{F3-8}$$

则当 $n=k+1$ 时，设函数 y 是函数 f 对时间的 $k+1$ 阶偏导

$$y(t) = \frac{\partial^{k+1} f(t)}{\partial t^{k+1}} = \frac{\partial}{\partial t} \frac{\partial^k f(t)}{\partial t^k} \tag{F3-9}$$

令

$$x(t) = \frac{\partial^k f(t)}{\partial t^k} \tag{F3-10}$$

式(F3-9)可以写成

$$y(t) = \frac{\partial}{\partial t} x(t) \tag{F3-11}$$

同样地，引进离散时域的移位算子 z_t，即

$$z_t x^n = x^{n+1} \tag{F3-12}$$

可得

$$y^n = \left(\frac{2}{\Delta t}\right)\left[\frac{z_t-1}{z_t+1}\right] x^n \tag{F3-13}$$

综合式(F3-8)、式(F3-10)和式(F3-13)可得

$$y^{k+1} = \left(\frac{2}{\Delta t}\frac{z_t-1}{z_t+1}\right)\left(\frac{2}{\Delta t}\frac{z_t-1}{z_t+1}\right)^k = \left(\frac{2}{\Delta t}\frac{z_t-1}{z_t+1}\right)^{k+1} \tag{F3-14}$$

可见，当 $n=k+1$ 时，式(F3-2)是成立的。

综上所述，无论 k 取任何整数值，式(F3-2)均成立。

附录 4　微带天线的基本理论

1. 微带天线的原理

微带天线最早于 1953 年由 Deschamps 提出，是一种在一块厚度远小于波长的介质基板的一面镀上金属薄层作为辐射贴片，另一面镀上金属薄层作为接地板制作而成的，它属于电小天线的一种。微带天线的辐射贴片可以根据需要设计成矩形、圆形或者不规则形状等不同的形态，其馈电方式是通过耦合馈电的，也可利用微带线或同轴线等馈线方式对辐射贴片进行馈电，在辐射贴片和接地板之间激励产生电磁场。

为了说明微带天线的工作原理，下面以矩形贴片微带天线为例，如图 F4 - 1 所示，贴片尺寸为 $a \times b$，基板厚度为 $h(h \ll \lambda_0$，λ_0 代表自由空间波长)。

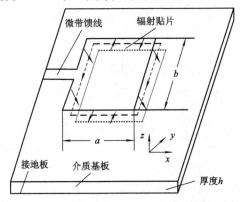

图 F4 - 1　矩形贴片微带天线示意图

由微波理论可知，辐射贴片可等效成尺寸为 $a \times b$ 的微带传输线。一般来说，辐射贴片的长度 a 约等于基板中波长 λ_g 的一半(即 $a \approx \lambda_g/2$)，在辐射贴片一边会形成一个电压波腹点；而在另一个终端 b 处，因为边界处于开路结构，所以也会形成一个电压波腹点。如图 F4 - 2 所示，设基板的厚度方向(即 z 轴方向)与辐射贴片的宽方向(即 y 轴方向)电场强度保持不变，得到辐射贴片与接地板间的电场值为

$$E_z = E_0 \cos\left(\frac{\pi x}{b}\right) \tag{F4 - 1}$$

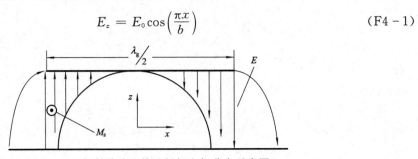

图 F4 - 2　辐射贴片和接地板间电场分布示意图

根据等效原理，与辐射贴片四周缝隙和接地板间形成的电场辐射可等效为面磁流辐射，相应的面磁流密度为

$$J_{ms} = -\hat{n} \times E = -\hat{n} \times (\hat{z} E_z) \tag{F4-2}$$

式中，$\hat{n}$ 指缝隙表面的外法线方向的单位矢量；$\hat{z}$ 是 z 方向上的单位矢量。图 F4-1 中带箭头的虚线表示等效的磁流方向，由图可知，在两条 a 边上，沿边磁流方向相反，则在 yz 平面（即 H 面）上的场互相抵消；另外，在 xz 平面（即 E 面）上，两条 a 边磁流呈反对称分布，因此在该平面上的场也互相抵消。在两条 b 边上，磁流方向相同，则 z 方向上辐射场将进行叠加，那么，此处场强达到最大值，且偏离 z 方向越大，则场强越小。而对于其他平面上的辐射电场，虽然没有完全相互抵消，但是相对于沿两条 b 边上的场强都是很微弱的。

综上所述，普通的矩形贴片微带天线的辐射场主要从沿辐射贴片的宽边所在方向的两条边的缝隙处产生。因为接地板的存在，所以微带天线只在基板上方空间辐射。与此同时，由于基板厚度 h 远小于波长 λ_0，且由于镜像效应存在，使得磁流在接地板中的镜像是正镜像，等效于磁流密度 J_{ms} 加倍，因此基板上方空间的辐射方向图基本不变，而功率增强一倍。

2. 微带天线的馈电方式

在设计微带天线时，有多种馈电方式可供选择，包括侧馈、同轴线馈电和耦合馈电（Coupled Feed）等方式，如图 F4-3 所示。其中，侧馈与同轴线馈电方式的应用最为广泛。在进行微带天线的设计时，应该根据实际应用需要，综合考虑加工难度、各种馈电方式对天线性能的影响和天线与通信系统集成的方便性等情况。

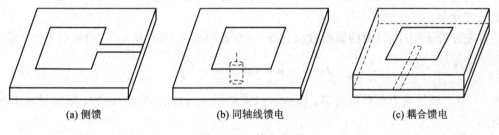

(a) 侧馈   (b) 同轴线馈电   (c) 耦合馈电

图 F4-3 馈电方式

1）侧馈

侧馈又称为边馈或微带线馈电，指微带馈线和辐射贴片镀制于同一表面。其优点在于辐射贴片和馈线共面，因而制作十分方便。但是，由于馈线本身也会引起一定的辐射，会对天线的方向图产生一定干扰，从而造成天线增益降低。另外，须注意采用侧馈方式的微带天线输入阻抗和馈电点的位置密切相关，因此在设计天线时必须对馈电点的位置进行适当选择，以使天线和馈线的特性阻抗达到良好匹配。馈线与天线间的耦合会跟随馈电点位置的变化而变化，从而造成天线谐振中心频率的细微变化。只要保证天线仍是工作在主模，这个细小变化一般不会对方向图造成大的影响，而且通过对辐射贴片尺寸的调整修正，可以弥补频率的细小漂移造成的偏差。为确定馈电点位置，通常先进行理论估算，再通过仿真实验调整确定。在进行理论计算时，可将微带馈源的模型等效为位于辐射贴片与微带馈线连接处、沿与馈线平面垂直方向上延伸的一个薄电流片，该电流片的宽度即可视为微带

馈线的等效宽度。

2）同轴线馈电

同轴线馈电通常也叫背馈，指将探针通过接地板上的小孔伸入到谐振腔内，从而实现对微带天线的激励。采用同轴线馈电方式的天线，其内导体和探针相连，外导体则和接地板相连。同轴线馈电方式有两个优点：一是馈电点可根据需要设计在辐射贴片上的任意位置，十分灵活，而且通过合适的馈电点选择，可设计出工作于双频带的天线；二是同轴线馈电方式的辐射效应很小，对天线方向图等参数基本不造成影响。其缺点在于不便于系统集成，制作工艺较为繁琐，用于天线阵时加工制作的工作量大。

3）耦合馈电

耦合馈电也称电磁耦合型馈电，是 20 世纪 80 年代以来开始出现的一种微带天线馈电方式。其原理是利用靠近而不接触辐射贴片的微带传输线对辐射贴片实施馈电，该微带传输线可以选择共面或不共面于贴片。这种馈电方式的特点是贴近馈电，可以利用馈线本身，也可以通过一条缝隙使馈线与天线之间达成耦合，优点在于有效解决了多层阵中的层间连接问题，而且一般可以使微带天线的带宽增大，驻波比降低。

3. 微带天线的分析模型

1）传输线模型法

传输线模型法是一种相对简单与直观的微带天线分析方法，可是，这种分析方法只适用于矩形贴片的微带天线。以图 F4-1 所示的天线为例。传输线模型法是要将矩形贴片的微带天线等效成一个场沿 b 边（y 轴）方向保持不变的半波长谐振器，场沿 a 边（即 x 轴）方向呈驻波分布。

首先分析 $x=0$ 处缝隙的辐射效应。若 $x=0$ 处的电压 $U_0=E_0 h$，则由式（F4-2）可得

$$\boldsymbol{J}_{sx}=-\hat{\boldsymbol{n}}\times(\hat{\boldsymbol{z}}E_z)=-\frac{\hat{\boldsymbol{x}}U_0}{h} \tag{F4-3}$$

式中，$\hat{x}$ 为 x 轴方向上的单位矢量。该磁流和镜像同时向自由空间中辐射，则辐射场中电矢量位为

$$\boldsymbol{A}_m=-\hat{\boldsymbol{x}}\frac{\varepsilon_0 e^{-jk_0 r}}{4\pi r}\int_{-\omega/2}^{\omega/2}\int_{-h}^{h}\frac{U_0}{h}e^{jk_0(z'\sin\theta+\cos\varphi+x'\cos\theta)}\mathrm{d}z'\mathrm{d}x'$$

$$=-\hat{\boldsymbol{x}}U_0\frac{\varepsilon_0 e^{-jk_0 r}}{4\pi r}\frac{\sin(k_0 h\sin\theta\cos\varphi)}{k_0 h\sin\theta\cos\varphi}\frac{\sin\left(\dfrac{k_0\omega}{2}\cos\theta\right)}{k_0\cos\theta} \tag{F4-4}$$

因为图 F4-1 中坐标系远场矢量位只有 $\hat{\boldsymbol{\theta}}$ 分量，则 $A_{m\theta}=-A_{mx}\sin\theta$，所以

$$E_\varphi=\frac{jk_0}{\varepsilon_0}A_{m\theta}=-\frac{jk_0}{\varepsilon_0}A_{mx}\sin\theta=jU_0\frac{e^{-jk_0 r}}{\pi r}\frac{\sin(k_0 h\sin\theta\cos\varphi)}{k_0 h\sin\theta\cos\varphi}\frac{\sin\left(\dfrac{k_0\omega}{2}\cos\theta\right)}{\cos\theta}\sin\theta$$

$$\tag{F4-5}$$

根据上式可算出该缝隙处的辐射功率。当 $k_0\ll1$，其辐射电导可表达为

$$G_r=\frac{2P_r}{U_0^2}=\frac{2}{U_0^2}\int_0^\pi\int_{-\pi/2}^{\pi/2}\frac{1}{2}\frac{|E_\varphi|^2}{Z_0}r^2\sin\theta\mathrm{d}\theta\mathrm{d}\varphi=\frac{1}{\eta_0\pi}\int_0^\pi\sin^2\left(\frac{k_0\omega}{2}\cos\theta\right)\tan^2\theta\sin\theta\mathrm{d}\theta$$

$$= \frac{1}{120\pi^2}\left[x\mathrm{Si}(x) + \cos x - 2 + \frac{\sin x}{x}\right] \tag{F4-6}$$

式中，$\eta_0 = 120\pi$ 是自由空间中的特征阻抗；$x = k_0\omega$，$\mathrm{Si}(x) = \int_0^x \frac{\sin u}{u}\mathrm{d}u$。

除辐射电导外，因为边缘效应的存在，也会引起一部分电纳，所以该部分可用微带传输线延伸长度表示为

$$B_r = Y_c\tan\beta\Delta l \tag{F4-7}$$

其中，Y_c 为特性导纳；Δl 可通过下面的经验公式来计算：

$$\Delta l = 0.412h \frac{(\varepsilon_e + 0.3)\left(\frac{\omega}{h} + 0.264\right)}{(\varepsilon_e - 0.258)\left(\frac{\omega}{h} + 0.813\right)} \tag{F4-8}$$

$$\varepsilon_e = \frac{\varepsilon_r + 1}{2} + \frac{\varepsilon_r - 1}{2}\left(1 + \frac{12h}{\omega}\right)^{-1/2} \tag{F4-9}$$

式中，ε_e 表示在厚度为 h、介电常数为 ε_r 的基板上且微带传输线宽度为 ω 的等效介电常数。

当 $l = \lambda_d/2$ 时，由式(F4-3)可知，$y = l$ 时缝隙的等效磁流和 $y = 0$ 处磁流方向一致，则两股磁流将构成一个同相的二元阵，该辐射场为

$$E_\varphi = \mathrm{j}2U_0 \frac{\mathrm{e}^{-\mathrm{j}k_0\left(r - \frac{1}{2}\sin\theta\sin\varphi\right)}}{\pi r} \frac{\sin(k_0 h\sin\theta\cos\varphi)}{k_0 h\sin\theta\cos\varphi} \cdot \frac{\sin\left(\frac{k_0\omega}{2}\cos\theta\right)}{\cos\theta}\sin\theta\cos\left(\frac{k_0 l}{2}\sin\theta\cos\varphi\right) \tag{F4-10}$$

H 面($\varphi = 0$)与 E 面($\theta = 90°$)的方向函数分别是

$$F_H(\theta) = \frac{\sin\left(\frac{k_0\omega}{2}\cos\theta\right)}{\cos\theta}\sin\theta \tag{F4-11}$$

$$F_E(\varphi) = \cos\left(\frac{k_0 l}{2}\sin\varphi\right) \tag{F4-12}$$

当微带线在 $y = 0$ 的辐射边对辐射贴片进行馈电时，其输入导纳与馈电缝隙和另一条长为 l、宽为 ω 的微带传输线输入导纳的并联相等(如图F4-4所示)，即

$$Y_{in} = Y_r + Y_c\frac{Y_r + \mathrm{j}Y_c\tan\beta l}{Y_c + \mathrm{j}Y_r\tan\beta l} \tag{F4-13}$$

式中，$Y_r = G_r + \mathrm{j}B_r$ 代表缝隙辐射导纳，G_r 与 B_r 的计算可分别由式(F4-6)与式(F4-7)得到；Y_c 代表等效传输线特性导纳，且 $\beta = \omega\sqrt{\varepsilon_e\mu_0}$。

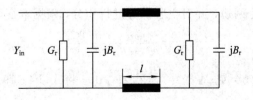

图 F4-4　矩形辐射贴片微带天线输入导纳

2) 空腔模型法

Y. T. Lo 等人于1979年提出了空腔模型法这一经典分析方法。其原理是将接地板与

辐射贴片之间的空腔等效为上下为电壁、四周为磁壁的谐振腔体，而谐振腔体边缘缝隙将产生主要的辐射损耗。这种方法比传输线模型法用途更加广泛，只要辐射贴片是规则的几何形状，都可以用这种方法来分析。下面以矩形微带天线为例进行分析。

如图 F4-5 所示，辐射贴片尺寸是 $a \times b$；基板介电常数是 ε，厚度是 h；I_0 表示坐标为 (x_0, y_0) 的馈源电流片，宽度是 d，方向是由接地板流向辐射贴片，则其电流密度是 $J_z = I_0/d$。若使用微带线馈电，J_z 代表源激励处的口径上与微带线等效宽度且切向磁场上的等效电流。

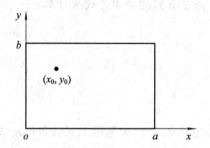

图 F4-5　矩形辐射贴片天线空腔模型坐标系

首先对腔内的场分布进行求解。设辐射贴片的四周边缘(即 $x = 0$、a 与 $y = 0$、b)是理想开路的。对于边界条件则设其切向磁场的值为零。那么，由于基板厚度远小于波长，谐振腔内的电场只有 E_z 分量的 TM 模，则有

$$(\nabla^2 + k^2)E_z = \mathrm{j}\omega\mu_0 J_z \qquad (F4-14)$$

式中，$k = \omega\sqrt{\varepsilon_0\mu_0}$。利用模式展开法求解腔内的场分布，则可以用本征函数 Ψ_{mn} 的叠加来表示解，有

$$E_z = \sum_{m=0}^{\infty}\sum_{n=0}^{\infty} C_{mn}\Psi_{mn} \qquad (F4-15)$$

式中，本征函数 Ψ_{mn} 满足空腔边界条件和齐次波动方程：

$$(\nabla^2 + k_{mn}^2)\Psi_{mn} = 0 \qquad (F4-16)$$

$$\frac{\partial\Psi_{mn}}{\partial n} = 0 \qquad (F4-17)$$

根据激励条件确定展开系数，即将式(F4-15)代入式(F4-14)，又由式(F4-15)得

$$(\nabla^2 + k^2)E_z = \sum_{m=0}^{\infty}\sum_{n=0}^{\infty} C_{mn}(\nabla^2 + k^2)\Psi_{mn} = \sum_{m=0}^{\infty}\sum_{n=0}^{\infty} C_{mn}(-k_{mn}^2\Psi_{mn} + k^2\Psi_{mn}) = \mathrm{j}\omega\mu_0 J_z$$

$$(F4-18)$$

然后用 Ψ_{mn}^* 乘以上式等号两边，并对空腔部分进行积分，根据本征函数的正交性，有

$$C_{mn} = \frac{\mathrm{j}\omega\mu_0}{k^2 - k_{mn}^2}\frac{J_z\Psi_{mn}^*}{\Psi_{mn}\Psi_{mn}^*} \qquad (F4-19)$$

式中，$J_z\Psi_{mn}^* = \displaystyle\int_v J_z\Psi_{mn}^*\,\mathrm{d}v$，$\Psi_{mn}\Psi_{mn}^* = \displaystyle\int_v \Psi_{mn}\Psi_{mn}^*\,\mathrm{d}v$。将式(F4-19)代入式(F4-15)，可求得解为

$$E_z = \mathrm{j}\omega\mu_0 \sum_{m=0}^{\infty}\sum_{n=0}^{\infty} \frac{1}{k^2 - k_{mn}^2}\frac{J_z\Psi_{mn}^*}{\Psi_{mn}\Psi_{mn}^*}\Psi_{mn} \qquad (F4-20)$$

根据式(F4-17)，矩形谐振腔的本征函数为

$$\Psi_{mn} = \cos \frac{m\pi x}{a} \cos \frac{n\pi y}{b} \tag{F4-21}$$

电场为

$$E_z = \sum_{m=0}^{\infty} \sum_{n=0}^{\infty} C_{mn} \cos \frac{m\pi x}{a} \cos \frac{n\pi y}{b} \tag{F4-22}$$

式中

$$C_{mn} = \frac{\delta_{0m}\delta_{0n}}{ab} \frac{j\omega\mu_0}{k^2 - k_{mn}^2} \int_0^b \int_0^a J_z(x, y) \cos \frac{m\pi x}{a} \cos \frac{n\pi y}{b} \mathrm{d}x \mathrm{d}y \tag{F4-23}$$

式中

$$k_{mn}^2 = \left(\frac{m\pi}{a}\right)^2 + \left(\frac{n\pi}{b}\right)^2, \quad \delta_{0n} = \begin{cases} 1, & (n=0) \\ 2, & (n>0) \end{cases}$$

假设

$$J_z = \begin{cases} \dfrac{I_0}{d_0}, & \left(x_0 - \dfrac{d_0}{2} \leqslant x \leqslant x_0 + \dfrac{d_0}{2}, \ y = y_0\right) \\ 0, & \text{其他} \end{cases} \tag{F4-24}$$

将式(F4-24)代入式(F4-23)并进行积分，可得

$$C_{mn} = \frac{\delta_{0m}\delta_{0n}}{ab} \frac{j\omega\mu_0}{k^2 - k_{mn}^2} I_0 \cos \frac{m\pi x_0}{a} \cos \frac{n\pi y_0}{b} \mathrm{Sa}\left(\frac{m\pi d_0}{2a}\right) \tag{F4-25}$$

式中

$$\mathrm{Sa}\left(\frac{m\pi d_0}{2a}\right) = \sin \frac{\left(\dfrac{m\pi d_0}{2a}\right)}{\dfrac{m\pi d_0}{2a}}$$

腔内电场可将式(F4-25)代入式(F4-22)求得。

根据麦克斯韦方程，有

$$-j\omega\mu_0 \boldsymbol{H} = \nabla \times \boldsymbol{E} = \hat{\boldsymbol{x}} \frac{\partial E_z}{\partial y} - \hat{\boldsymbol{y}} \frac{\partial E_z}{\partial x} \tag{F4-26}$$

联立所求得的 E_z，可求得磁场为

$$\boldsymbol{H}_{mn} = -\frac{j}{\omega\mu_0} C_{mn} \frac{n\pi}{b} \cos \frac{m\pi x}{a} \sin \frac{m\pi y}{b} \hat{\boldsymbol{x}} - \frac{m\pi}{a} \sin \frac{m\pi x}{a} \cos \frac{m\pi y}{b} \hat{\boldsymbol{y}} \tag{F4-27}$$

在求得谐振腔内部场分布之后，天线的方向图与辐射场可利用等效原理来求得。由上面的分析可知，在四周的磁壁上存在切向电场 E_z，则其等效磁流为

$$\boldsymbol{J}_{\mathrm{ms}} = -\hat{\boldsymbol{n}} \times \boldsymbol{E} = \hat{\boldsymbol{z}} \times \hat{\boldsymbol{n}} E_z \tag{F4-28}$$

式中，$\hat{\boldsymbol{n}}$ 是缝隙表面外的单位矢量。式(F4-28)与式(F4-22)可得腔体周围等效磁流密度为

$$\begin{cases} \boldsymbol{J}_{\mathrm{ms}} = \hat{\boldsymbol{x}} C_{mn} \cos \dfrac{m\pi x}{a}, & y = 0 \\[3mm] \boldsymbol{J}_{\mathrm{ms}} = \hat{\boldsymbol{x}} (-1)^n C_{mn} \cos \dfrac{m\pi x}{a}, & y = b \\[3mm] \boldsymbol{J}_{\mathrm{ms}} = -\hat{\boldsymbol{y}} C_{mn} \cos \dfrac{n\pi y}{b}, & x = 0 \\[3mm] \boldsymbol{J}_{\mathrm{ms}} = \hat{\boldsymbol{y}} (-1)^m C_{mn} \cos \dfrac{n\pi y}{b}, & x = b \end{cases} \tag{F4-29}$$

由于缝隙宽度 h 比较小，因此可以将该缝隙的磁流看做恰好位于接地板上的一线源 hJ_{ms}。由镜像原理可知，移去接地板，使磁流强度增加一倍。

天线的远场为

$$E_\theta = \frac{4k_0 U_{mn}}{\lambda_0 r} e^{-jk_0 r} e^{j\left(\frac{u+m\pi}{2}+\frac{v+n\pi}{2}\right)} \sin\frac{u+m\pi}{2} \sin\frac{v+n\pi}{2} \left[\frac{a^2}{u^2-(m\pi)^2} + \frac{b^2}{v^2-(n\pi)^2}\right] \sin\theta\sin\varphi\cos\varphi$$

$$(F4-30)$$

$$E_\varphi = \frac{4k_0 U_{mn}}{\lambda_0 r} e^{-jk_0 r} e^{j\left(\frac{u+m\pi}{2}+\frac{v+n\pi}{2}\right)} \sin\frac{u+m\pi}{2} \sin\frac{v+n\pi}{2} \left[\frac{(a\cos\varphi)^2}{u^2-(m\pi)^2} + \frac{(b\sin\varphi)^2}{v^2-(n\pi)^2}\right] \sin\theta\cos\theta$$

$$(F4-31)$$

式中，$U_{mn}=hC_{mn}$，$u=k_0 a\sin\theta\cos\varphi$，$v=k_0 b\sin\theta\sin\varphi$。

对于 TM_{01} 模，H 面（$\varphi=0°$）的场为

$$\begin{cases} E_\theta = 0 \\ E_\varphi = j\dfrac{2aU_{01}}{\lambda_0 r} e^{-jk_0 r} e^{j\frac{k_0 a}{2}\sin\theta} \dfrac{\sin\left(\dfrac{k_0 a}{2}\sin\theta\right)}{\dfrac{k_0 a}{2}\sin\theta} \cos\theta \end{cases} \quad (F4-32)$$

H 面（$\varphi=90°$）的场为

$$\begin{cases} E_\varphi = 0 \\ E_\theta = j\dfrac{2aV_{01}}{\lambda_0 r} e^{-jk_0 r} e^{j\frac{k_0 b}{2}\sin\theta} \cos\left(\dfrac{k_0 b}{2}\sin\theta\right) \end{cases} \quad (F4-33)$$

这里的结果与式（F4-11）与式（F4-12）从形式上看是不同的，这是因为选用坐标系的不同，但其实质上是一样的。

天线的输入阻抗可通过馈源激励电压 U_0 与馈源电流 I_0 相除得到。设电流片位于 (x_0, y_0)，且宽度为 d_0，则可用 U_0 表示电流片的电压平均值，有

$$U_0 = hE_z(x_0, y_0) \quad (F4-34)$$

根据式（F4-20），可得

$$Z_{in} = \frac{hE_z(x_0, y_0)}{I_0} = \frac{j\omega\mu_0}{I_0} \sum_{m=0}^{\infty} \sum_{n=0}^{\infty} \frac{1}{k^2 - k_{mn}^2} \frac{J_z \Psi_{mn}^*}{\Psi_{mn} \Psi_{mn}^*} \Psi_{mn0} \quad (F4-35)$$

式中，Ψ_{mn0} 表示 Ψ_{mn} 在馈源宽度上的平均值。那么，由式（F4-20）与式（F4-23）可得矩形辐射贴片的输入阻抗为

$$Z_{in} = \frac{j\omega\mu_0 h}{ab} \sum_{m=0}^{\infty} \sum_{n=0}^{\infty} \delta_{0m}\delta_{0n} \frac{\left(\cos\dfrac{m\pi x_0}{a}\cos\dfrac{n\pi y_0}{b}\right)^2}{k^2 - k_{mn}^2} Sa\left(\frac{m\pi d_0}{2a}\right) \quad (F4-36)$$

4. 微带天线的辐射特性参数

1) 方向图与方向性系数

天线的方向图（Radiation Pattern）指天线的功率或辐射电场的幅度随空间坐标函数的分布图形。从天线的方向图可以较明确地分析出其辐射特性。

因为天线二维方向图的形状与花瓣相似，所以其方向图通常也叫做"波瓣图"。一般在工程应用上，都会着重考察互相垂直的两个工作面的方向图，即 E 面和 H 面。其中，E 面指与电场矢量平行的平面；H 面指与磁场矢量平行的平面。所以，E 面也叫做电平面，H

面也叫做磁平面。

天线的方向性系数（Directivity）是描述天线辐射能量集中程度的量。从发射天线的角度出发，方向性系数指当天线接收的能量密度相同时，远区场在最大辐射方向上的辐射强度 P_{max} 与点源天线的辐射强度 P_0 的比值。方向性系数表示为

$$D = \frac{P_{\text{max}}}{P_0} \tag{F4-37}$$

式中，理想点源天线是指方向图为理想的球体的天线。辐射强度就是电磁波能流密度的大小。

2）增益系数

增益系数（Gain，简称增益）是用来衡量天线辐射能量集中程度的物理量。

增益 G 定义为在输入功率相等的条件下，天线在 (θ, φ) 方向上的辐射强度 $P(\theta, \varphi)$ 和理想点源天线的辐射强度 P_0 的比值，即

$$G(\theta, \varphi) = \frac{P(\theta, \varphi)}{P_0} \tag{F4-38}$$

上式也可以表示为

$$G(\theta, \varphi) = 4\pi \frac{U(\theta, \varphi)}{P_{\text{ideal}}} \tag{F4-39}$$

式中，$U(\theta, \varphi)$ 为 (θ, φ) 方向上单位立体角内的辐射功率；P_{ideal} 为理想点源天线的辐射功率。天线的增益一般使用 dB 或 dBi 表示。其中，dBi 对应的是各向同性的天线，而如果使用半波振子天线为比对增益标准，则使用 dB。dB 和 dBi 之间的关系为

$$G(\text{dBi}) = 2.15 + G(\text{dB}) \tag{F4-40}$$

3）效率

天线效率用以衡量天线对能量进行转换的能力，一般指天线辐射功率 P_r 和输入功率 P_i 的比值，即

$$\eta = \frac{P_r}{P_i} = \frac{P_r}{P_r + P_1} \tag{F4-41}$$

式中，P_1 指损耗的功率。对应的电阻关系式为

$$\eta = \frac{R_r}{R_i} = \frac{R_r}{R_r + R_1} \tag{F4-42}$$

式中，R_1 为损耗电阻。由上面的分析可得天线的效率 η、增益 G 和方向性系数 D 之间的关系为

$$G = \eta D \tag{F4-43}$$

4）天线的极化

与电磁波极化的定义相似，天线的极化指的是天线的最大辐射电场分量的指向轨迹，包括椭圆极化（Elliptical Polarization）、圆极化（Circular Polarization）和线极化（Linear Polarization）。其中，后两种方式都可以认为是第一种极化方式的特殊形式。微带天线，特别是矩形贴片微带天线，一般都是属于线极化方式。一般来说，电磁理论教科书中选择由法线、入射波和反射波确定的入射平面作为参考平面，而在天线的工程应用中，则选择大地平面作为参考平面。因为上述的两种参考平面互相垂直，所以电磁波理论教科书中的"平

行极化"(Parallel Polarization)和"垂直极化"(Perpendicular Polarization)在天线工程应用中分别对应的是"铅垂极化"(Vertical Polarization)和"水平极化"(Horizontal Polarization)。

在工程应用中，天线的表面会存在方向各异的分布电流，因此天线不可能仅存在一种极化方式。天线的主要极化方式一般称为"同极化"(Co - polarization，可简记为 co - pol)或"主极化"，而能量较小的其他极化方式称为交叉极化(Cross - polarization，可简记为 x - pol)。交叉极化会造成能量在传播中的损失，一般要尽量降低。

引入极化因子 ρ 以定量说明天线之间的极化匹配程度：

$$\rho = a_i \cdot a_r = \cos\varphi_\rho \qquad (F4-44)$$

式中，a_i 表示发射天线发射出的电磁波电场方向的单位矢量；a_r 表示接收天线接收的电磁波电场方向的单位矢量。分析上式可知：当发射电磁波电场与接收电磁波电场方向相同，即 a_i 和 a_r 两个矢量夹角为零，则极化因子 ρ 的值为零，达到极化方式的完全匹配；当发射电磁波电场与接收电磁波电场方向垂直，即 a_i 和 a_r 两个矢量正交，则极化因子 $\rho=1$，极化方式完全失配，天线无法接收信号。

5）带宽

天线的带宽指天线在一定的频率范围内，可以保持较稳定的电气特性从而正常工作。工程上，带宽通常包括阻抗带宽、增益带宽、轴比带宽和方向图带宽。而对于微带天线，它的输入阻抗对频率变化较敏感，而增益、波瓣宽度、辐射方向图等参数在电参数随频率变化时并不会产生明显改变，因此微带天线的带宽通常指的是阻抗带宽，用公式表示为

$$\Delta f = \frac{f_{max} - f_{min}}{f_0} \times 100\% \qquad (F4-45)$$

式中，f_0 为天线的中心频率。一般要求天线的反射系数小于或等于 -10 dB。

另外，也可以用天线的电压驻波比(Voltage Standing Wave Ratio，VSWR)来表示带宽。一般要求电压驻波比小于 2，带宽表达式为

$$BW = \frac{VSWR - 1}{Q\sqrt{VSWR}} \qquad (F4-46)$$

式中，Q 表示天线总损耗的品质因数，指谐振器存储的能量与损耗的功率的比值。对于微带天线，等效损耗角正切函数为

$$\tan\delta_{eff} = \frac{1}{Q} = \frac{1}{Q_c} + \frac{1}{Q_d} + \frac{1}{Q_r} + \frac{1}{Q_{sw}} \qquad (F4-47)$$

式中，Q_c、Q_d、Q_r、和 Q_{sw} 分别代表导体损耗、介质损耗、辐射损耗和表面波损耗。

附录5　微波网络简介

任何微波接头都可以等效或转换成微波网络，对于一定结构的接头必有相应的固有性质，这些性质可用网络参量矩阵来描述。更详细地说，对几种矩阵进行分类，可分为电路参量和波参量。以网络各端口的端接电压 U 和端接电流 I 为基础定义的参量称为电路参量；以网络端口的归一化入射波和归一化反射波为基础定义的参量称为波参量。

1. 电路参量

有了 TEM 和非 TEM 波导的等效电流和等效电压，即可应用电路理论的阻抗和导纳矩阵，来建立微波网络端口电压和电流的关系，进而描述微波网络特性，这种描述方法在讨论诸如耦合器和滤波器之类无源器件的设计时十分有用。

1）阻抗和导纳矩阵

任意 N 端口微波网络如图 F5-1 所示。

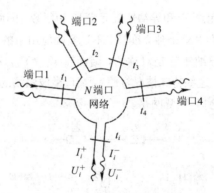

图 F5-1　任意 N 端口微波网络

图 F5-1 中的各端口可以是任意形式的传输线或单模波导的等效传输线；若网络的某端口是传输多个模的波导，则在该端口应为多对等效传输线。定义第 i 端口参考面 t_i 处的等效入射波电压和电流分别为 U_i^+、I_i^+，反射波电压和电流分别为 U_i^-、I_i^-，得到第 i 端的总电压和总电流分别为

$$U_i = U_i^+ + U_i^-, \quad I_i = I_i^+ - I_i^- \tag{F5-1}$$

此 N 端口微波网络的阻抗矩阵方程则为

$$\begin{bmatrix} U_1 \\ U_2 \\ \vdots \\ U_N \end{bmatrix} = \begin{bmatrix} Z_{11} & Z_{12} & \cdots & Z_{1N} \\ Z_{21} & Z_{22} & \cdots & Z_{2N} \\ \vdots & \vdots & & \vdots \\ Z_{N1} & Z_{N2} & \cdots & Z_{NN} \end{bmatrix} \begin{bmatrix} I_1 \\ I_2 \\ \vdots \\ I_N \end{bmatrix} \tag{F5-2}$$

或

$$U = ZI$$

同样地，可以得到导纳矩阵方程为

$$\begin{bmatrix} I_1 \\ I_2 \\ \vdots \\ I_N \end{bmatrix} = \begin{bmatrix} Y_{11} & Y_{12} & \cdots & Y_{1N} \\ Y_{21} & Y_{22} & \cdots & Y_{2N} \\ \vdots & \vdots & & \vdots \\ Y_{N1} & Y_{N2} & \cdots & Y_{NN} \end{bmatrix} \begin{bmatrix} U_1 \\ U_2 \\ \vdots \\ U_N \end{bmatrix} \qquad (F5-3)$$

或 $$\boldsymbol{I} = \boldsymbol{YU}$$

$\boldsymbol{Z}$ 和 $\boldsymbol{Y}$ 矩阵互为逆矩阵，即

$$\boldsymbol{Y} = \boldsymbol{Z}^{-1} \qquad (F5-4)$$

阻抗参数 Z_{ij} 为

$$Z_{ij} = \frac{U_i}{I_j}\bigg|_{I_k=0,\,k\neq j} \qquad (F5-5)$$

式中，Z_{ij} 是所有其他端口都开路时（$I_k=0$，$k\neq j$）用电流 I_j 激励端口 j，测量端口 i 的开路电压而求得的。因此，Z_{ii} 是其他所有端口都开路时向端口 i 看去的输入阻抗，又称为自阻抗；Z_{ij} 则是其他所有端口都开路时端口 j 和端口 i 之间的转移阻抗。

类似地，可得

$$Y_{ij} = Y_{ji} \qquad (F5-6)$$

可见，Y_{ij} 是其他所有端口都短路时（$U_k=0$，若 $k\neq j$）用电压 U_j 激励端口 j，测量端口 i 的短路电流求得的。

一般情况下，阻抗矩阵元素 Z_{ij} 和导纳矩阵元素 Y_{ij} 为复数，因而对于 N 端口网络，阻抗和导纳矩阵为 $N\times N$ 方矩阵，存在 $2N^2$ 个独立变量。不过实际应用中的许多网络都是互易或无耗的，或既互易又无耗，则阻抗和导纳矩阵是对称的，因而有 $Y_{ij}=Y_{ji}$，$Z_{ij}=Z_{ji}$。假如网络是无耗的，则 Z_{ij} 或 Y_{ij} 元素都是纯虚数。这些特殊情况将使 N 端口微波网络的独立变量大为减少。

图 F5-2 所示的是二端口 T 型网络。

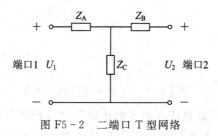

图 F5-2 二端口 T 型网络

当端口 2 开路时，端口 1 的输入阻抗为

$$Z_{11} = \frac{U_1}{I_1}\bigg|_{I_2=0} = Z_A + Z_C$$

根据分压原理，可得

$$Z_{12} = \frac{U_1}{I_2}\bigg|_{I_1=0} = \frac{U_2}{I_2}\frac{Z_C}{Z_B+Z_C} = Z_C$$

可以证明 $Z_{21}=Z_{12}$，表示电路是互易的。最后可求得

$$Z_{22} = \frac{U_2}{I_2}\bigg|_{I_2=0} = Z_B + Z_C$$

2）二端口网络的传输矩阵 **A**

A 矩阵又称为级联矩阵。实际应用中的许多微波网络是由两个或多个二端口网络级联组成的。用传输矩阵（或称 **A** 矩阵）和波传输矩阵（**T** 矩阵）来描述这种网络特别方便。下面我们将讨论 **A** 矩阵和 **T** 矩阵的表示方法与应用。

A 矩阵用来描述二端口网络输入端口的总电压和总电流与输出端口的总电压和总电流的关系，如图 F5-3 所示，有

$$\begin{cases} U_1 = AU_2 + BI_2 \\ I_1 = CU_2 + DI_2 \end{cases} \tag{F5-7}$$

写成矩阵形式为

$$\begin{bmatrix} U_1 \\ I_1 \end{bmatrix} = \begin{bmatrix} A & B \\ C & D \end{bmatrix} \begin{bmatrix} U_2 \\ I_2 \end{bmatrix} \tag{F5-8}$$

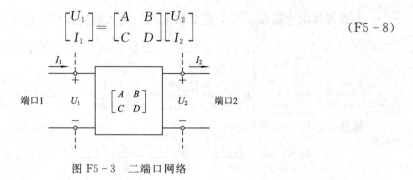

图 F5-3　二端口网络

2. 微波网络的波参量

在实际的工程应用中，难以对非 TEM 传输线定义电压和电流，而上述 **Z**、**Y** 矩阵是用电压和电流来表示网络特性的。但事实上电压和电流在微波频率已失去明确的物理意义，只是等效参量，并非真实存在，所以不可能直接测量，因而有的网络 Z 参数和 Y 参数也不可能求出，甚至根本不存在。为了研究微波电路和系统的特性，设计微波电路的结构，就需要一种在微波频率能用直接测量方法确定的网络矩阵参数。这样的参数便是散射参数，简称 S 参数。

1）散射参数的定义

散射矩阵是用网络各端口的入射电压波和反射电压波来描述网络特性的波矩阵。N 端口网络如图 F5-4 所示。

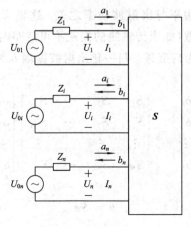

图 F5-4　N 端口网络

设 $U_i(z)$、$I_i(z)$ 为第 i 端口参考面 z 处的电压和电流，则可知

$$\begin{cases} U_i(z) = U_{0i}^+ e^{-\gamma z} + U_{0i}^- e^{\gamma z} = U_i^+(z) + U_i^-(z) \\ I_i(z) = \dfrac{U_{0i}^+ e^{-\gamma z} + U_{0i}^- e^{\gamma z}}{Z_{0i}} = I_i^+(z) + I_i^-(z) \end{cases} \quad (F5-9)$$

由此可得

$$\begin{cases} U_{0i}^+ e^{-\gamma z} = \dfrac{1}{2}[U_i(z) + Z_{0i} I_i(z)] \\ U_{0i}^- e^{\gamma z} = \dfrac{1}{2}[U_i(z) - Z_{0i} I_i(z)] \end{cases} \quad (F5-10)$$

上式等号两边除以 $\sqrt{Z_{0i}}$，定义如下归一化入射波和归一化出射波：

$$\begin{cases} a_i(z) \equiv \dfrac{U_{0i}^+ e^{-\gamma z}}{\sqrt{Z_{0i}}} = \dfrac{1}{2}\left[\dfrac{U_i(z)}{\sqrt{Z_{0i}}} + \sqrt{Z_{0i}} I_i(z)\right] \\ b_i(z) \equiv \dfrac{U_{0i}^- e^{\gamma z}}{\sqrt{Z_{0i}}} = \dfrac{1}{2}\left[\dfrac{U_i(z)}{\sqrt{Z_{0i}}} - \sqrt{Z_{0i}} I_i(z)\right] \end{cases} \quad (F5-11)$$

显然

$$\frac{b_i(z)}{a_i(z)} = \frac{U_{0i}^- e^{\gamma z}}{U_{0i}^+ e^{-\gamma z}} = \frac{Z_i(z) - Z_{0i}}{Z_i(z) + Z_{0i}} = \Gamma_i(z) \quad (F5-12)$$

是第 i 端口 z 处的电压行波反射系数。解得

$$\begin{cases} U_i(z) = \sqrt{Z_{0i}}\,[a_i(z) + b_i(z)] \\ I_i(z) = \dfrac{1}{\sqrt{Z_{0i}}}[a_i(z) - b_i(z)] \end{cases} \quad (F5-13)$$

或者得到归一化电压和归一化电流为

$$\begin{cases} \overline{U_i(z)} = \dfrac{U_i(z)}{\sqrt{Z_{0i}}} = a_i(z) + b_i(z) \\ \overline{I_i(z)} = I_i(z)\,\sqrt{Z_{0i}} = a_i(z) - b_i(z) \end{cases} \quad (F5-14)$$

通过第 i 端口 z 处的功率则为

$$P_i = \mathrm{Re}\{U_i(z) I_i^*(z)\} = |a_i(z)|^2 - |b_i(z)|^2 \quad (F5-15)$$

表示 z 处的净功率为入射波功率与出射波功率之差。这里 Z_{0i} 是第 i 端口传输线的特征阻抗，一般为实数；若 Z_{0i} 为复数（如当传输线的损耗不可忽略时），则上述关系不成立。

以归一化入射波振幅 a_i 为自变量、归一化出射波振幅 b_i 为因变量的线性 N 端口微波网络的行波散射矩阵方程为

$$\begin{bmatrix} b_1 \\ b_2 \\ \vdots \\ b_N \end{bmatrix} = \begin{bmatrix} S_{11} & S_{12} & \cdots & S_{1N} \\ S_{21} & S_{22} & \cdots & S_{2N} \\ \vdots & \vdots & & \vdots \\ S_{N1} & S_{N2} & \cdots & S_{NN} \end{bmatrix} \begin{bmatrix} a_1 \\ a_2 \\ \vdots \\ a_N \end{bmatrix} \quad (F5-16)$$

或者

$$\boldsymbol{b} = \boldsymbol{S}\boldsymbol{a} \quad (F5-17)$$

散射矩阵元素的定义为

$$S_{ij} = \left.\frac{b_i}{a_j}\right|_{a_k=0,\,k\neq j} \tag{F5-18}$$

该定义说明，S_{ij} 可由在端口 j 用入射电压波 a_j 激励、测量端口 i 的出射波振幅 b_i 来求得，但前题条件是除端口 j 以外的所有其他端口上的入射波为零。这意味着所有其他端口应与其匹配负载端接，以避免反射。可见，散射参数有明确的物理意义，S_{ii} 是所有其他端口端接匹配负载时端口 i 的反射系数；S_{ij} 是当所有其他端口端接匹配负载时从端口 j 到端口 i 的传输系数。这种散射系数可用熟知的方法和测量系统加以测量。

例如，对于常见的二端口网络，有

$$\begin{cases} b_1 = S_{11}a_1 + S_{12}a_2 \\ b_2 = S_{21}a_1 + S_{22}a_2 \end{cases} \tag{F5-19}$$

式中，a_1 和 b_1 分别为端口 1 的入射波和反射波；a_2 和 b_2 分别为端口 2 的入射波和出射波。若端口 2 不匹配，设其负载阻抗的反射系数为 $\Gamma_{\rm L}$，则令 $a_2 = \Gamma_{\rm L}b_2$，得到

$$\begin{cases} b_1 = S_{11}a_1 + S_{12}\Gamma_{\rm L}b_2 \\ b_2 = S_{21}a_1 + S_{22}\Gamma_{\rm L}b_2 \end{cases} \tag{F5-20}$$

用式(F5-20)求得输入端口的反射系数为

$$\Gamma_{\rm in} = \frac{b_1}{a_1} = S_{11} + \frac{S_{12}S_{21}\Gamma_{\rm L}}{1 - S_{22}\Gamma_{\rm L}} \tag{F5-21}$$

若网络互易，$S_{21} = S_{12}$，则该线性互易二端口网络的散射参数只有三个是独立的，且有关系式为

$$\Gamma_{\rm in} = S_{11} + \frac{S_{12}^2\Gamma_{\rm L}}{1 - S_{22}\Gamma_{\rm L}} \tag{F5-22}$$

利用式(F5-22)，线性互易二端口网络的散射参数可以用三点法测定：当输出端口分别短路($\Gamma_{\rm L}=-1$)、开路($\Gamma_{\rm L}=1$)和接匹配负载($\Gamma_{\rm L}=0$)时，有关系式

$$\begin{cases} \Gamma_{\rm in,\,sc} = S_{11} - \dfrac{S_{12}^2}{1 + S_{22}} \\[2mm] \Gamma_{\rm in,\,oc} = S_{11} + \dfrac{S_{12}^2}{1 - S_{22}} \\[2mm] \Gamma_{\rm in,\,mat} = S_{11} \end{cases} \tag{F5-23}$$

分别将输出端口短路、开路和接匹配负载，可测出 $\Gamma_{\rm in,\,sc}$、$\Gamma_{\rm in,\,oc}$、$\Gamma_{\rm in,\,mat}$，便可以确定 S_{22}、S_{12} 和 S_{11}。

2）级联二端口网络的散射矩阵

用单个二端口网络的散射参数表示级联二端口网络的散射矩阵，在网络分析和 CAD 中是十分有用的，这样就可以避免散射矩阵与其他矩阵之间的换算，如图 F5-5 所示的元件 A 和元件 B 的级联，其散射矩阵分别为 $\boldsymbol{S}_{\rm A}$ 和 $\boldsymbol{S}_{\rm B}$。

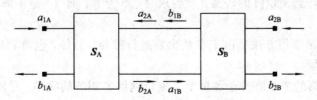

图 F5-5　元件 A 和元件 B 的级联

在图 F5-5 中，有

$$\begin{cases} b_{1A} = S_{11}^{A} a_{1A} + S_{12}^{A} a_{2A} \\ b_{2A} = S_{21}^{A} a_{1A} + S_{22}^{A} a_{2A} \end{cases} \tag{F5-24}$$

和

$$\begin{cases} b_{1B} = S_{11}^{B} a_{1B} + S_{12}^{B} a_{2B} \\ b_{2B} = S_{21}^{B} a_{1B} + S_{22}^{B} a_{2B} \end{cases} \tag{F5-25}$$

假如元件 A 的输出端口与元件 B 的输入端口的归一化阻抗相同，则 $b_{2A} = a_{1B}$，$b_{1B} = a_{2A}$，消去 b_{2A}、a_{1B}、b_{1B} 和 a_{2A}，便可得到两级联二端口网络的散射矩阵为

$$S_{AB} = \begin{bmatrix} S_{11}^{A} + \dfrac{S_{12}^{A} S_{11}^{B} S_{21}^{A}}{1 - S_{22}^{A} S_{11}^{B}} & \dfrac{S_{12}^{A} S_{12}^{B}}{1 - S_{22}^{A} S_{11}^{B}} \\ \dfrac{S_{21}^{A} S_{21}^{B}}{1 - S_{22}^{A} S_{11}^{B}} & S_{22}^{B} + \dfrac{S_{21}^{B} S_{22}^{A} S_{12}^{B}}{1 - S_{22}^{A} S_{11}^{B}} \end{bmatrix} \tag{F5-26}$$

重复运用式(F5-26)，便可求得由许多元件组成的级联二端口网络总的散射矩阵。

3) 波传输矩阵 T

前面指出过，散射矩阵表示法不便于分析级联二级端口网络。解决的办法之一是采用 A 矩阵运算，然后转换为散射矩阵。分析级联网络的另一个办法是采用一组新定义的散射参数，即传输散射参数，简称传输参数。

仿效 A 矩阵的定义，以输入端口的入射波 a_1 和出射波 b_1 为因变量、输出端口的入射波 a_2 和出射波 b_2 为自变量，可以定义一组新参数，称为传输散射参数(Transfer Scattering Parameter)或 T 参数。该定义方程为

$$\begin{bmatrix} b_1 \\ a_1 \end{bmatrix} = \begin{bmatrix} T_{11} & T_{12} \\ T_{21} & T_{22} \end{bmatrix} \begin{bmatrix} a_2 \\ b_2 \end{bmatrix} \tag{F5-27}$$

由式(F5-27)定义的 T 参数与 S 参数的关系为

$$\begin{bmatrix} T_{11} & T_{12} \\ T_{21} & T_{22} \end{bmatrix} = \begin{bmatrix} \dfrac{-S_{11}S_{22} + S_{12}S_{21}}{S_{21}} & \dfrac{S_{11}}{S_{21}} \\ \dfrac{-S_{22}}{S_{21}} & \dfrac{1}{S_{21}} \end{bmatrix} \tag{F5-28}$$

可见，与 A 矩阵的参数一样，当正向传输系数 S_{21} 为零时，T 参数将是不确定的，相反的关系为

$$\begin{bmatrix} S_{11} & S_{12} \\ S_{21} & S_{22} \end{bmatrix} = \begin{bmatrix} \dfrac{T_{12}}{T_{22}} & T_{11} - \dfrac{T_{12}T_{21}}{T_{22}} \\ \dfrac{1}{T_{22}} & \dfrac{-T_{21}}{T_{22}} \end{bmatrix} \tag{F5-29}$$

为了实现 T 矩阵到 S 矩阵的转换，就要求 T_{22} 不为零；而 T_{22} 是正向传输系数 S_{21} 的倒数，为非零参数。

求 T 参数的一个简便方法是由 S 参数出发进行推导。另外，也可利用传输线方程和基尔霍夫定律直接求得。

级联二端口网络的 T 矩阵等于各单个二端口网络 T 矩阵的乘积。元件 A 和元件 B 级联的 T 矩阵等于元件 A 的 T_A 矩阵与元件 B 的 T_B 矩阵的乘积，即

$$T_{AB} = T_A \cdot T_B \tag{F5-30}$$

若有 N 个二端口网络级联，则级联网络总的 T 矩阵等于此 N 个二端口的 T 矩阵的乘积，即

$$\begin{bmatrix} T_{11} & T_{12} \\ T_{21} & T_{22} \end{bmatrix}_{级联} = \prod_{i=1}^{N} \begin{bmatrix} T_{11i} & T_{12i} \\ T_{21i} & T_{22i} \end{bmatrix} \tag{F5-31}$$

在一定程度上说，T 矩阵表示法要比 A 矩阵表示方法更为理想，理由是从 S 矩阵变换到 T 矩阵所涉及的运算，比从 S 矩阵变换到 A 矩阵的运算要简单些；另外，T 参数与 S 参数都是用各端口阻抗归一化的波参量定义的，所以这两种表示法也比较容易互换。

3. 网络参量间的相互关系

上述微波网络的固有特性参量，虽然有不同的表示方法，但描述的却是同一个网络，因而它们之间必然存在一定的关系。

1）S 矩阵与 Z、Y 矩阵的关系

由

$$U_i = \sum_{j=1}^{N} Z_{ij} I_j, \quad i = 1, 2, \cdots, N$$

可得

$$\begin{cases} a_i = \dfrac{1}{2} \sum_{j=1}^{N} (\sqrt{Y_{0i}} Z_{ij} + \sqrt{Z_{0i}} \hat{\delta}_{ij}) I_j \\ b_i = \dfrac{1}{2} \sum_{j=1}^{N} (\sqrt{Y_{0i}} Z_{ij} - \sqrt{Z_{0i}} \delta_{ij}) I_j \end{cases} \tag{F5-32}$$

式中，当 $i=j$ 时，$\delta_{ij}=1$；当 $i \neq j$ 时，$\delta_{ij}=0$。

引入对角矩阵

$$\boldsymbol{Z}_0 = \begin{bmatrix} Z_{01} & 0 & \cdots & 0 \\ 0 & Z_{02} & \cdots & 0 \\ \vdots & \vdots & & \vdots \\ 0 & 0 & \cdots & Z_{0N} \end{bmatrix}, \quad \sqrt{\boldsymbol{Z}_0} = \begin{bmatrix} \sqrt{Z_{01}} & 0 & \cdots & 0 \\ 0 & \sqrt{Z_{02}} & \cdots & 0 \\ \vdots & \vdots & & \vdots \\ 0 & 0 & \cdots & \sqrt{Z_{0N}} \end{bmatrix}$$

$$\sqrt{\boldsymbol{Y}_0} = \begin{bmatrix} \sqrt{Y_{01}} & 0 & \cdots & 0 \\ 0 & \sqrt{Y_{02}} & \cdots & 0 \\ \vdots & \vdots & & \vdots \\ 0 & 0 & \cdots & \sqrt{Y_{0N}} \end{bmatrix}$$

将式（F5-32）表示成矩阵的形式为

$$\begin{cases} \boldsymbol{a} = \dfrac{1}{2} \sqrt{\boldsymbol{Y}_0} (\boldsymbol{Z} + \boldsymbol{Z}_0) \boldsymbol{I} \tag{F5-33a} \end{cases}$$

$$\begin{cases} \boldsymbol{b} = \dfrac{1}{2} \sqrt{\boldsymbol{Y}_0} (\boldsymbol{Z} - \boldsymbol{Z}_0) \boldsymbol{I} \tag{F5-33b} \end{cases}$$

由式（F5-33a）可得

$$\boldsymbol{I} = 2 (\boldsymbol{Z} + \boldsymbol{Z}_0)^{-1} \sqrt{\boldsymbol{Z}_0} \boldsymbol{a} \tag{F5-34}$$

由式（F5-33b）可得

$$b = \sqrt{Y_0}(Z - Z_0)(Z + Z_0)^{-1}\sqrt{Z_0}\,a \tag{F5-35}$$

S 矩阵与 Z 矩阵的关系式为

$$S = \sqrt{Y_0}(Z - Z_0)(Z + Z_0)^{-1}\sqrt{Z_0} \tag{F5-36}$$

同样地，可求得 S 矩阵与 Y 矩阵的关系式为

$$S = \sqrt{Z_0}(Y_0 - Y)(Y_0 + Y)^{-1}\sqrt{Y_0} \tag{F5-37}$$

由

$$b_i = \sum_{j=1}^{N} S_{ij} a_j, \quad i = 1, 2, \cdots, N \tag{F5-38}$$

采用与上述类似方法，可求得 Z、Y 矩阵和 S 矩阵的关系式为

$$\begin{cases} Z = \sqrt{Z_0}(U + S)(U - S)^{-1}\sqrt{Z_0} \\ Y = \sqrt{Y_0}(U - S)(U + S)^{-1}\sqrt{Y_0} \end{cases} \tag{F5-39}$$

式中，U 为单位矩阵，其定义为

$$U = \begin{bmatrix} 1 & 0 & \cdots & 0 \\ 0 & 1 & \cdots & 0 \\ \vdots & \vdots & & \vdots \\ 0 & 0 & \cdots & 1 \end{bmatrix}$$

对于一端口网络，求得

$$S_{11} = \Gamma_{\text{in}} = \frac{Z - Z_0}{Z + Z_0} \tag{F5-40}$$

该结果与传输线理论的结果一致。

2) A 矩阵与 Z、Y 矩阵的关系

在 A 矩阵与 Z、Y 矩阵的定义中，I_2 的方向是相反的。若 A 中的 I_2 方向变成 Z、Y 的那样，那么式(F5-7)可写成

$$U_1 = AU_2 - BI_2, \quad I_1 = CU_2 - DI_2$$

对 U_1、U_2 求解，有

$$U_1 = \frac{A}{C}I_1 + \frac{|A|}{C}I_2, \quad U_2 = \frac{I}{C}I_1 + \frac{D}{C}I_2$$

与式(F5-2)相比则得到

$$Z_{11} = \frac{A}{C}, \quad Z_{12} = \frac{|A|}{C}, \quad Z_{21} = \frac{1}{C}, \quad Z_{22} = \frac{D}{C}$$

用同样的方法可得到其他关系，现列出如下：

$$\begin{bmatrix} A & B \\ C & D \end{bmatrix} = \frac{1}{Z_{21}}\begin{bmatrix} Z_{11} & |Z| \\ 1 & Z_{22} \end{bmatrix} = -\frac{1}{Y_{21}}\begin{bmatrix} Y_{22} & 1 \\ |Y| & Y_{11} \end{bmatrix} \tag{F5-41}$$

$$\begin{bmatrix} Z_{11} & Z_{12} \\ Z_{21} & Z_{22} \end{bmatrix} = \frac{1}{C}\begin{bmatrix} A & |A| \\ 1 & D \end{bmatrix} = \frac{1}{|Y|}\begin{bmatrix} Y_{22} & Y_{12} \\ -Y_{21} & Y_{11} \end{bmatrix} \tag{F5-42}$$

$$\begin{bmatrix} Y_{11} & Y_{12} \\ Y_{21} & Y_{22} \end{bmatrix} = \frac{1}{B}\begin{bmatrix} D & |A| \\ 1 & A \end{bmatrix} = \frac{1}{|Z|}\begin{bmatrix} Z_{22} & -Z_{12} \\ -Z_{21} & Z_{11} \end{bmatrix} \tag{F5-43}$$

式中，$|A| = AD - BC$，$\quad |Z| = Z_{11}Z_{22} - Z_{12}Z_{21}$，$\quad |Y| = Y_{11}Y_{22} - Y_{12}Y_{21}$。

3）A 矩阵与 S 矩阵的关系

S 参数有明确的物理意义，但它不便于分析级联网络。为了分析级联网络，需要采用 A 矩阵求级联网络的 A 矩阵；然后转换成 S 矩阵，以研究级联网络的特性。因此，有必要熟悉 S 矩阵和 A 矩阵的转换关系。

由于

$$
\begin{cases}
a_1 + b_1 = A(a_2 + b_2) + \dfrac{B(a_2 - b_2)}{Z_0} \\
a_1 - b_1 = CZ_0(a_2 + b_2) + D(a_2 - b_2)
\end{cases}
\tag{F5-44}
$$

即

$$
\begin{cases}
b_1 - \left(A - \dfrac{B}{Z_0}\right)b_2 = -a_1 + \left(A + \dfrac{B}{Z_0}\right)a_2 \\
-b_1 - (CZ_0 - D)b_2 = -a_1 + (CZ_0 + D)a_2
\end{cases}
\tag{F5-45}
$$

或者

$$
\begin{bmatrix}
1 & -\left(A - \dfrac{B}{Z_0}\right) \\
-1 & -(CZ_0 - D)
\end{bmatrix}
\begin{bmatrix} b_1 \\ b_2 \end{bmatrix}
=
\begin{bmatrix}
-1 & A + \dfrac{B}{Z_0} \\
-1 & CZ_0 + D
\end{bmatrix}
\begin{bmatrix} a_1 \\ a_2 \end{bmatrix}
\tag{F5-46}
$$

因此得到

$$
\begin{bmatrix} b_1 \\ b_2 \end{bmatrix}
=
\begin{bmatrix}
1 & -\left(A - \dfrac{B}{Z_0}\right) \\
-1 & -(CZ_0 - D)
\end{bmatrix}^{-1}
\begin{bmatrix}
-1 & A + \dfrac{B}{Z_0} \\
-1 & CZ_0 + D
\end{bmatrix}
\begin{bmatrix} a_1 \\ a_2 \end{bmatrix}
\tag{F5-47}
$$

与 S 矩阵方程比较，可得到 S 和 A 矩阵的转换关系为

$$
\begin{aligned}
S &=
\begin{bmatrix}
1 & -\left(A - \dfrac{B}{Z_0}\right) \\
-1 & -(CZ_0 - D)
\end{bmatrix}^{-1}
\begin{bmatrix}
-1 & \left(A + \dfrac{B}{Z_0}\right) \\
-1 & (CZ_0 + D)
\end{bmatrix} \\[2mm]
&= \dfrac{1}{A + \dfrac{B}{Z_0} + CZ_0 + D}
\begin{bmatrix}
A + \dfrac{B}{Z_0} + CZ_0 + D & 2(AD - BC) \\[2mm]
2 & -A + \dfrac{B}{Z_0} - CZ_0 + D
\end{bmatrix}
\end{aligned}
\tag{F5-48}
$$

同样地，可求得 A 矩阵与 S 矩阵的转换关系为

$$
\begin{bmatrix} A & B \\ C & D \end{bmatrix}
=
\begin{bmatrix}
\dfrac{(1 + S_{11})(1 - S_{22}) + S_{12}S_{21}}{2S_{21}} & Z_0\,\dfrac{(1 + S_{11})(1 + S_{22}) - S_{12}S_{21}}{2S_{21}} \\[3mm]
\dfrac{1}{Z_0}\,\dfrac{(1 - S_{11})(1 - S_{22}) - S_{12}S_{21}}{2S_{21}} & \dfrac{(1 - S_{11})(1 + S_{22}) - S_{12}S_{21}}{2S_{21}}
\end{bmatrix}
\tag{F5-49}
$$

可见，当 $S_{21} = 0$ 时，A、B、C、D 参数将是不确定的。S_{21} 表示正向传输系数，在微波电路中通常不为零。

4. 网络参量的性质

1）级联矩阵的性质

（1）对于互易网络，$AD - BC = 1$。

（2）对于对称网络，$A = D$。

（3）对于无耗网络，A 和 D 为实数，B 和 C 为纯虚数。

2) 散射矩阵的性质

散射矩阵有几个重要的特征，这些特征在微波电路分析中有着重要的作用。

(1) 互易网络散射矩阵的对称性。

对于互易网络，阻抗矩阵和导纳矩阵是对称的。同样地，对于互易网络，散射矩阵也是对称的。

事实上，由式(F5-2)和式(F5-24)得

$$\boldsymbol{ZI} = \boldsymbol{Z}\sqrt{\boldsymbol{Y_0}}(\boldsymbol{a}-\boldsymbol{b}) = \boldsymbol{U} = \sqrt{\boldsymbol{Z_0}}(\boldsymbol{a}+\boldsymbol{b}) \tag{F5-50}$$

可以得到

$$(\boldsymbol{Z}\sqrt{\boldsymbol{Y_0}}-\sqrt{\boldsymbol{Z_0}})\boldsymbol{a} = (\boldsymbol{Z}\sqrt{\boldsymbol{Y_0}}+\sqrt{\boldsymbol{Z_0}})\boldsymbol{b} \tag{F5-51}$$

因此得

$$\boldsymbol{S} = \sqrt{\boldsymbol{Y_0}}(\boldsymbol{Z}+\boldsymbol{Z_0}+\boldsymbol{Z_0})^{-1}(\boldsymbol{Z}-\boldsymbol{Z_0})\sqrt{\boldsymbol{Z_0}} \tag{F5-52}$$

取式(F5-52)的转置，考虑到 $\boldsymbol{Z_0}$、$\sqrt{\boldsymbol{Z_0}}$ 和 $\sqrt{\boldsymbol{Y_0}}$ 为对称矩阵，则有 $\boldsymbol{Z_0}^{\mathrm{T}}=\boldsymbol{Z_0}$、$\sqrt{\boldsymbol{Z_0}}^{\mathrm{T}}=\sqrt{\boldsymbol{Z_0}}$、$\sqrt{\boldsymbol{Y_0}}^{\mathrm{T}}=\sqrt{\boldsymbol{Y_0}}$。若网络是互易的，$\boldsymbol{Z}$ 为对称矩阵，$\boldsymbol{Z}^{\mathrm{T}}=\boldsymbol{Z}$，则得

$$\boldsymbol{S}^{T} = \sqrt{\boldsymbol{Y_0}}(\boldsymbol{Z}-\boldsymbol{Z_0})(\boldsymbol{Z}+\boldsymbol{Z_0})^{-1}\sqrt{\boldsymbol{Z_0}} \tag{F5-53}$$

因此可知，对于互易网络，散射矩阵是对称的，即有

$$\boldsymbol{S}^{\mathrm{T}} = \boldsymbol{S} \tag{F5-54}$$

(2) 无耗散网络散射矩阵的性质。

对于一个 N 端口无耗无源网络，如前所述，传入系统的功率为 $\sum_{i=1}^{N}\dfrac{1}{2}|a_i|^2$，由系统出射的功率则为 $\sum_{i=1}^{N}\dfrac{1}{2}|b_i|^2$。因为系统无耗无源，所以这两种功率相等，有

$$\sum_{i=1}^{N}\frac{1}{2}(|a_i|^2-|b_i|^2) = 0$$

用矩阵形式表示为

$$\boldsymbol{a}^{\mathrm{T}}\boldsymbol{a}^{*} - \boldsymbol{b}^{\mathrm{T}}\boldsymbol{b}^{*} = 0$$

上式可变为

$$\boldsymbol{a}^{\mathrm{T}}\boldsymbol{a}^{*} - \boldsymbol{a}^{\mathrm{T}}\boldsymbol{S}^{\mathrm{T}}\boldsymbol{S}^{*}\boldsymbol{a}^{*} = 0$$

或者

$$\boldsymbol{a}^{\mathrm{T}}(\boldsymbol{U}-\boldsymbol{S}^{\mathrm{T}}\boldsymbol{S}^{*})\boldsymbol{a}^{*} = 0$$

因此得到 $\boldsymbol{S}$ 矩阵的酉正性为

$$\boldsymbol{S}^{\mathrm{T}}\boldsymbol{S}^{*} = \boldsymbol{U} \tag{F5-55}$$

对于互易无耗微波网络，酉正性为

$$\boldsymbol{S}\boldsymbol{S}^{*} = \boldsymbol{U} \tag{F5-56}$$

可以写成求和形式为

$$\sum_{k=1}^{N}S_{ki}S_{kj}^{*} = \delta_{ij} \tag{F5-57}$$

式中，若 $i=j$，则 $\delta_{ij}=1$；若 $i\neq j$，则 $\delta_{ij}=0$。因此，若 $i=j$，则

$$\sum_{k=1}^{N} S_{ki}S_{kj}^* = 1 \qquad\qquad (F5-58)$$

若 $i \neq j$，则

$$\sum_{k=1}^{N} S_{ki}S_{kj}^* = 0 \qquad\qquad (F5-59)$$

说明 S 矩阵的任一列与该列共轭值的点乘积等于 1；任一列与不同列共轭值的点乘积等于 0（正交）。假若网络是互易的，则 S 是对称的，也可对各行描述同样的特性。

（3）传输线无损耗条件下参考面移动 S 参数幅值的不变性。

由于 S 参数表示微波网络的出射波振幅（包括幅值和相位）与入射波振幅的关系，因此必须规定网络各端口的相位参考面。当参考面移动时，散射参数的幅值不改变，只有相位改变。

3）二端口 T 矩阵的特性

二端口 T 矩阵具有以下特性：

（1）对于对称二端口网络，若从网络的端口 1 和端口 2 看入时网络是相同的，则必有 $S_{11} = S_{22}$，于是有

$$T_{21} = -T_{12} \qquad\qquad (F5-60)$$

（2）对于互易二端口网络，T 参数满足关系为

$$T_{11}T_{22} - T_{12}T_{21} = 0 \qquad\qquad (F5-61)$$

它类似于 A、B、C、D 参数的关系 $AD - BC = 1$。

在微波工程中，网络各端口总是和信号源、负载相连接以组成一个实际的工作系统。若网络在一定端接条件下，则需要用工作特性参量来描述。工作特性参量和网络参量是密切相关的。当网络结构和工作频率确定时，网络参量就确定了，由此可求出相应的工作特性参量，从而定量地完成网络传输特性的分析；反之，根据应起作用的特性要求可确定一个适当的工作特性函数，再应用网络综合理论和方法就可求出相应的网络结构，从而完成网络的综合。可见，无论是网络分析还是网络综合都需要了解微波网络的工作特性参量和网络参量的函数关系，其中二端口网络通常用级联参量和散射参量来表示。因篇幅有限，关于微波网络工作特性参量的相关内容读者可以参阅其他文献。

附录6　电磁仿真软件简介

1. 基于有限积分法的 CST 微波工作室

CST MICROWAVE STUDIO(简称 CST MWS,中文名称"CST 微波工作室")是 CST 公司出品的 CST 工作室套装软件之一,广泛应用于通用高频无源器件仿真,可以进行雷击(Lightning)、强电磁脉冲(EMP)、静电放电(ESD)、电磁兼容(EMC)/电磁干扰(EMI)、信号完整性(SI)/电源完整性(PI)、时域反射(TDR)和各类天线雷达散射截面(RCS)仿真。CST 仿真软件是基于时域有限积分法研发的电磁仿真软件。结合其他工作室,如导入 CST 印刷板工作室和 CST 电缆工作室空间三维频域幅相电流分布,可以完成系统级电磁兼容仿真,与 CST 设计工作室实现 CST 特有的纯瞬态场路同步协同仿真。CST 支持各类二维和三维格式的导入,支持理想边界拟合(PBA)六面体网格、四面体网格和表面三角网格,内嵌 EMC 国际标准,通过美国联邦通信委员会(FCC)认可的电磁波吸收比值(SAR)计算。CST 专门面向 3D 电磁场设计的一款有效的、精准的三维全波电磁场仿真工具,集成的七个时域和频域全波算法(时域有限积分、频域有限积分、频域有限元、模式降阶、矩量法、多层快速多极子、本征模)能够覆盖静场、时谐场、瞬态场、微波、毫米波、光波直到高能带电粒子的全电磁场频段的时频域全波仿真软件。因此,这款电磁场仿真工具中友好的操作平台符合我们对电磁设备结构设计简单化、可视化的要求,其强大的计算功能更能够保证对异向介质数值仿真的计算精度和准确性。

2. 基于有限元法的 HFSS

HFSS(High Frequency Structure Simulator)是 Ansoft 公司推出的三维电磁仿真软件,是世界上第一个商业化的三维结构电磁场仿真软件,业界公认的三维电磁场设计和分析的工业标准。HFSS 基于有限元法的计算原理,经过几十年的发展,以其无以伦比的仿真精度和可靠性,快捷的仿真速度,方便易用的操作界面,稳定成熟的自适应网格剖分技术而成为高频结构设计的首选工具和行业标准,已经广泛地应用于航空、航天、电子、半导体、计算机、通信等多个领域,帮助研发人员和工程师们高效地设计各种高频结构,包括射频和微波部件、天线和天线阵及天线罩,高速互连结构、电真空器件,研究目标特性和系统/部件的电磁兼容/电磁干扰特性,从而降低设计成本,减少设计周期,增强竞争力。HFSS 主要在以下几个方面大显身手:

(1)射频和微波器件设计。HFSS 能够快速、精确地计算各种射频/微波部件的电磁特性,得到 S 参数、传播特性、高功率击穿特性,优化部件的性能指标,并进行容差分析,帮助工程师们快速完成设计并把握各类器件的电磁特性,包括波导器件、滤波器、转换器、耦合器、功率分配/合成器,铁氧体环行器和隔离器、腔体等。可见,HFSS 可以作为微波测量的辅助手段使用。

（2）天线、天线罩及天线阵设计。HFSS 可为天线及其系统设计提供全面的仿真功能，精确地仿真和计算天线的各种性能，包括二维和三维远场/近场辐射方向图、天线增益、轴比、半功率波瓣宽度、内部电磁场分布、天线阻抗、电压驻波比、S 参数等。

（3）目标特性研究和 RCS 仿真高速互连结构设计。随着频率的不断提高和信息传输速度的不断提高，互连结构的寄生效应对整个系统性能的影响已经成为制约设计成功的关键因素。MMIC（单片微波集成电路）、RFIC（射频集成电路）或高速数字系统需要精确的互联结构特性分析参数抽取，HFSS 能够自动和精确地提取高速互联结构、片上无源器件及版图寄生效应。

（4）光电器件仿真设计。HFSS 的应用频率能够达到光波波段，可精确仿真光电器件的特性。

（5）电真空器件设计。在电真空器件如行波管、速调管、回旋管设计中，HFSS 本征模式求解器结合周期性边界条件，能够准确地仿真器件的色散特性，得到归一化相速与频率的关系以及结构中的电磁场分布，包括 H 场和 E 场，为这类器件的设计提供了强有力的技术手段。

1943 年，Courant 提出有限元法，并在二十世纪五十年代主要用于飞机的设计，六七十年代被用来求解电磁场问题。有限元法是基于微分方程的，是近似求解数理边值问题的数值技术。有限元法建模过程可分为四个步骤：区域离散、插值函数选择、方程组的建立和方程组的求解。而方程解的求解又分为以下四种方法：确定性问题矩阵方程求解的直接法、确定性问题矩阵方程求解的迭代法、本征值问题的解和自适应迭代算法。

自适应迭代算法是 HFSS 为在一定精度的要求下，能够最大限度地提高效率而设计的。当矩阵方程的求解越复杂、未知数目越多，求解所需要的时间就越长，这时有限元的剖分密度便越密，精度越准确。由此可见，有限元法的求解时间与精度是矛盾的。为了在短的时间内取得高的精度，HFSS 采取了自适应迭代算法。一开始选择用较为粗的部分，看精度是否满足，如果不满足，便进一步细化剖分，再次求解，直到其达到指定的精度为止。

HFSS 目前已经成为三维电磁仿真设计的首选工具和行业标准。它采用 Windows 图形用户界面，界面方便实用；流程设计自动化，易学易用；有着无与伦比的仿真精度、可靠性和快捷的仿真速度；有稳定成熟的自适应网格剖分技术，计算结果准确。HFSS 软件已被广泛应用在多个领域，如航空、航天、电子、计算机、通信等多个领域。

HFSS 能够精确地计算出各种微波无源器件的电磁特性，如波导器件、滤波器、耦合器、腔体和铁氧体器件等，得到其 S 参数、传播常数和电磁特性。并且可以优化各种器件的性能指标和进行容差分析，以便微波无源器件的设计者们得到各类微波器件准确的电磁特性，快速完成设计，缩短设计周期，增强竞争力。

HFSS 在天线设计中也发挥着重要作用，可为天线和天线阵列提供比较全面的仿真分析和优化设计。它能够精确仿真计算出天线的各种性能，如天线的 S 参数、天线增益图、二维和三维远场/近场辐射方向图、方向性、轴比、半功率波瓣宽度、电压驻波比、天线阻抗、内部电磁场分布等，以便天线设计者们高效、准确地设计出各种类型的天线。

使用 HFSS 进行电磁分析和高频器件设计流程具体步骤如下：

（1）启动 HFSS 软件，新建一个设计工程。

（2）选择求解类型。在 HFSS13 中有四种求解类型：模式驱动求解、终端驱动求解、本征模求解和时域瞬态求解。

（3）创建参数化设计模型。在 HFSS 设计中，创建参数化模型，包括构造出准确的几何模型、制定模型的材料属性以及准确地分配边界条件和端口激励。

（4）求解设置。求解设置包括制定求解频率（软件在该频率下进行自适应网格剖分计算）、收敛误差和网格剖分最大迭代次数等信息。如果需要进行扫描分析，还需要选择扫描类型并制定扫描范围。

（5）运行仿真计算。在 HFSS 中，仿真计算的过程是全自动的。软件根据用户指定的求解设置信息，自动完成仿真计算，无需用户干预。

（6）数据后处理和计算结果查看。这些数据包括 S 参数、场分布、电流分布、谐振频率、品质因数、天线辐射方向图等。

另外，HFSS 还集成了 Ansoft 公司的 Optimetrics 设计优化模块，可以对设计模块进行参数扫描分析、优化设计、调谐分析、灵敏度分析和统计分析。

参 考 文 献

[1] Antar Y M M. Microstrip antenna design handbook. IEEE Antennas and Propagation Magazine，2003，45(2)：86 - 87.

[2] Deschamps G A. Microstrip Microwave Antennas. 3rd USAF Symposium on Antennas，1953.

[3] Howell J Q. Microstrip antennas. IEEE Antennas and Propagation Society International Symposium，1972，10：177 - 180.

[4] Caloz C，Sanada A，Itoh T. A novel composite right/left-handed coupled-line directional coupler with arbitrary coupling level and broad bandwidth . IEEE Transactions on Microwave Theory and Techniques，2004，52(3)：980 - 992.

[5] Pandey G K，Singh H S，Bharti P K，et al. Metamaterial-based UWB antenna. Electronics Letters，2014，50(18)：1266 - 1268.

[6] Naoui Seif，Latrach Lassaad，Gharsallah Ali. Nested metamaterials antenna for RFID traceability. Micowave and Optical Teahnology Letters，2014，56(7)：1622 - 1626.

[7] Li Le-Wei，Li Ya-Nan，Yeo Tat Soon，et al. A broadband and high-gain metamaterial microstrip antenna. Applied Physics Letters，2010，96(16)：164101.

[8] Cai Tong，Wang Guang-Ming，Liang Jian-Gang. Analysis and design of novel 2-D transmission-line metamaterial and its application to compact dual-band antenna. IEEE Antennas and Wireless Propagation Letters，2014，13：555 - 558.

[9] Liu Wei，Chen Zhi Ning，Qing Xianming. Metamaterial-based low-profile broadband mushroom antenna. IEEE Transactions on Antennas and Propagation，2014，62(3)：1165 - 1172.

[10] 徐慧梁. EBG 结构和低折射率特异材料在天线设计中的应用.中国科学院光电研究所博士学位论文，2008.

[11] 袁桂山.人工结构材料及其在天线中的应用研究.中国科学院光电研究所博士论文，2014.

[12] 伍法美. 超材料电磁响应非线性及计算机仿真方法研究. 哈尔滨工程大学硕士学位论文，2010.

[13] Smith D R，Kroll N. Negative refractive index in left-handed materials. Physical Review Letters，2000，85(14)：2933.

[14] Frevedkin D，Ron A. Effectively left-handed (negative index) composite materials . Applied Physics Letters，2002，81(10)：1753 - 1755.

[15] Houck A A，Brock J B，Chuang I L. Experimental observations of a left-handed material that obey Snell's law. Physical Review Letters，2003，90(13)：137401.

[16] Ahn D，Park J S，Kim C S，et al. A design of the low-pass filter using the novel microstrip defected ground structure. IEEE Transactions on Microwave Theory and Techniques，2001，49(1)：86 - 93.

[17] Kim C S，Park J S，Ahn D，et al. A novel 1-D periodic defected ground structure for planar circuits. Microwave and Guided Wave Letters，IEEE，2000，10(4)：131 - 133.

[18] Lim J S, Kim C S, Ahn D, et al. Design of the low-pass filter using defected ground structure. IEEE Transactions on Microwave Theory and Techniques, 2005, 53(8): 2539 - 2545.

[19] Park J S, Yun J S, Ahn D. A design of the novel coupled-line bandpass filter using defected ground structure with with stopband performance. IEEE Transactions on Microwave Theory and Techniques, 2002, 50(9): 2037 - 2043.

[20] Munk B A. Frequency selective surfaces: theory and design. John Wiley & Sons, 2005.

[21] Yablonovitch E. Photonic band-gap structures. Confined Electrons and Photons. Springer, 1995: 885 - 898.

[22] Knight J C, Broeng J, Birks T A, et al. Photonic band gap guidance in optical fibers. Science, 1998, 282(5393): 1476 - 1478.

[23] Cregan R, Mangan B, Knight J C, et al. Single-mode photonic band gap guidance of light in air. Science, 1999, 285(5433): 1537 - 1539.

[24] Rahmat Y, Mosallaei H. Electromagnetic Band-gap structure: Classification, characterization, and applications; proceedings of the Antennas and propagation, 2001 Eleventh International Conference on (IEE Conf Publ No 480), F, 2001. IET.

[25] Yang F, Rahmat-Smaii. Polarization-dependent electromagnetic band gap (PDEBG) structures: designs and applications. Microwave and Optical Technology Letters, 2004, 41(6): 439 - 444.

[26] Zhang L J, Liang C H, Liang L, et al. A novel design approach for dual-band electromagnetic band gap structure. Progress in Electromagnetic Research M, 2008, 4(81 - 91).

[27] Eletlheriades G V, Lyer A K, Kremer P C. Planar negative refractive index media using periodically L-C loaded transmission lines. IEEE Transactions on Microwave Theory and Techniques, 2002, vol. 50, no. 12: 2702 - 2712.

[28] Liu L, Caloz C, Chang C, et al. Forward coupling phenomenon between artificial left-handed transmission lines. J Applied Physics, 2002, 92(9): 5560 - 5565.

[29] Veselago V G. The electrodynamics of substances with simultaneously negative values of ε and μ. Soviet Physics Usp, 1968, 10(4): 509 - 514.

[30] Pendry J B, Holden A J, Stewart W J, et al, Extremely low frequency plasmons in metallic mesostructure. Phys Rev Lett, 1996, 76(25): 4773 - 4776.

[31] Pendry J B, Holden A J, Robbins D J, et al. Low frequency plasmons in thin-wirestructuresfJ]. J Phys Condens Matter, 1998, 10: 4785 - 4808.

[32] Pendry J B, Holden A J, Robbins D J, et al. Magnetism from conductors andenhanced nonlinear phenomena. IEEE Trans Micr Theory Tech, 1999, 47(11): 2075 - 2084.

[33] Pendry J B, Holden A J, Stewart W J. Extremely low frequency plasmons in mesostructures. Physical Review Letters, 1996, 76(25): 4773 - 4776.

[34] Pendry J B, Holdenand A J, Robbins D J. Magnetism from conductors, and enhanced nonlinear phenomena. IEEE Transactions on Microwave Theory and Techniques, 1999, 47(11): 2075 - 2095.

[35] Baccarelli P, Burghignoli P, Lovat G, et al. Surface-wave suppression in a double-negative metamaterial grounded slab. IEEE Antennas and Wireless Propagation Letters, 2003, 2(1): 269 - 272.

[36] Ziolkowski R W. Pulsed and CW gaussian bean interactions with double negative metamaterial slabs. Optics Express, 2003, 11(7): 662 - 681.

[37] Cheng Qiang, Cui Tie Jun. Energy localization using anisotropic metamaterials. Physics Letters A, 2007, 367(4): 259 – 262.

[38] Silin R A, Chepurnykh I P. On media with negative dispersion. J Common Technol Electron, 2001, 46(10): 1121 – 1125.

[39] Ruppin R. Surface polaritons of a left-handed medium. Physics Letters A, 2000, 11(1): 61 – 64.

[40] Zharov Alexander A, Shandrivov Ilya V, Kivshar Yuri S. Nonlinear properties of left-handed metamaterials. Physical Review Letters, 2003, 91: 037401.

[41] Smith D R, Schultz S. Determination of effective permittivity and permeability of metamaterials from reflection and transmission coefficients. Physical Review B, 2002, 65: 195104.

[42] Hu Liangbin, Chui S T. Characteristics of electromagnetic wave propagation in uniaxially anisotropic left-handed materials. Physical Review B, 2002, 66: 085108.

[43] Cheng Xiangxiang, Chen Hongshen, Ran Lixin, et al. Negative refraction and cross polarization effects in metamaterials realized with bianisotropic S-ring resonator. Physical Review B, 2007, 76: 024402.

[44] Shelby R A, Smith D R. Experimental verification of a negative index of refraction. Science, 2001. 292 (6): 77 – 79.

[45] Caloz C, Chang CC, Itoh T. Full-wave verification of the fundamental properties of left-handed material in waveguide confgurations. J Applied Physics, 2001, 90(11): 5483 – 5486.

[46] Lagarkov A N, Kissel V N. Near-perfect imaging in a focusing system based on a left-handed-material plate. Physical Review Letters, 2004, 92(7): 077401.

[47] Bogdan-loan Popa, Cummer Steven A. Direct measurement of evanescent wave enhancement inside passive metematerials. Physical Review E, 2006, 73: 016617.

[48] Li K, McLean J, Greegor R B, et al. Free-space focused-beam characterization of left-handed materials . Applied Physics Letters, 2003, 82(15): 2535 – 2537.

[49] Chen Hongsheng, Ran Lixin, Huangfu Jiangtao. Left-handed materials composed of only S-shaped resonators. Physical Review E, 2004, 70: 057605.

[50] Guo Y, Goussetis G, Feresidis A P, et al. Effcient modeling of novel uniplanar left-handed materials. IEEE Transactions on Microwave Theory and Techniques, 2005, 86: 151909.

[51] Hu Liangbin, Chui S T. Characteristics of electromagnetic wave propagation in uniaxially anisotropic left-handed materials . Physical Review B, 2002, 66: 085108.

[52] Cheng Xiangxiang, Chen Hongshen, Ran Lixin, et al. Negative refraction and cross polarization effects in metamaterials realized with bianisotropic S-ring resonator. Physical Review B, 2007, 76: 024402.

[53] Li K, McLean J, Greegor R B, et al. Free-space focused-beam characterization of left-handed materials . Applied Physics Letters, 2003, 82(15): 2535 – 2537.

[54] Solymar L, Shamonina E. Waves in metamaterials[M]. Oxford University Press, 2009.

[55] Lifshitx E M, Landau L D, Pitaevskii L P. Electrodynamics of continuous media. Butterworth-Heinemann, 1984.

[56] Valanju P M, Walser R M, Valanju A P. Wave refraction in negative-index media: always positive and very inhomogeneous. Physical Review Letters, 2002, 88(18): 187401.

［57］ Smith D R, Schuring D, Pendry J B. Negative refraction of modulated electromagnetic waves. Applied Physics Letters, 2002, 81(15): 2713 – 2715.

［58］ Eleftheriades George V, Iyer Ashwin K, Kremer Peter C. Planan negative refractive index media using periodically L-C loaded transmission lines . IEEE Transactions on Microwave Theory and Techniques, 2002, 50(12): 2702 – 2712.

［59］ Ziolkowski Richard W, Kipple A D. Causality and double-negative metamaterials . Physical Review E, 2003, 68: 026615.

［60］ Feise M W, Bevelacqua P J, Schneider J B. Effects of surface waves on behavior of perfect lenses. Physical Review B, 2002, 66: 035113.

［61］ Seddon N, Bearpark T. Observation of the inverse Doppler effect. Science, 2003, 302: 1537 – 1540.

［62］ Tretyakov S A, Maslovski S I, Karkkainen M K. Evanescent modes stored in cavity resonators with backward-wave slabs. Microwave and Optical Technology Letters, 2003, 38(2): 153 – 157.

［63］ Luo C, Ibanescu M, Johnson S G, et al. Cerenkov radiation in photonic crystals. Science, 2003, 299: 368 – 371.

［64］ Pendry J B, Holden A J, Stewart W J, et al. Extremely low frequeney Plasmons in metallic mesosatructures. Physieal Review Letters, 1996, 76(25): 4773 – 4776.

［65］ Pendry J B, Holden, A J, Robbins, D J, et al. Low frequeney Plasmons in thin-wire structures, Journal of Physics-Condensed Matter, 1998, 10(22): 4785 – 809.

［66］ Pendry, J B, Holden A J, Robbins D J, et al. Magnetism from conductors and enhanced nonlinear phenomena. Ieee Transactions on Microwave Theory and Techniques, 1999, 47(12): 2075 – 2084.

［67］ Smith D R, Padilla W J, Vier, D C, et al. ComPosite medium with simultaneously negative Permeability and Permithvity. Physieal Review Letters, 2000, 84(18): 4184 – 187.

［68］ Chen HS, Ran L X, Huangfu J T, et al. Left – handed materials composed of onlyS-shaped resonators. Phys Rev, 2004, 70: 057605 – 057611.

［69］ Pendry J B, Holden A J, Robbins D J, et al. Low frequency plasmons in thin-wire structures. J Phys: Condens Matter. 1998, 10: 4785 – 4809.

［70］ Bao X L, Ammann M J. Investigation on UWB printed monopole antenna with rectangular slitted ground plane. Microwave Opt Technol Lett, 2007(49): 1585 – 1587.

［71］ Sim C Y, Chung W T, Lee C H. A circular-disc monopole antenna with band-rejection function for ultra-wideband application. Microwave Opt Technol Lett, 2009, 51: 1607 – 1613.

［72］ Li D, Quan S h, Wang Z P. A printed ultra-wideband hexagon monopole antenna with WLAN band-notched designs for wireless communication. Microwave Opt Technol Lett 2009, 51: 1049 – 1052.

［73］ Bao X L, Ammann M J. Printed band-rejection UWB antenna with H-shaped slot. International Workshop on Antenna Technology: Small and Smart Antennas Metamaterials & Applications. Cambridge, UK, 2007: 319 – 322.

［74］ 卢万铮. 天线理论与技术. 西安: 西安电子科技大学出版社, 2004.

［75］ 王琪. 天线的小型化技术与宽频带特性的研究. 西安电子科学技术大学博士学位论文, 2004.

［76］ 穆欣. 电磁带隙及其在微带天线中的应用. 西安电子科技大学博士学位论文, 2012.

［77］ 薛睿峰, 钟顺时. 微带天线小型化技术. 电子技术, 2002, 29(3): 62 – 64.

［78］ 高艳华, 张广求. 分形天线: 一种新颖的天线小型化技术及其应用. 现代电子技术, 2004, 17(3): 6 – 8.

［79］ 武明峰, 孟繁义, 吴群, 等. 基于左手介质后向波特性的微带天线小型化研究. 物理学报, 2006, 55

(12):6368 – 6372.

[80] Engheta N. An idea for thin subwavelength cavity resonators using metamaterials with negative permittivity and permeability. IEEE Antennas Wireless Propagation Letters，2002(1)：10 – 13.

[81] Mahmoud S F. A new miniaturized annular ring patch resonator partially loaded by a metamaterial ring with negative permeability and permittivity . IEEE Antennas and Wireless Propagation Letters，2004，3：19 – 22.

[82] Lee Cheng-Jung，Leong Kevin M. K. H，et al. Composite right/left-handed transmission line based compact resonant antennas for RF module integration. IEEE Transactions Antennas Propagation，2006，54(8)：2283 – 2291.

[83] 刘福平. 左手材料基本特性及其在小型化天线中的应用研究. 哈尔滨工程大学博士学位论文，2010.

[84] Yang R，Xie Y J，Wang P，et al. Characteristics of millimeter wave microstrip antennas with left-handed materials substrates. Applied Physics Letters，2006，89：064108.

[85] Yang R，Xie Y J，Li X F，et al. Casality in the resonance behavior of metamaterials. Europhys Letters，2008，84：34001.

[86] Enoch S，Tayeb G，Sabouroux P，et al. A metamaterial for directive emission. Physical Review Letters，2002，89(21)：213902.

[87] 李明洋，刘敏，杨放. HFSS 天线设计. 北京：电子工业出版社，2011.

[88] 王增和，卢春兰，钱祖平，等，天线与电波传播，北京：机械工业出版社，2003.

[89] 杜平. C 波段高增益平板微带天线设计. 河北大学博士学位论文，2008.

[90] 文乐虎. Ku 波段微带阵列天线技术研究. 西安电子科技大学博士学位论文，2011.

[91] 洪劲松. 电磁超材料在微波吸波体与天线中的应用. 电子科技大学博士学位论文，2014.

[92] 杨阳. 电磁超材料吸波结构的研究及优化. 西安电子科技大学博士学位论文，2011.

[93] 张振辉. 基于 Metamaterials 的吸波体与滤波器理论研究. 哈尔滨工程大学博士学位论文，2011.

[94] 王茂琰. 电磁波在双负介质和岩土层中传播的研究. 西安电子科技大学硕士学位论文，2005.

[95] 张邵. 双负介质的电磁特性研究. 西安电子科技大学硕士学位论文，2008.

[96] 崔万照，马伟，丘乐德，等，电磁超介质及其应用. 北京：国防工业出版社，2008.

[97] 崔万照，胡天存，张娜，等. 复合左/右手传输线理论及其应用. 北京：国防工业出版社，2011.

[98] 张明习. 超材料概论. 北京：国防工业出版社，2014.

[99] 李芳，李超. 微波异向介质. 北京：电子工业出版社，2011.

[100] 屈绍波，王甲富，马华，等. 超材料设计及其在隐身技术中的应用. 北京：科学出版社，2013.

[101] 葛德彪，闫玉波. 电磁波时域有限差分方法. 西安：西安电子科技大学出版社，2001.

[102] 葛德彪，魏兵. 电磁波理论. 北京：科学出版社，2011.

[103] 葛德彪，魏兵. 电磁波时域计算方法. 西安：西安电子科技大学出版社，2014.

[104] 杨儒贵. 高等电磁理论. 北京：高等教育出版社，2008.

[105] 张世全，全祥锦，曾俊，等. 一种基于超材料的小型化宽带微带天线. 微波学报，2016，32(3):15 – 18.

[106] 何杨炯，张世全，全祥锦，等. 电磁带隙的超宽带阻带天线设计. 传感器与微系统，2016，36(1):113 – 116.

[107] Quan Xiangjin，Zhang Shiquan，Li Hui. Metamaterials forge high-directivity antenna. Mirowaves & RF，2015：50 – 56.

[108] 全祥锦，张世全，何杨炯. 基于超材料的高增益高方向性天线. 现代电子技术，2015，38(23):64 – 67.

[109] 全祥锦，张世全，李卉. 加载异向介质的太赫兹频段高方向性喇叭天线. 低温物理学报，2015，37

(4): 301 - 306.

[110] 王茂琰, 徐军, 魏兵, 等. 基于移位算子法高斯波束与双负介质板相互作用 FDTD 分析. 微波学报, 2008: 24(1), 10 - 14.

[111] 王茂琰, 徐军, 魏兵, 等. 双负介质覆盖导体球快带散射特性分析. 电子科技大学学报, 2007, 36 (5), 880 - 882.

[112] 魏兵, 葛德彪, 王飞. 一种处理色散介质问题的通用时域有限差分方法. 物理学报, 2008, 57(7): 6290 - 6297.

[113] Wei Bing, Zhang Shiquan, Dong Yuhang, et al. A general FDTD algorithm handling thin dispersive layers. Progress In Electronics Research B. 2009, 18: 243 - 257.

[114] Wei Bing, Zhang Shiquan, Dong Yuhang, et al. A novel UPML FDTD absorbing boundary condition for dispersive media . Waves in Random and Complex media, 2010, 20(3): 511 - 527.

[115] Zhang Shao, Ge Debiao, Wei Bing. Numerical study of a new type of tunable SRR metamaterial structure . JEMWA, 2008, 22(13): 1819 - 1828.

[116] Zhang Shiquan. Analysis and design of a novel metamaterial-based microstrip antenna, Proceedings of CSET2016, 2016: 120 - 123.

[117] Zhang Shiquan. The scattering property analysis of metamaterials-coated object based on FDTD. Proceedings of Progress in Electromagnetics Research Symposium. Kuala Lumpur, 2012.

[118] Zhang Shiquan. The analysis of the properties of a tunnable split-ring resonator of meamatrials. 2nd International Conference on Mechanic Automation and Control Engineering, MACE-Proceedings, IEEE Press Huhehot Inner Mogolia China, 2011.

[119] Zhang Shiquan, Wang Lijie, Zhang Hui, et al. Analysis of SRR metamaterials with controllable resonance frequency. Proceedings of Progress in Electromagnetics Research Symposium, Kuala Lumpur Malays, 2012.

[120] Wang Lijie, Zhang Shiquan, Liu Jianping. The application of metamaterials with slant H split ring on microstrip antenna. 2012 10th International Symposium on Ant ennas, Propagation and EM Theory(ISAPE 2012), 2012.

[121] Li Hui, Xiang Wentao, Zhang Shiquan. Backward-wave property in left-handed materials. Advanced Materials Research, 2014, 893: 760 - 764.

[122] Quan Xiangjin, Zhang Shiquan, Li Hui. High-directivity horn antenna of metamaterial in Terahertz. 2015 International Power, Electronics and Materials Engineering Conference(IPEMEC 2015), Dalian China, ATLANTIS PRESS, 2015: 991 - 995.

[123] Marin F, Bonache J, Falcone F, et al. Split ring resonator-based left-handed coplanar waveguide. Applied Physics Letters, 2003, 83: 4652 - 4654.

[124] Wei Bing, Zhou Yun, Ge Debiao, et al. A general finite difference time domain method for hybrid dispersive media model, Waves in Random and Complex Media 2011, 21(2): 336 - 347.

[125] Landy N, Sajuyigbe S, Mock J, et al. Perfect metamaterial absorber. Physical Review Letters, 2008, 100(20): 207402.

[126] Dimitriadis A, Kantatzis N, Tsiboukis T. A polarization-angle-insensitive, bandwidth-optimized, metamaterial absorber in the microwave regime. Applied Physics A, 2012, 109: 165 - 170.

[127] Xu H X, Wang G M, Qi M Q, et al. Triple-band polarization-insensitive wide-angle ultra-miniature metamaterial transmission line absorber . Physical Review B, 2012, 86(20): 205104.

[128] Shen X，Yang Y，Zang Y，et al. Triple-band Terahertz metamaterial absorber：Design，experiment and physical interpretation. Applied Physics Letters，2012，101(15)：154102－154107.

[129] Zhu W，Zhao X，Gong B，et al. Optical metamaterial absorber based on leaf-shaped cells . Applied Physics A，2011，102 (1)：147－151.

[130] Cheng Y Z，Wang Y，Nie Y，et al. Design，fabrication and measurement of a broadband polarization-insensitive metamaterial absorber based on lumped elements. Journal of Applied Physics. 2012，111(4)：044904.

[131] Moss C D，Grzegorczyk T M，Zhang Y，et al. Numerical studies of left handed metamaterials [J]. Progress in Electromagnetics Research，Pier，2002，35：315－334.

[132] Kafesaki M，Koschny Th，Penciu Rs，et al. Left-handed metamaterials：detailed numerical studies of the transmission properties[J]. Journal of Optics A：Pure and Applied Optics，2005，7(2)：S12－S22.

[133] Markoš P，Soukoulis C M. Numerical studies of left-handed materials and arrays of split ring resonators[J]. phys. Rev. E，2002，65(3)：036622(1－8).

[134] 徐锐敏，王锡良，方宙奇，等. 微波网络及其应用. 北京：科学出版社，2010.

[135] 陈红胜. 异向介质等效电路理论及实验的研究. 浙江大学博士论文，2005.

[136] 皇甫江涛. 微波异向介质的实验研究. 浙江大学博士论文. 2004.

[137] 彭亮. 全介质导向介质的等效介质理论、实现及应用. 浙江大学博士论文，2008.